高等学校“十一五”精品规划教材

建筑工程制图

主　编　王彦惠　尹　宁　付云松
副主编　刘苏英　张　梅　丁　江　杨玉艳
参　编　吕秀杰　管毓斌　代兴梅　王　印

中国水利水电出版社
www.waterpub.com.cn

内容提要

本教材采用最新版本的国家制图标准，全面介绍了建筑工程制图课程的基本理论、基本知识和基本技能。全书共分11章，包括：制图的基本知识，投影法的基本知识，点、直线、平面的投影，曲线与曲面，立体的投影，组合体，轴测投影，建筑形体的表达方法，建筑施工图，结构施工图，给水排水工程图等。

本教材可作为高等学校土木、建筑、给水排水等专业的教学用书，也可作为高职、高专、社会培训等的教材，同时还可供从事相关专业的工作人员自学和参考。

为满足学生作业和练习的需求，同时出版与教材配套的《建筑工程制图习题集》，以供读者使用。

图书在版编目（CIP）数据

建筑工程制图/王彦惠，尹宁，付云松主编．—北京：中国水利水电出版社，2009（2023.8重印）
高等学校“十一五”精品规划教材
ISBN 978-7-5084-6021-5

Ⅰ.建…　Ⅱ.①王…②尹…③付…　Ⅲ.建筑工程-建筑制图-高等学校-教材　Ⅳ.TU204

中国版本图书馆CIP数据核字（2008）第207692号

书　　名	高等学校“十一五”精品规划教材 **建筑工程制图**
作　　者	主编　王彦惠　尹宁　付云松
出版发行	中国水利水电出版社 （北京市海淀区玉渊潭南路1号D座　100038） 网址：www.waterpub.com.cn E-mail：sales@mwr.gov.cn 电话：(010) 68545888（营销中心）
经　　售	北京科水图书销售有限公司 电话：(010) 68545874、63202643 全国各地新华书店和相关出版物销售网点
排　　版	中国水利水电出版社微机排版中心
印　　刷	北京印匠彩色印刷有限公司
规　　格	184mm×260mm　16开本　14.25印张　338千字
版　　次	2009年2月第1版　2023年8月第7次印刷
印　　数	19001—20500册
定　　价	**42.00元**

前　言

本教材是根据高等学校本科专业的人才培养要求，总结多年的教学改革及实践经验，汲取一些兄弟院校的教学成果，并结合建筑工程制图课程的教学现状，采用最新实施的有关制图标准编写而成。

为了适应高校教学改革的需要，本教材在编写内容的选择上，以培养学生的空间想象力、提高学生的绘图技能和满足工程图样的需求为准则，突出编写内容的实用性，使得教材篇幅大大减少，同时考虑到实际应用的需要，对于目前多数工程制图教材中没有涉及的建筑结构施工图平面整体表示法(简称“平法”)，给予了较详细的讲解。

本教材编写语言力求简明扼要，表达准确，严格执行现行国家标准的规定，注重理论联系实际，由浅入深，层次分明，符合认知规律，便于教学和自学。本教材适合48～80学时的课程教学。为了满足学生作业和练习的需要，同时还编写了与本教材配套使用的《建筑工程制图习题集》。

本教材及配套习题集在编写过程中采用了最新版本的国家制图标准，参考了有关的制图、识图等书籍，并引用了部分图；另外还摘选了设计单位的正式施工图，并根据书中的需要做了适当改动，在此谨向有关作者及设计人员致以诚挚的感谢。本书在编写过程中，得到河北农业大学城乡建设学院领导的大力支持，同时河北农业大学的纪江海老师为本书的编写提供了多方面的帮助，借此一并表示感谢。

本教材由王彦惠、尹宁、付云松任主编，刘苏英、张梅、丁江、杨玉艳任副主编。参加编写的人员有：河北农业大学王彦惠（前言、绪论、第9章第1～5节），宁夏大学尹宁（第1章、第4章、第11章），浙江省嘉兴学院吕秀杰（第2章），河北农业大学刘苏英（第3章），云南农业大学管毓斌、代兴梅（第5章），沈阳农业大学杨玉艳（第6章），云南农业大学付云松（第7章），云南农业大学丁江（第8章），河北农业大学王印（第9章第6节），河北农业大学张梅（第10章）。

由于编者水平有限，书中不足之处，恳请读者批评指正。

编　者

前言

目　　录

前言

绪论…… 1

第 1 章　制图的基本知识…… 3

1.1　国家标准的基本规定…… 3

1.2　常用制图工具及使用…… 12

1.3　几何作图…… 14

1.4　绘制平面图形…… 17

第 2 章　投影法的基本知识…… 21

2.1　投影及其特性…… 21

2.2　物体的三面投影图…… 23

2.3　工程上常用的四种投影图…… 25

第 3 章　点、直线、平面的投影…… 27

3.1　点的投影…… 27

3.2　直线的投影…… 33

3.3　平面的投影…… 41

3.4　直线与平面及平面与平面的位置关系…… 46

第 4 章　曲线与曲面…… 56

4.1　概述…… 56

4.2　常见曲线…… 56

4.3　常见回转面…… 58

4.4　常见非回转面…… 62

第 5 章　立体的投影…… 67

5.1　基本立体…… 67

5.2　平面与立体相交…… 75

5.3　两立体相交…… 86

第 6 章　组合体…… 94

6.1　组合体的形体构成…… 94

6.2　组合体视图的画法…… 96

6.3　组合体的尺寸标注…… 99

6.4 组合体视图的阅读 …… 102

第7章 轴测投影 …… 110

7.1 概述 …… 110

7.2 正轴测图 …… 111

7.3 斜二测图 …… 115

7.4 徒手绘图的基本技巧 …… 117

第8章 建筑形体的表达方法 …… 120

8.1 视图 …… 120

8.2 剖面图 …… 125

8.3 断面图 …… 130

8.4 简化画法 …… 132

第9章 建筑施工图 …… 135

9.1 概述 …… 135

9.2 总平面图 …… 147

9.3 建筑平面图 …… 149

9.4 建筑立面图 …… 156

9.5 建筑剖面图 …… 160

9.6 建筑详图 …… 164

第10章 结构施工图 …… 171

10.1 概述 …… 171

10.2 基础图 …… 178

10.3 现浇钢筋混凝土构件的平面整体设计方法简介 …… 182

10.4 梁、板、柱构件详图 …… 190

10.5 楼层结构平面布置图 …… 193

10.6 楼梯结构详图 …… 202

第11章 给水排水工程图 …… 206

11.1 概述 …… 206

11.2 室内给水工程图 …… 209

11.3 室内排水工程图 …… 215

11.4 识读与绘制室内给水排水施工图 …… 216

参考文献 …… 221

绪 论

一、本课程的性质和任务

准确地表达工程或构件的形状、尺寸及有关技术要求等的图样，称为工程图样。工程图样是按照投影原理及一定的制图规则绘制而成的，现代土木工程的设计、施工、维护、管理等都必须绘制或使用工程图样。因此，工程图样是工程上不可缺少的最基本的技术文件，素有“工程技术语言”之称誉。

建筑工程制图就是研究利用投影法绘制工程图样的一门学科，也就是通过研究在二维平面上表达三维空间形体的方法，掌握绘制和阅读工程图样的理论和方法，进而培养学生的空间想象力和绘图技能，是一门重要的技术基础课。

本课程的主要任务是：

(1) 培养学生掌握和执行国家有关制图标准的能力。

(2) 培养学生的绘图技能。

(3) 学习投影法的基本理论及其应用。

(4) 培养学生的空间想象力和形体表达的能力。

(5) 培养学生绘制和阅读工程图样的基本能力，为后续课程的学习打下一定基础。

二、本课程的主要内容

本课程的主要内容包括制图基本知识、画法几何及专业制图三部分。

(1) 制图基本知识：介绍国家有关制图标准，学习制图的基本知识和绘图的基本技能。

(2) 画法几何：属几何学的一个分支，以空间形体与平面图形之间的关系为研究对象，研究利用正投影法原理图示空间几何元素、解决空间几何问题的基本理论和基本方法。

(3) 专业制图：掌握建筑工程图有关标准规定的图示特点和表达方法；初步掌握绘制和阅读建筑工程图的基本方法。

三、本课程的学习方法

由于本课程具有极强的实践性，因此必须加强实践性教学环节，在保证结合应用进行理论讲解的同时，保证学生完成一定数量的作业和习题，以帮助培养空间想象力，提高空间分析能力。

(1) 通过学习制图基本知识，掌握相关的制图国家标准，具备正确使用绘图工具和仪器绘制平面图形的能力，初步形成严谨细致、认真负责的工作作风。

(2) 学习基本投影理论，必须建立正投影概念，牢牢掌握正投影规律，加强从空间到平面（画图），再从平面回到空间（看图）的训练，进一步培养空间思维能力。

(3) 学习专业制图，必须经过一定数量的读图训练，并且在读懂专业图形的基础上，还要进行绘图（抄图）训练，进一步加强对相关制图国家标准的应用能力，提高绘图技能，培养图纸为工程服务的意识。

总之，在学习过程中一定要深入理解并掌握课程内容，有意识地进行培养空间想象力的训练，逐渐培养阅读和绘制工程图形的能力。

第1章　制图的基本知识

1.1　国家标准的基本规定

工程图纸是工程技术人员用来表达设计构思、进行技术交流的重要工具，是一种无国界、无民族的共同语言，因此工程界对这种特殊的语言作了必要的规定。2001年，由国家质量监督检验检疫总局和建设部联合发布了房屋建筑制图6种国家标准：《房屋建筑制图统一标准》(GB/T 50001—2001)、《总图制图标准》(GB/T 50103—2001)、《建筑制图标准》(GB/T 50104—2001)、《建筑结构制图标准》(GB/T 50105—2001)、《给水排水制图标准》(GB/T 50106—2001) 和《暖通空调制图标准》(GB/T 50114—2001)，自2002年3月1日起实施。

制图国家标准（简称国标）是一项所有工程人员在设计、施工、管理中必须严格执行的国家条例。培养严格遵守国标中每一项规定（条例）的优良品质，需要从学习制图的第一天开始。

一、图纸幅面与标题栏

图纸幅面（简称图幅）是绘制图样所用图纸的大小。图框是图纸上控制绘图范围的边线。图纸幅面和图框尺寸应符合表1-1的规定和图1-1的格式。从表中可以看出，A1幅面是A0幅面的一半，A2幅面是A1幅面的一半，其余类推。表中代号的意义如图1-1所示。同一项工程的图纸，不宜多于两种幅面。以短边作竖直边的图纸称为横式幅面[图1-1 (a)]，以短边作为水平边的称为立式幅面[图1-1 (b)]。一般A0～A3图纸宜用横式。图纸短边不得加长，长边可以加长，但加长的尺寸必须符合国标的规定。

表1-1　　幅面及图框尺寸 (mm)

幅面代号 / 尺寸代号	A0	A1	A2	A3	A4
$B\times L$	841×1189	594×841	420×594	297×420	210×297
c	10			5	
a	25				

图纸的标题栏（简称图标）是图纸及设计者基本信息的描述，如工程名称、图名、图纸编号、设计单位、设计人、绘图人等。会签栏是各工种施工及审图人员基本信息的描述，如会签人员所代表的专业、姓名、日期等。

图纸的标题栏和会签栏的位置、尺寸和内容如图1-1～图1-3所示。涉外工程的标题栏内，各项主要内容的中文下方应附有译文，设计单位的上方或左方，应加“中华人民共和国”字样。

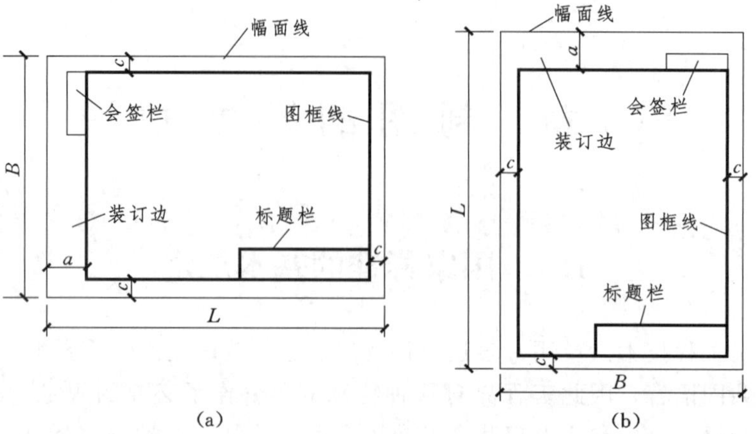

图 1-1　幅面代号的意义

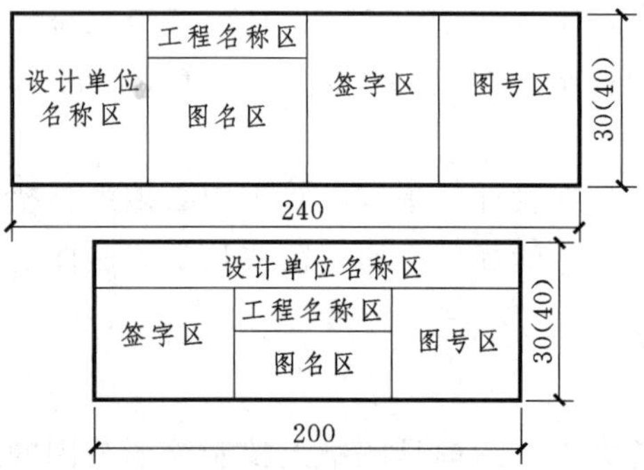

图 1-2　标题栏

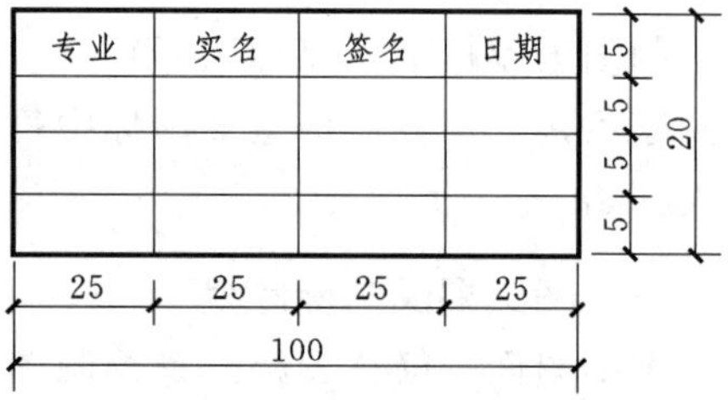

图 1-3　会签栏

根据地方标准的不同，很难对标题栏制订统一的格式。学生学习期间推荐使用如图 1-4所示格式。

二、比例

图样的比例，应为图形与其实物相对应要素的线性尺寸之比。比例的大小，是指比值的大小，如 1∶50 大于 1∶100；比例宜注写在图名的正右侧，比例的字高宜比图名的字高小一号或二号；一般情况下，一个图样应选用一种比例；绘图所用的比例，应根据图样的用途与被绘制对象的复杂程度，从表 1-2 中选用，并优先选用表中常用比例。

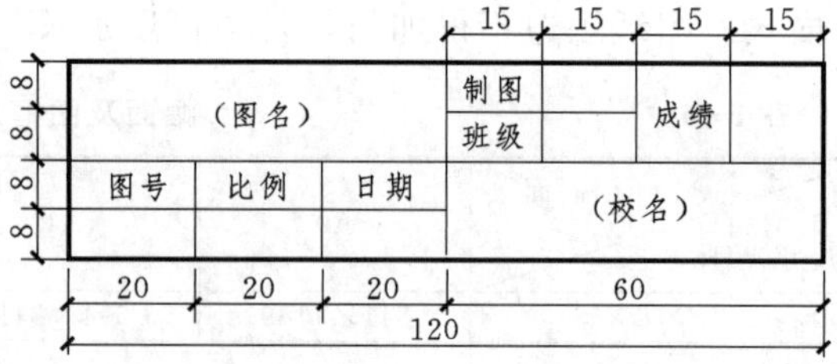

图 1-4　学生用标题栏

表 1-2　　**绘 图 所 用 的 比 例**

常用比例	1∶1、1∶2、1∶5、1∶10、1∶20、1∶50、1∶100、1∶150、1∶200、1∶500、1∶1000、1∶2000、1∶5000、1∶10000、1∶20000、1∶50000、1∶100000、1∶200000
可用比例	1∶3、1∶4、1∶6、1∶15、1∶25、1∶30、1∶40、1∶60、1∶80、1∶250、1∶300、1∶400、1∶600

三、工程字体

工程图纸上的字体包括汉字、数字和字母。

（一）汉字

1. 对汉字的书写要求

字体必须书写端正，排列整齐，笔划清晰，书写汉字时，应采用国家公布实施的简化汉字，并宜用长仿宋体字。长仿宋体字的字高与字宽的比例约为3∶2。

2. 字体的规格

字体的大小用字号表示，分为20、14、10、7、5、3.5六种字号。字体的号数指字体的高度（单位为mm)，对于长仿宋字，上一字号的宽度恰好等于下一字号的高度，例如10号字的高度为10mm，宽度7mm。当数字与汉字同行书写时，其大小应比汉字小一字号。

3. 采用长仿宋体的优点

用长仿宋体作为工程字体的主要优点如下：

（1）符合汉字特点，不会引起混淆。

（2）笔划细，外形整齐，与仪器制图的图线协调。

（3）规律性强，其写法比其他书写体易于掌握，如图1-5所示字例。

图1-5　长仿宋字示例

4. 长仿宋体的特点

长仿宋字有如下特点：

（1）横平竖直。横笔基本要平，可稍微向上倾斜一点。竖笔要直。笔划要刚劲有力。

（2）起落分明。横竖的起笔和收笔、撇的起笔、钩的转角等，都要顿一下笔，形成小三角。几种基本笔划的写法如表1-3所示。

（3）笔锋满格。上下左右笔锋要触及或靠近字格，但也有例外的，如日、口等字，都要比字格略小。

（4）布局均匀。笔画布局要均匀紧凑，并注意下列几点：

1）字形基本对称的应保持其对称，如土、木、平、面、金等。

2）有一竖笔居中的应保持该笔竖直而居中，如上、正、水、审等。

3）有三、四横，竖笔画得要大致平行等距，如曲、垂、直、量等。

表 1-3 **几种笔划的写法与特征**

名称	笔画	要点	名称	笔画	要点
横	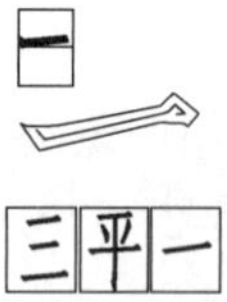 三平一	横以略斜为自然，运笔时应有起落顿挫，棱角一笔完成	横钩	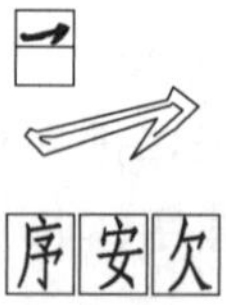 序安欠	由两笔组成，末笔笔锋应起重落轻钩尖如针
竖	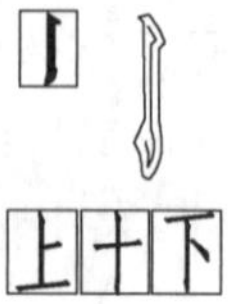 上十下	竖要垂直，运笔同横	弯钩	 尤武心地	由直转弯，过渡要圆滑
撇	 先今方	撇应同字格对角线基本平行，运笔时起笔要重，落笔要轻	挑	 北求均	横以略斜为自然，运笔时应有起落，顿挫棱角一笔完成
捺	 大来延	捺也应同字格对角线基本平行，运笔时起笔要轻，落笔要重，与撇正好相反	点	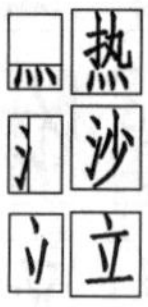 热沙立	
竖钩	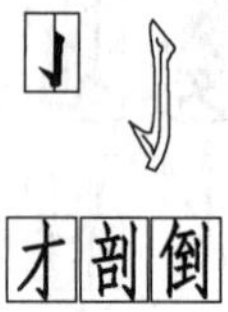 才剖倒	竖要挺直，钩要尖			

4）要注意偏旁所占的比例，有约占一半的，如比、料、机、部、轴等；有约占 1/3 的，如混、梯、钢、墙等；有约占 1/4 的，如凝。

5）左右要组合紧凑，尽量少留空白，如以、砌、设、动、泥等。

5. 仿宋字的书写要领

横平竖直，起收有力；按格书写，体型统一；结构均匀，比例合适；呼应穿插，和谐统一。

要写好长仿宋字，有效的办法就是多看，多摩，多写，持之以恒，自然熟能生巧。

（二）数字及字母

数字及字母宜采用向右倾斜 75°的写法（即斜体字），数字及字母的笔划次序如图 1-6 所示。对于数字和字母，根据具体情况，最小可采用 2.5 号字。

四、图线

图纸上的线条统称为图线。图线的线宽包括粗、中、细三种；不同形式的图线称为线型。线宽与线型也可统称为线型。常见线型及各类线型用途如表 1-4 所示。

图1-6　数字与字母示例

表1-4　　　　**线　型**

名称		线　型	线宽	一　般　用　途
实线	粗		b	主要可见轮廓线
	中		$0.5b$	可见轮廓线
	细		$0.25b$	可见轮廓线、图例线
虚线	粗		b	见各有关专业制图标准
	中		$0.5b$	不可见轮廓线
	细		$0.25b$	不可见轮廓线、图例线
单点长画线	粗		b	见各有关专业制图标准
	中		$0.5b$	见各有关专业制图标准
	细		$0.25b$	中心线、对称线等
双点长画线	粗		b	见各有关专业制图标准
	中		$0.5b$	见各有关专业制图标准
	细		$0.25b$	假想轮廓线、成型前原始轮廓线
折断线			$0.25b$	断开界线
波浪线			$0.25b$	断开界线 FM

每个图样应先根据形体的复杂程度和比例的大小，确定基本线宽 b。b 值可从以下的线宽系列中选取，即 0.35、0.5、0.7、1.0、1.4、2.0mm，常用的 b 值为 0.35～1mm。确定 b 值之后，例如 1.0mm，则粗线的宽度按表 1-5 的规定应为 b，即 1.0mm；中线的宽度为 $0.5b$，即 0.5mm；细线的宽度为 $0.25b$，即 0.25mm。每一组粗、中、细线的宽度，如 1.0、0.5、0.25，称为线宽组。

表 1-5　　线　宽　组（mm）

线宽比	线宽组					
b	2.0	1.4	1.0	0.7	0.5	0.35
$0.5b$	1.0	0.7	0.5	0.35	0.25	0.18
$0.25b$	0.5	0.35	0.25	0.18	—	—

注　1. 需要缩微的图纸，不宜采用 0.18mm 及更细的线宽。
2. 同一张图纸内，各不同线宽中的细线，可统一采用较细的线宽组的细线。

画线时还应注意下列几点：

（1）在同一张图纸内，相同比例的各图样，应采用相同的线宽组。

（2）相互平行的图线，其间隙不宜小于其中的粗线宽度，且不宜小于 0.7mm。

（3）虚线、单点长画线或双点长画线的线段长度和间隔宜各自相等。虚线的画长约 3～6mm，间隔为 0.5～1mm。单点长画线或双点长画线的画长为 15～20mm。

（4）单点长画线或双点长画线，当在较小图形中绘制有困难时，可用实线代替。

（5）单点长画线或双点长画线的两端，不应是点。点画线与点画线交接或点画线与其他图线交接时，应是线段交接。

（6）虚线与虚线交接或虚线与其他图线交接时，应是线段交接。虚线为实线延长线时，不得与实线连接。如图 1-7 所示。

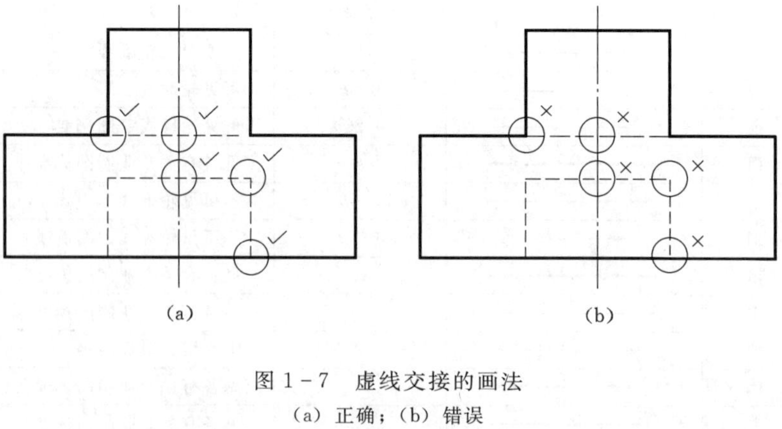

图 1-7　虚线交接的画法
（a）正确；（b）错误

（7）图线不得与文字、数字或符号重叠、混淆，不可避免时，应首先保证文字等的清晰。

（8）图纸的图框线、标题栏线和会签栏线可采用表 1-6 所示的线宽。

表 1-6　　图框线、标题栏线、会签栏线的宽度（mm）

幅面代号	图框线	标题栏外框线	标题栏分格线、会签栏线
A0、A1	1.4	0.7	0.35
A2、A3、A4	1.0	0.7	0.35

各种线型在建筑平面图上的用法，如图 1-8 所示。

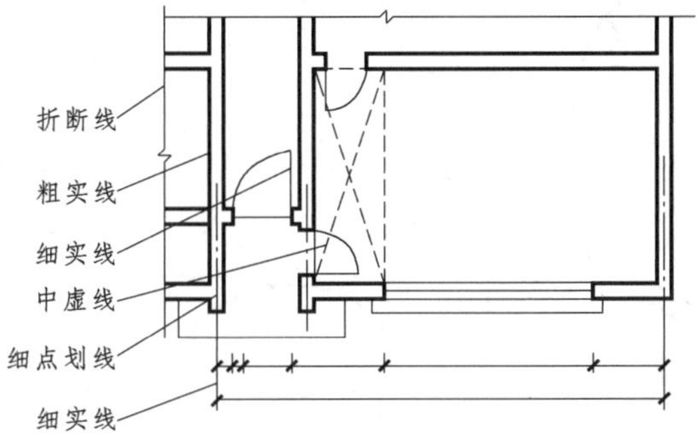

图 1-8　各种线型的示例

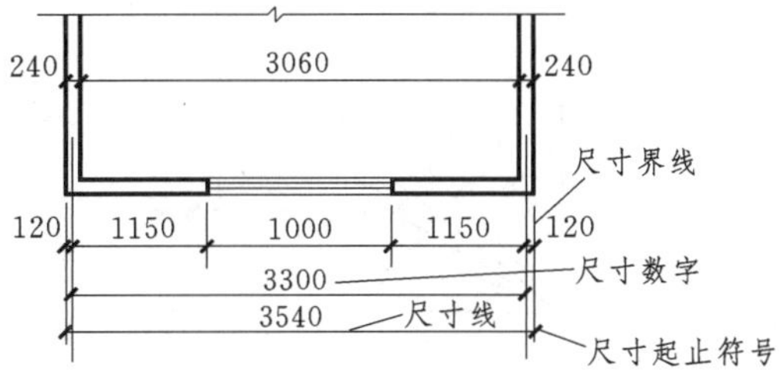

图 1-9　尺寸的组成

五、尺寸标注

1. 尺寸的组成

建筑工程图中，除了画出建筑物及其各部分的形状外，还必须准确、详尽、清晰地标注出各部分的实际尺寸，以确定其大小，作为施工的依据。

尺寸由尺寸界线、尺寸线、尺寸起止符号和尺寸数字组成（见图 1-9）。

2. 尺寸标注的一般规定

尺寸界线和尺寸线均采用细实线绘制，尺寸界线一端应离开图样的轮廓线不小于 2mm，另一端宜超出尺寸线 2～3mm。必要时可利用轮廓线作为尺寸界线（如图 1-9 中的尺寸 3060）。尺寸线应与被注线段平行，且必须单独画出，图样上任何图线都不得用作尺寸线。

尺寸起止符号一般采用中粗短斜线绘制，其倾斜方向应与尺寸界线成顺时针 45°角，长度宜为 2～3mm。在轴测图中标注尺寸时，其起止符号宜用小圆点。标注直径、半径、角度尺寸时，尺寸起止符号应采用箭头，其绘制方法见图 1-10。

国标规定，图样上标注的尺寸，除标高及总平面图以 m（米）为单位外，其余一律以 mm（毫米）为单位，尺寸数字不需注写单位。本书文字和插图中的数字，如没有特别注明，一律以毫米为单位。图样上的尺寸，应以所注尺寸数字为准，不得从图上直接量取。尺寸数字一般应依据其方向注写在靠近尺寸线的上方中部。如没有足够的注写位置，最外边的尺寸数字可以注写在尺寸界线的外侧，如图 1-9 中尺寸为 120 的标注。

尺寸宜标注在图样轮廓以外，不宜与图线、文字及符号等相交。相互平行的尺寸线，应从被注写的图样轮廓线由近向远整齐排列，较小尺寸应离轮廓线较近，较大尺寸应离轮廓线较远（图 1-9）。

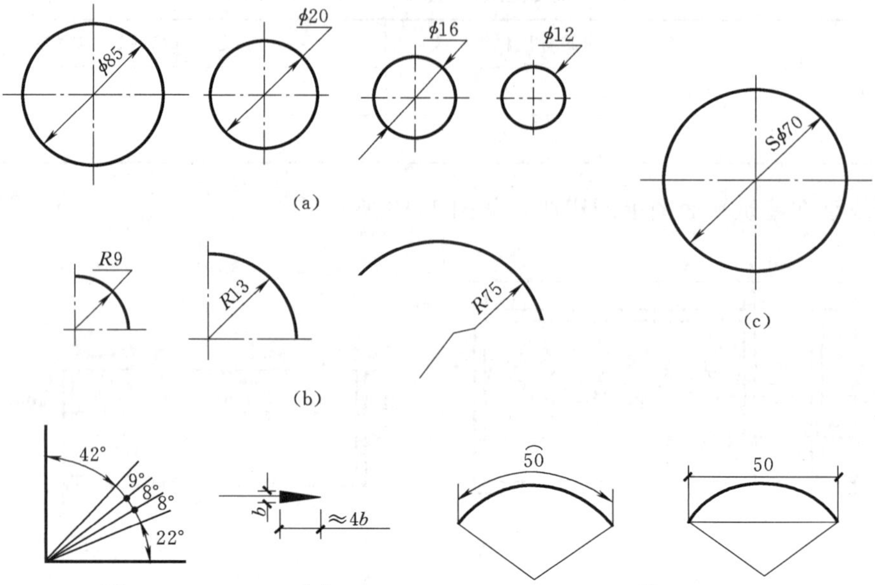

图1-10　圆、圆弧、球、角度、弦长的尺寸标注

(a) 圆的尺寸标注；(b) 圆弧的尺寸标注；(c) 圆球的尺寸标注；(d) 标注角度尺寸；
(e) 箭头的绘制方法；(f) 弧长及弦长标注

3. 圆、圆弧、球的尺寸标注

圆或者大于半圆的弧，一般标注直径，尺寸线通过圆心，两端指向圆弧，用箭头作为尺寸的起止符号，并在直径数字前加注直径符号“ϕ”。较小圆的尺寸可标注在圆外。半圆或小于半圆的圆弧，一般标注半径尺寸，尺寸线的一端从圆心开始，另一端用箭头指向圆弧，在半径数字前加注半径符号“R”，较小圆弧的半径数字，可引出标注；较大圆弧的尺寸线，必须对准圆心画成折线状（图1-10）。

球的尺寸标注与圆的尺寸标注规定相似，只是在直径或半径代号前面应加注字母“S”（图1-10）。

4. 角度、弧度、弦长的尺寸标注

角度的尺寸线用圆弧表示，其圆心为角度的角顶，角的两边为尺寸界线，起止符号为箭头。角度小的无法画下箭头，可用小黑圆点代替。角度数字应为水平方向书写（图1-10）。

弧长的尺寸线为与该圆弧同心的圆弧，尺寸界线应垂直该圆弧的弦，起止符号用箭头，在弧长数字的上方加注符号“⌒”（图1-10）。

标注弦长的尺寸线应与弦长平行，尺寸界线与弦垂直（见图1-10）。

5. 尺寸标注的注意事项

尺寸标注应注意的事项如表1-7所示。

六、常用建筑材料图例

建筑材料在建筑工程图中，采用材料图例表示，常用建筑材料图例如表1-8所示。

表 1-7　　尺寸标注注意事项

说　明	正　确	错　误
尺寸数字应写在尺寸线的中间，水平尺寸线上的数字应写在尺寸线上方，竖直尺寸线上的数字应写在尺寸线左方	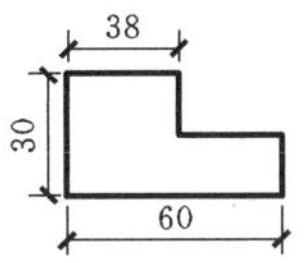	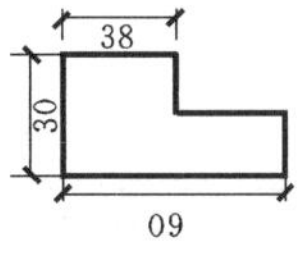
大尺寸在外，小尺寸在内	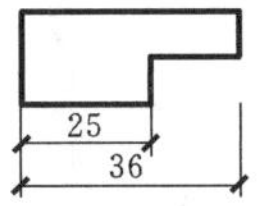	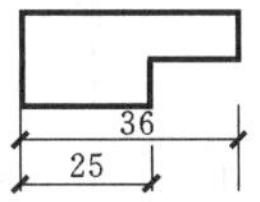
不能用尺寸界线作为尺寸线	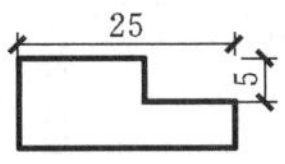	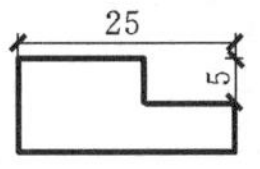
轮廓线、中心线可以作为尺寸界线，但不能用作尺寸线	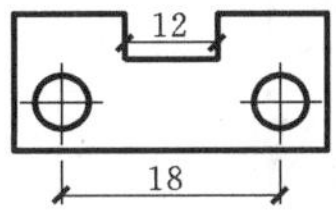	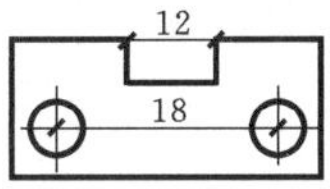
尺寸线倾斜时数字的方向应便于阅读，尽量避免在 30°斜线范围内注写尺寸	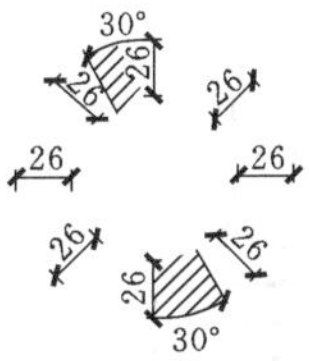	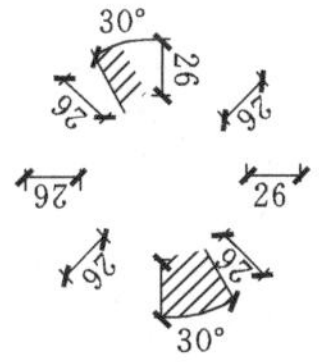
同一张图纸内尺寸数字应大小一致	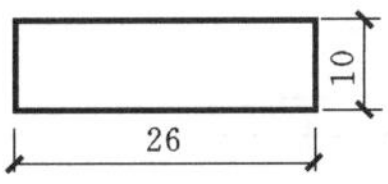	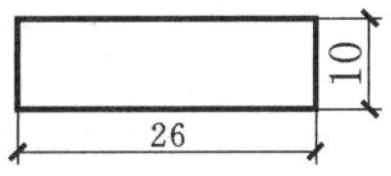
在断面图中写数字处，应留空不画剖面线	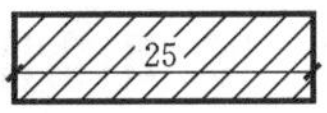	
两尺寸界线之间比较窄时，尺寸数字可注在尺寸界线外侧，或上下错开，或用引出线引出再标注	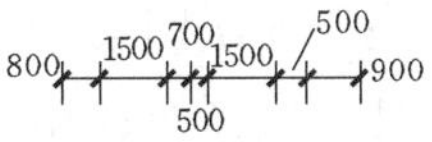	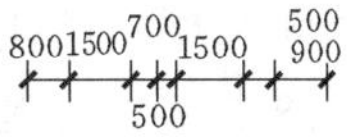
桁架式结构的单线图，宜将尺寸直线注在杆件的一侧	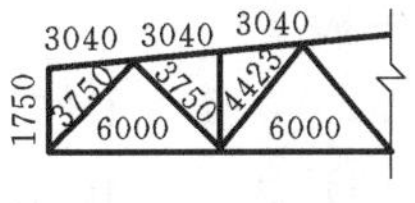	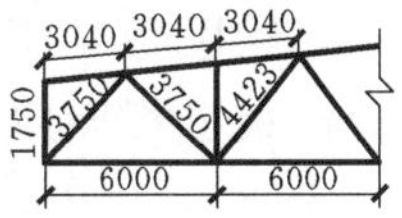

表 1-8　　常见建筑材料图例

名称	图　例	说　明
自然土壤		包括各种自然土壤
夯实土壤		
砂、灰土	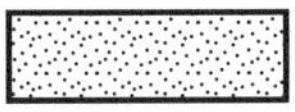	靠近轮廓线绘较密的点

续表

名称	图　例	说　　明
普通砖	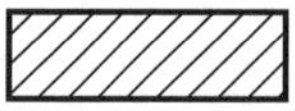	1. 包括实心砖、多孔砖、砌块等砌体 2. 断面较窄，不易画出图例线时，可涂红（在透明纸上）或空白
饰面砖	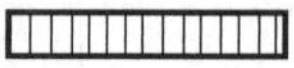	包括铺地砖，马赛克、陶瓷锦砖，人造大理石等
混凝土	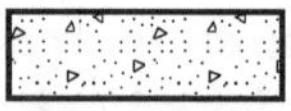	1. 本图例仅适用于能承重的混凝土及钢筋混凝土 2. 包括各种强度等级、骨料、涂加剂的混凝土 3. 在剖面图上画出钢筋时，不画图例线 4. 断面图形小，不易画出图例线时，可涂黑
钢筋混凝土		
毛石	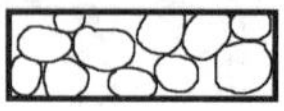	
木材		1. 上图为横断面图，左上图为垫木、木砖或木龙骨 2. 下图为纵断面
金属		1. 包括各种金属 2. 图形小时，可涂黑
防水材料		构造层次多或比例较大时，采用上面图例
粉刷层		本图例采用较稀的点

1.2　常用制图工具及使用

正确使用绘图工具、仪器是保证绘图质量，提高绘图速度的重要条件。本节主要介绍手工制图中常用的基本绘图工具、仪器及使用方法。

一、绘图板、丁字尺和三角板

绘图板的板面应平整无缝隙，左边（工作边）与丁字尺配合使用，应光滑平直。绘图板尺寸大小与使用的图纸幅面相适应，常用 A0、A1、A2 型号标准绘图板。

丁字尺由尺身和尺头两部分组成。尺头和尺身必须垂直且连接牢固，尺身刻有尺寸刻度，便于画线时直接度量。尺头和尺身的工作边要求平直无划痕。

一幅绘图用三角板由一块 45°等腰直角三角形和一块 30°、60°直角三角形的三角板组成。三角板各边应光滑、平直，各角度要准确，具有尺寸刻度的边可以度量。

绘图时，用胶带纸将图纸固定在图板的适当位置，一般在图板左下方。丁字尺的尺头工作边紧靠图板左边的工作边，三角板紧靠在丁字尺工作边上方，如图 1－11 所示。

在使用绘图板、丁字尺和三角板画线时，要求三角板与丁字尺及丁字尺与图板之间的各工作边靠紧，以保证绘图度量和准确度；上下移动丁字尺可画出一组水平线；左右移动三角板可画出一组垂直线。

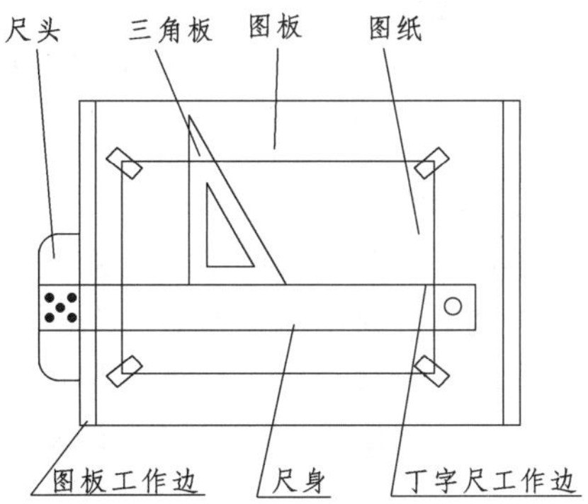

图1-11 正确使用图板、丁字尺和三角板

二、绘图铅笔和墨线笔

绘图铅笔铅芯的软硬度用字母B和H表示。B前面的数字越大，表示铅芯越软（越黑），最软为6B；H前面的数字越大，表示铅芯越硬（越浅），最硬为6H；HB表示铅芯软硬适中。一般绘制底图时，选用较硬的铅芯，如H、2H等；加深图线时，可选用较软铅芯，如B、2B等；HB铅笔常用来写字。

削磨铅笔时，裸露铅芯不要太长或太短，并在细砂纸上磨成圆锥状。画线时，从正面看铅笔应与纸面成60°，侧面看铅笔与尺子平行。画长线时，铅笔在行笔过程中缓慢旋转，使铅笔尖均匀磨损，以保持铅笔尖的尖锐，一旦粗钝应立即磨尖。加深图纸的铅芯可磨成矩形状的铅芯。

墨线笔常用的有两种：一种是直线笔（俗称鸭嘴笔）；另一种为针管笔。主要用于绘制墨线图。

直线笔由两叶簧片组成，墨水蘸在两簧片之间。旋动小螺母调整两个簧片间距可画出不同粗细的墨线。加墨水时可用蘸水钢笔将墨水导入两个簧片之间，切不可将直线笔直接伸入墨水瓶中，同时加墨水不可太多，在簧片间的墨水高度在6mm左右为宜。加入后，擦去簧片外渗出的墨水方可使用，以免玷污图纸。画线时，直线笔使用方式，正面看与纸面成75°，侧面看与尺子平行，下笔不要太重，行笔流畅匀速，不能停顿、偏转和晃动。直线笔用完以后，需及时擦拭干净，放松调整螺母。

针管笔胆内可存储墨水，笔头为一细针管。为了保证墨水流畅，针管内还有一活动针尖。行笔时，活动针尖将墨水引导至纸面。针管内经及图线宽度，每一支笔只能画出一种宽度的图线。常用针管笔粗度有0.1、0.18、0.25、0.35、0.6、0.9mm和1.2mm不等。画线前，将笔垂直振动，使活动针尖运动，方可使用。使用针管笔画线时，应使针管笔垂直于纸面。

针管笔需灌注碳素墨水。较长时间中断使用时，需洗净笔管和笔头。

三、圆规和分规

圆规主要用于绘制圆或圆弧；分规主要用来等分和量取线段。绘图用圆规的插脚主要包括铅芯插脚、针尖插脚和墨线插脚，采用铅芯插脚或墨线插脚就是圆规，换成针尖插脚便可做分规用。作分规用时，两插脚均应无肩端，且两针尖要平齐；作圆规用时，针尖插脚应有肩端，且略长于铅芯脚或墨线脚，画线时要扎透纸面，使尖肩抵住纸面，这样既使画多个同心圆，也不致使针孔越来越大。同时注意随时调整两插脚，使其垂直纸面。画大直径圆时，需要接加长杆。

四、曲线板

曲线板有多种，常用来画非圆曲线，其画法是将连续的四个点靠近曲线板，吻合后画出，然后依照同样的方法，画出其余的点的曲线即可。画出的曲线应光顺、圆滑和连续。

五、图纸

正式绘图需要绘图纸，正规的绘图纸应是纸质坚实、平整，不宜太薄，用橡皮擦不易起毛，上墨线时不能洇水。

除以上所列绘图工具外，擦图用橡皮、固定图纸用胶带纸、书写用钢笔及墨水、修改墨线用刀片、磨铅芯用砂纸、消除橡皮沫用软毛刷及擦图片等，也是绘图中常用工具。

1.3 几　何　作　图

一、正多边形的画法

1. 作已知圆的内接正六边形（见图 1-12）

如图 1-12 所示，正六边形的作图方法：分别以圆周与水平直径线的交点 A、D 为圆心，外接圆半径为半径画圆弧，与圆周交于 B、F、C、E 四点，A、B、C、D、E、F 六点将圆周六等分，依次连接各点，得到对角沿水平方向的正六边形 $ABCDEF$。如需绘制对角沿竖直方向的正六边形，应如何等分圆周？请读者自行思考。

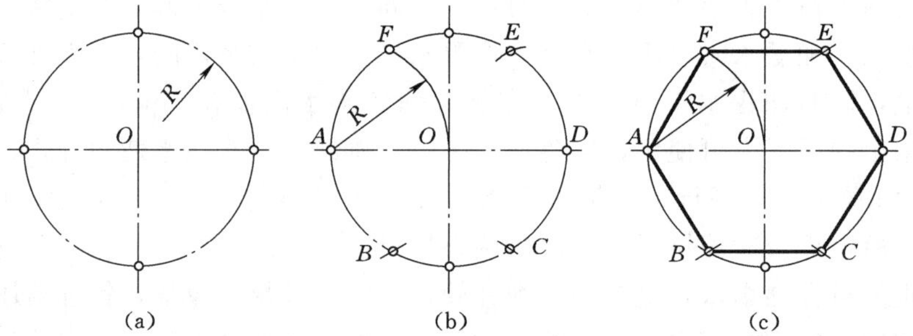

图 1-12　圆的内接正六边形

2. 作圆的内接五边形（见图 1-13）

如图 1-13 所示，正五边形的作图方法：①做出外接圆半径 ON 的二等分点 G；②以

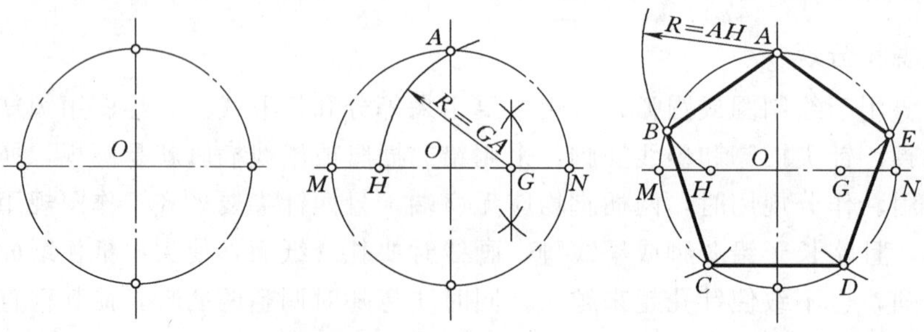

图 1-13　圆的内接正五边形

G 为圆心，AG 为半径作圆弧，交 OM 于 H 点，AH 即为正五边形边长；③在外接圆周上以边长 AH 为半径画弧，得到各等分点 A、B、C、D、E，依次连接各点，得到正五边形 $ABCDE$。

二、椭圆的画法

椭圆是一种非圆曲线，其画法有多种，这里仅介绍已知长、短轴，近似画椭圆的方法——四心法。

如图 1－14 所示，作图步骤为：①连接长、短轴端点 A、C；②以 O 为圆心，OA 为半径，作圆弧，交 OC 延长线于点 E；③以 C 为圆心，CE 为半径，作圆弧 EF 交 AC 于点 F；④作 AF 的垂直平分线，交长轴于 O_1，交短轴（或其延长线）于 O_2；⑤在 AB 上截取 $OO_3=OO_1$，在 CD 延长线上截取 $OO_4=OO_2$；⑥分别以 O_1、O_2、O_3、O_4 为圆心，以 O_1A、O_2C、O_3B、O_4D 为半径作圆弧，使各圆弧在 O_2O_1、O_4O_1、O_2O_3、O_4O_3 的延长线上的 G、H、I、J 四点处连接。

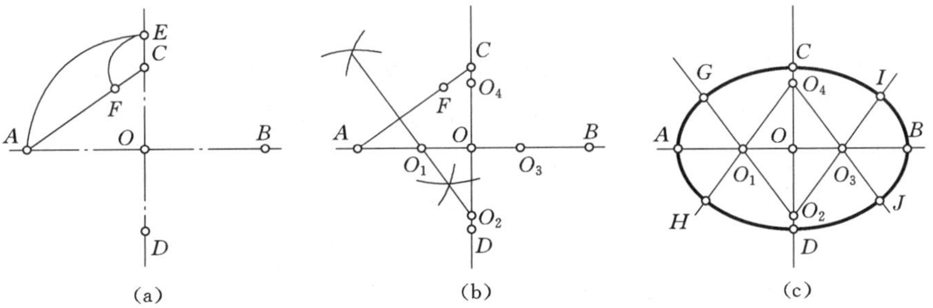

图 1－14　已知长短轴画椭圆

三、圆弧连接

圆弧连接是指用圆弧光滑地连接两条已知线段。两已知线段即可是直线段，也可是圆或圆弧。用于连接两已知线段的圆弧称为连接圆弧。

绘制连接圆弧必须确定出该圆弧的圆心、半径和两个连接点（即圆弧的起点和终点），可分别称为连接圆心、连接半径和连接点，这三个要素组成圆弧连接的三要素。

由于连接圆弧与两已知线段为光滑连接，所以连接点多为切点。

1. 作圆弧连接相交两直线

如图 1－15 所示，用指定半径的圆弧（半径为 R）连接两相交直线的作图方法：①分别画出与 L_1、L_2 平行且相距为 R 的两直线，交点 O 即连接圆心；②过点 O 分别作 L_1 和 L_2 的垂线，垂足 T_1 和 T_2 即为连接点（此处均为切点）；③以 O 为圆心，R 为半径，作圆弧 T_1T_2，即为所求。

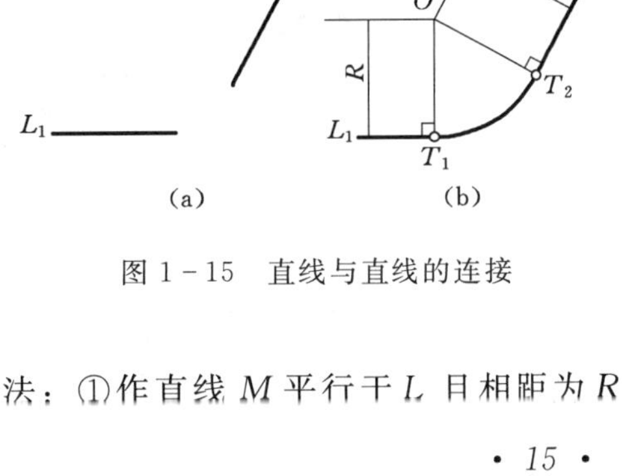

图 1－15　直线与直线的连接

2. 作圆弧连接直线与圆弧

如图 1－16 所示，连接直线与圆弧的作图方法：①作直线 M 平行于 L 且相距为 R；

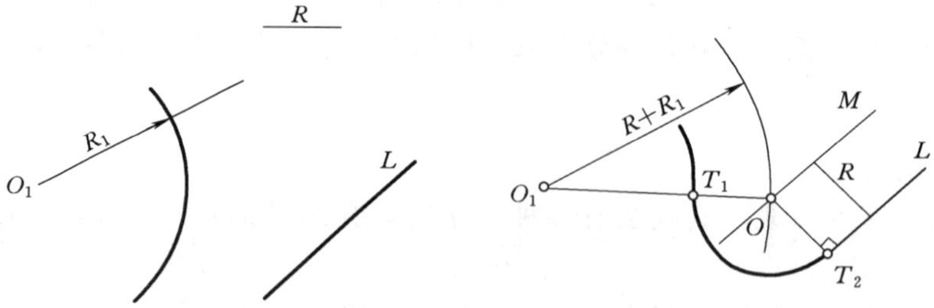

(a)　　　　(b)

图 1-16　直线与圆弧的连接

②以 O_1 为圆心，$R+R_1$ 为半径作圆弧，交直线 M 于点 O，即为连接圆心；③连 OO_1 交已知圆弧于连接点（切点）T_1，又作 OT_2 垂直于 L，得另一连接点（切点）T_2；④以 O 为圆心，R 为半径，作圆弧 T_1T_2，即为所求。

3. 作圆弧与已知两圆弧外切连接

如图 1-17 所示，外接两圆弧的作图方法：①以 O_1 为圆心，$R+R_1$ 为半径作圆弧，再以 O_2 为圆心，$R+R_2$ 为半径作圆弧，两圆弧相交于点 O，即为连接圆心；②连接 OO_1，交圆弧 O_1 于切点 T_1。连接 OO_2，交圆弧 O_2 于切点 T_2；③以 O 为圆心，R 为半径，作圆弧 T_1T_2，即为所求。

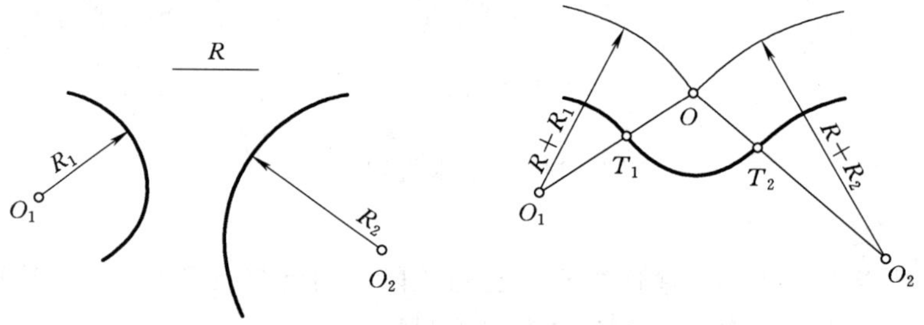

(a)　　　　(b)

图 1-17　圆弧与圆弧的外连接

4. 作圆弧与已知两圆弧内切连接

如图 1-18 所示，内接两圆弧的作图方法：①以 O_1 为圆心，$R-R_1$ 为半径作圆弧，

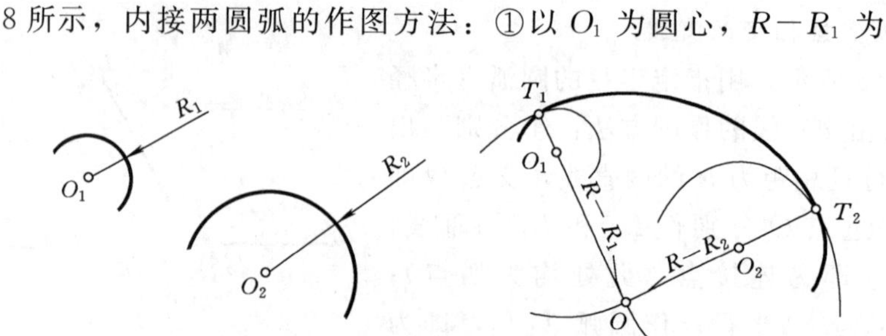

(a)　　　　(b)

图 1-18　圆弧与圆弧的内连接

再以 O_2 为圆心，$R-R_2$ 为半径作圆弧，两圆弧相交于点 O，即为连接圆心；②延长 OO_1，交圆弧 O_1 于切点 T_1；延长 OO_2，交圆弧 O_2 于切点 T_2；③以 O 为圆心，R 为半径，作圆弧 T_1T_2，即为所求。

1.4 绘制平面图形

一、平面图形的尺寸分析

平面图形的尺寸分为定形尺寸和定位尺寸两类。

定形尺寸是确定平面图形中几何元素大小的尺寸，如图 1-19（a）中矩形的大小由①、②两个尺寸确定，①、②即定形尺寸；图 1-19（b）所示圆的大小是由其直径 ϕ 确定，ϕ 为圆的定形尺寸。

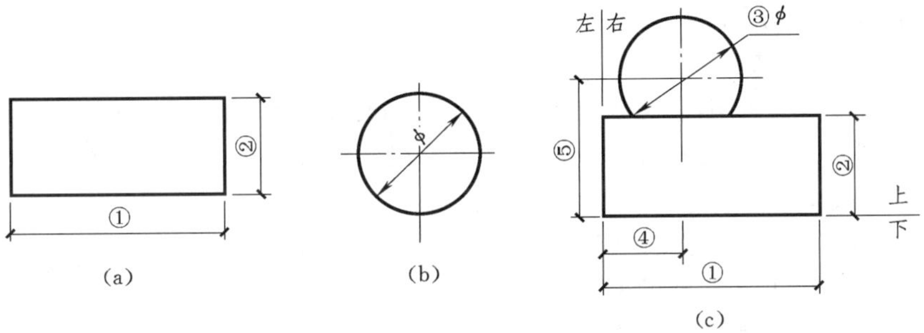

图 1-19　平面图形尺寸分析

（a）单一矩形；（b）单一圆形；（c）组合图形

定位尺寸是确定平面图形中几何元素位置的尺寸。由于平面图形往往不是单一的几何元素，而是由若干个几何元素拼组在一起，这样除了每一几何元素必须有自己的定形尺寸外，还要确定相互间相对位置的尺寸。如图 1-19（c）是由两个单一几何元素组成，下方矩形由尺寸①、②定形，左上方圆形由尺寸③定形，其相互位置是由左右方向尺寸④及上下方向尺寸⑤确定的，尺寸④、⑤即为定位尺寸。

为了便于标注和满足生产上的需要，常在图形中设置定位尺寸的基准，也就是标注尺寸的起始位置线。通常以图形的主轴线、对称线、中心线及较长的直轮廓边线作为定位尺寸的基准。图 1-19（c）是把底边线和左边线作为基准，尺寸④、⑤分别以左边线和底边线作为起始位置标注，用于确定圆心位置。

二、平面图形的线段分析

平面图形中，线段的性质是根据图中所标注尺寸的齐全与否来决定的，平面图形中的线段可分为三种。

已知线段：指定形尺寸和定位尺寸齐全的线段，即根据所给尺寸能直接画出的线段。例如绘制一段圆弧（或圆），必须知道圆心两个方向的定位尺寸以及半径（或直径）的大小。在图形中凡此三个尺寸齐全的圆弧（或圆）称为已知圆弧（或圆）；已知两端点的直线称为已知直线。如图 1-20 所示，$\phi 20$ 的圆、$R25$ 的圆弧以及各直线段均为已知线段。

中间线段：有定形尺寸但定位尺寸不全的线段，称为中间线段。由上述可知，三个尺寸（两个圆心位置尺寸和半径）都已知的圆弧叫已知圆弧，而只有其中两个尺寸的圆弧叫中间圆弧。如图 2-20 所示，$R18$ 的定位尺寸为 20，为该圆弧上下方向的定位尺寸，其水平定位尺寸未标注，需根据直线段来绘制，为中间圆弧。

连接线段：仅有定形尺寸而没有定位尺寸的线段，称为连接线段。例如仅标注半径的圆弧。如图 1-20 所示，$R90$ 即为连接圆弧，可按本章第 3 节介绍的方法绘制。

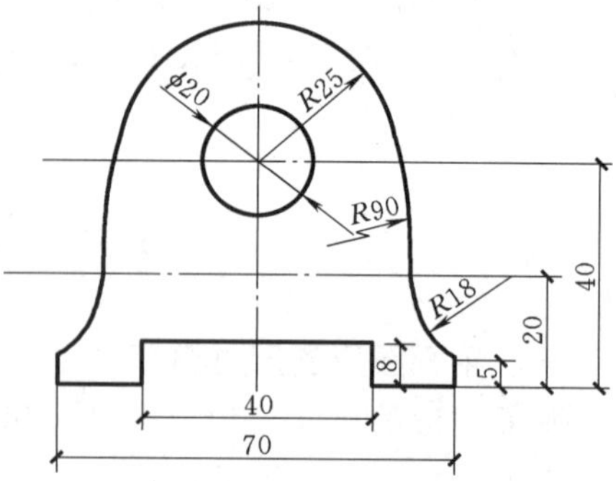

图 1-20 平面图形线段分析

三、绘图步骤和方法

1. 绘图的工作环境

放置图板的绘图桌周围应比较宽松，人员走动时不致碰撞。图板面以稍有倾斜为宜，坐椅的高低应可以调整。光线应从左、前、上方投向板面，要有足够的亮度，但不宜使太阳光直射在图面上。

除丁字尺和三角板外，图板板面上尽可能不放其他物品。圆规、橡皮等，可放在图板右上角不影响丁字尺上下移动的部位。

所有工具和用品都要擦拭干净，特别不要有油迹，要保持两手清洁，没有汗渍。图纸幅面上暂时不画线的部分要用干净纸遮盖。

2. 绘图的一般步骤

（1）固定图纸。将平整的图纸放在图板偏左、偏下的部位，使用丁字尺绘制最下面一条水平边框线时，整个尺身应在图板上。将丁字尺压住图纸向上推，微微调正图纸，使图纸上边沿与丁字尺工作边平行，随即用胶带纸将图纸固定在图板上。图纸要平整，胶带纸要贴牢，不要卷曲。

（2）绘制底稿。各种正式图都要先画底稿。画底稿要用较硬铅笔（H 或 2H），铅芯要修尖，画出的图线要细而淡，且能分出线型。

1）按要求画好图框和标题栏。

2）布置图样。图纸上的图样和尺寸、文字说明等所占图面约 70%为宜。布置时不宜过满或过空。各图形之间布置要均匀整齐。

3）绘制图样。每个图形都应先画基准线，再画轮廓线，最后画细部。

4）检查底稿。改正不正确的图线。

（3）加深底稿。检查无误后，方可进行加深或描黑。加深的顺序是：自上而下，自左至右依次画出同一线宽的各种线型图线；上墨线时宜先画细线后画粗线（因细线易干，可提高速度）；先画曲线后画直线；对于同心圆宜先画小圆后面大圆。至此，将所有用仪器和工具绘制的图线（包括尺寸界线、尺寸线、尺寸起止符号及剖面线等）加深或描黑完毕。

（4）写字及绘制各种符号。徒手画出各种材料符号，画箭头，注写尺寸数字、图样名称、比例及其他文字说明，填写标题栏。

各步骤结束后，应再次检查全图，擦去不必要的底稿线并清理图面。

四、徒手绘图

用绘图仪器画出的图，称为仪器图；不用仪器，徒手做出的图称为草图。草图是技术人员交流、记录、构思、创作的有力工具。技术人员须熟练掌握徒手作图的技巧。

草图的“草”字只是指徒手作图而言，并没有潦草的含义。草图上的线条也要粗细分明，基本平直，方向正确，长短大致符合比例，线型符合国家标准。画草图的铅笔要用软些，例如 B 或 2B。画水平线、竖直线和斜线的方法，如图 1－21 所示。

图 1－21　徒手作直线

画草图要手眼并用，作垂直线、等分线段或圆弧、截取相等的线段等，都是靠眼睛估计决定的。画角度、圆和椭圆的方法，如图 1－22～图 1－24 所示。

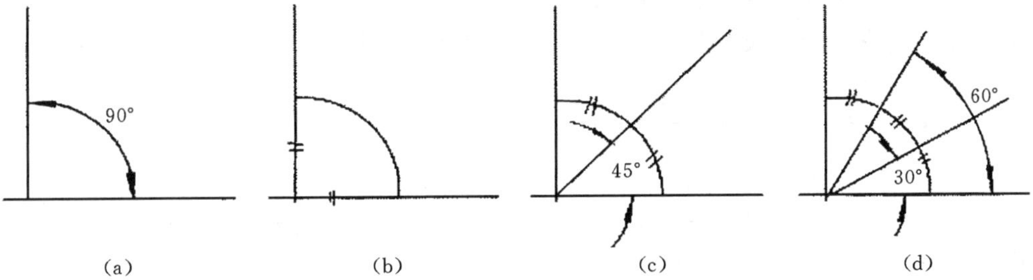

图 1－22　徒手画角度

(a) 先徒手画一直角；(b) 在直角处作一圆弧；(c) 分圆弧为二等分，做 45°角；(d) 分圆弧为三等分，作 30°和 60°角

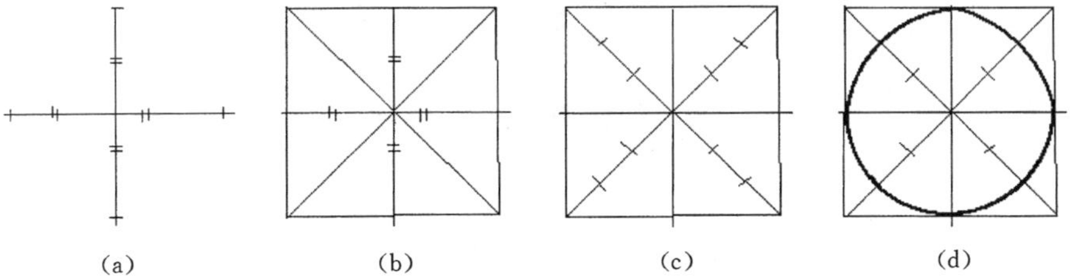

图 1－23　徒手画圆

(a) 徒手过圆心作垂直等分的二直径；(b) 画外切正方形及对角线；(c) 大约等分对角线的每一侧为三等分；(d) 以圆弧连接对角线上最外的等分点和两直径的端点

徒手画平面图形时，不要急于画细部，先要考虑大局，即要注意图形的长与高的比例，以及图形的整体与细部的比例是否正确。草图最好画在方格纸上。图形各部分之间的

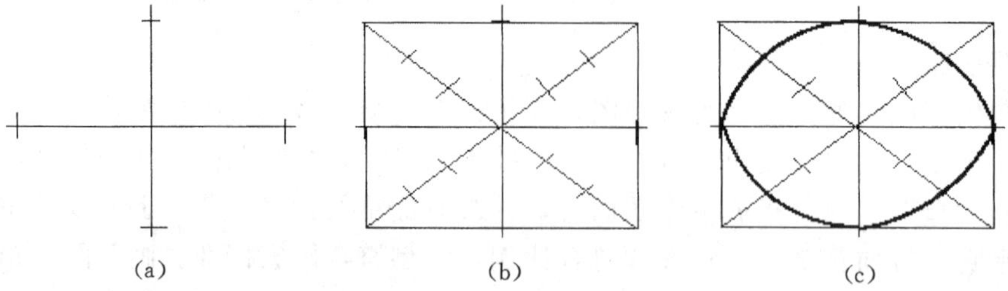

图 1-24　徒手画椭圆

(a) 先徒手画出椭圆的长、短轴；(b) 画外切矩形及对角线，等分对角线的每一侧为三等分；(c) 以光滑曲线连对角线上的最外等分点和长、短轴的端点

比例可借助方格数的比例来解决。

例如，徒手画一座摺板屋面房屋（图 1-25）的立面图，可分下列几个步骤：

(1) 绘制对称线后，应先画矩形，使其长度与高度之比，等于房屋全长与檐高之比；再在矩形之上加画矩形，表示摺板屋面长度和高度［图 1-25 (a)］。

(2) 按摺板的数目划分屋面为若干格。画窗顶线后，划分外墙为五格，最左最右两格较窄［图 1-25 (b)］。

(3) 画出屋面摺板、窗框、门框和窗台线［图 1-25 (c)］。

(4) 加上门窗、台阶及其他细部。最后加深图线［图 1-25 (d)］。

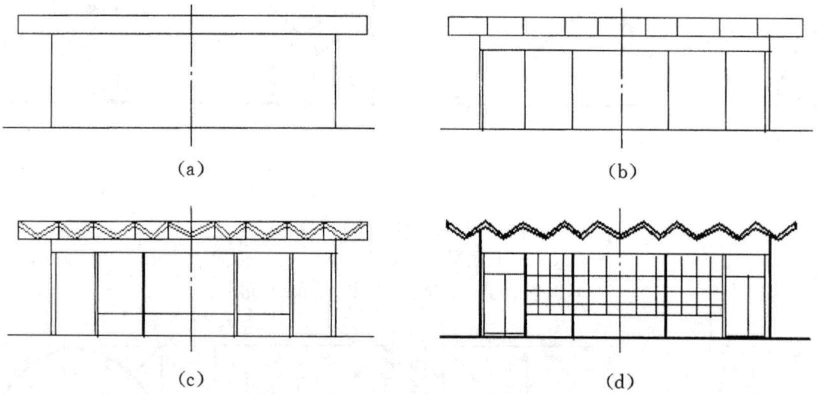

图 1-25　画房屋立面草图

第2章　投影法的基本知识

2.1　投影及其特性

一、投影的形成及分类

1. 投影的形成

物体在光源的照射下会出现影子。投影的方法就是从这一自然现象抽象出来，并随着科学技术的发展而发展起来的。

形成投影的必要条件：投影中心（投射线）、被投射物体、投影面。这种用投影来图示几何形体的方法叫做投影法，如图 2－1 所示。

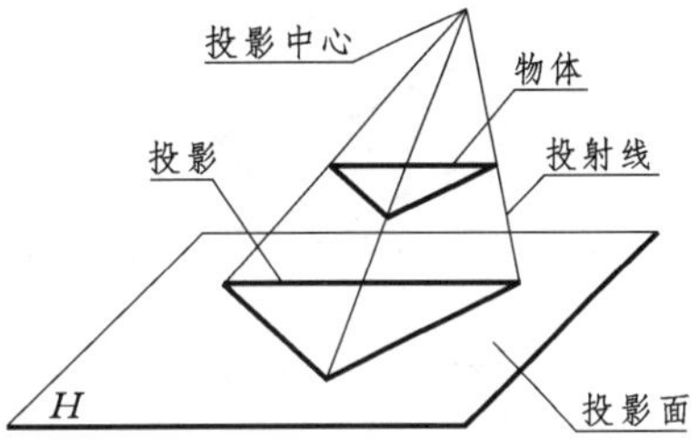

图 2－1　投影法

2. 投影的分类

投影分为中心投影和平行投影两大类。投射线都汇交于投影中心形成的投影称为中心投影；投射线相互平行形成的投影称为平行投影，如图 2－2 所示。

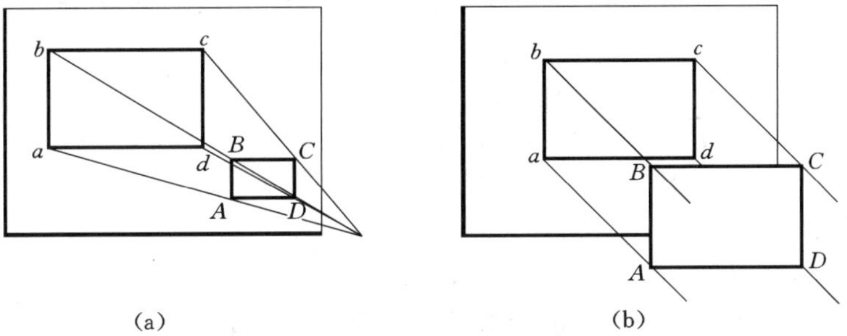

(a)　　　　(b)

图 2－2　投影的分类

(a) 中心投影；(b) 平心投影

注：一般规定，大写字母表示空间元素；小写字母表示相应空间元素的投影。

平行投影法又分为斜投影法和正投影法。斜投影法中投射线倾斜于投影面；正投影法中投射线垂直于投影面，如图 2－3 所示。

二、正投影的基本特性

1. 真实性

当元素平行于投影面时，其投影反映元素的真实形状。线段反映实长；平面反映实形，如图 2－4 (a)、(e) 所示。

2. 积聚性

当直线或平面图形垂直于投影面时，它们的投影分别积聚为点和直线，如图 2－4

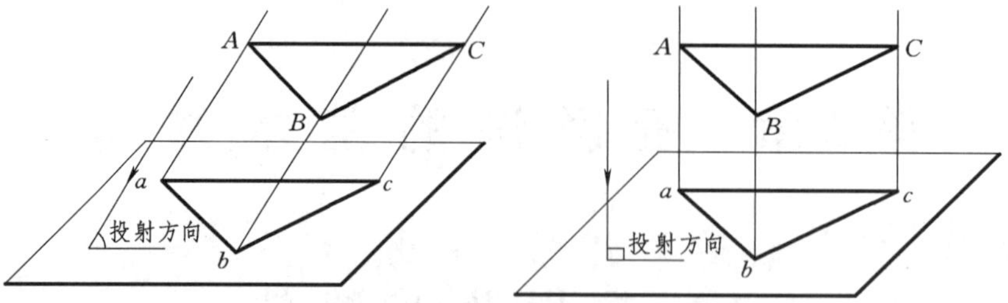

图 2-3　平行投影法的分类

注：工程图样大多数采用正投影法（简单，角度唯一）。

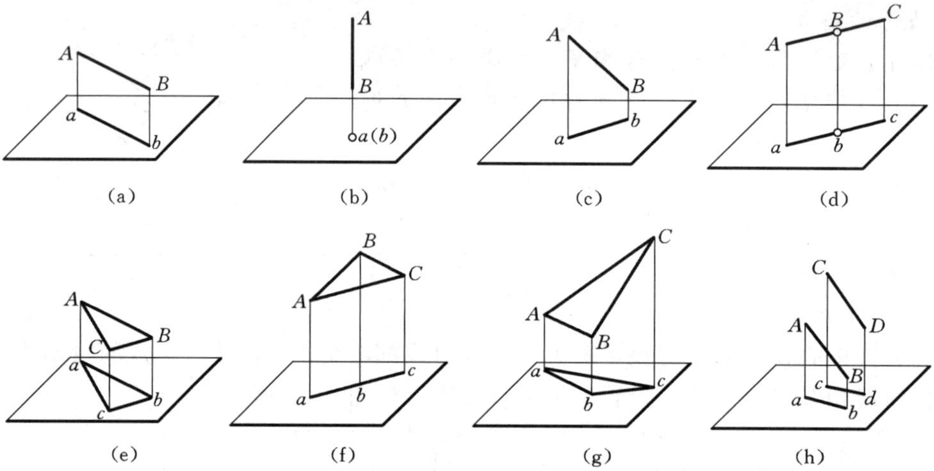

图 2-4　正投影的特性

(a) 真实性；(b) 积聚性；(c) 类似性；(d) 从属性、定比性；(e) 真实性；(f) 积聚性；(g) 类似性；(h) 平行性、定比性

(b)、(f) 所示。

3. 类似性（收缩性）

当元素与投影面倾斜时，元素的投影会发生变形，但投影形状总与原图形类似。即直线投影后，表现为长度缩短，但直线的性质不变，如图 2-4 (c) 所示；平面投影后，表现为平面尺寸减小，但投影形状与原图形的边数相同、平行性相同、凸凹性相同及边的直线或曲线性质不变，为原图形的类似形，如图 2-4 (g) 所示。

注意：类似与相似是不同的两个概念。相似的图形对应边成比例，而类似的图形对应边不一定成比例。

4. 从属性

若点在直线上，则该点的投影一定在该直线的同名投影上，如图 2-4 (d) 所示。

5. 定比性

一条直线上任意三个点之间的长度比不变，如图 2-4 (d) 所示，$AB:BC=ab:bc$；两平行直线投影的长度比也不变，如图 2-4 (h) 所示，$AB/\!/CD$，则 $AB:CD=ab:cd$。

6. 平行性

两平行直线的投影仍平行(投影重合为其特例)，如图 2-4(h)所示，$AB/\!/CD$，则 $ab/\!/cd$。

2.2 物体的三面投影图

一、三面投影图的形成

（一）两面投影图的形成

如图 2-5 所示，两投影面体系是由两个相互垂直的投影面 H 和 V 组成，整个空间被投影面划分为四个部分Ⅰ、Ⅱ、Ⅲ、Ⅳ，每一部分称为一个分角。我国规定将物体放在第一分角（简称第一角）进行投影，因此，本教材主要介绍第一角投影。

如图 2-5 所示，处于水平位置的投影面称为水平投影面，简称水平面，用 H 表示；垂直于 H 面的投影面称为正立投影面，简称正面，用 V 表示。

相互垂直的 H 面和 V 面构成了两投影面体系。两投影面的交线称为投影轴，H 面和 V 面之间的投影轴用 OX 表示。

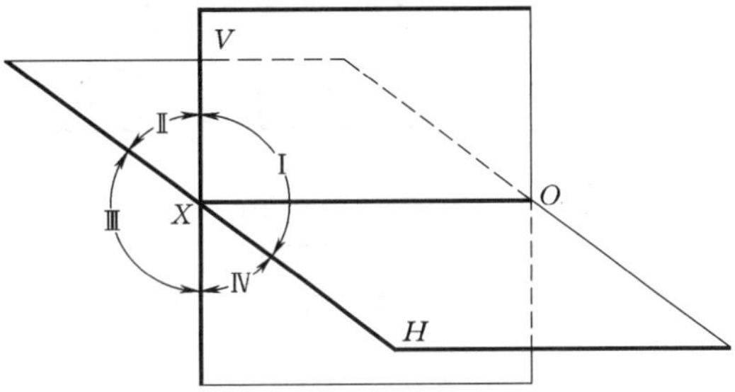

图 2-5　两投影面体系的形成

（二）三面投影图的形成

1. 建立三投影面体系

对于一些形体，仅根据两面投影不能确定其形状，如图 2-6（a）所示，其形状可能是图 2-6（b），也可能是图 2-6（c），为了准确地表达物体的形状和大小，需要增加一个与 H 面、V 面均垂直的侧立投影面 W，简称 W 面，得到如图 2-7（a）所示的三投影面体系。

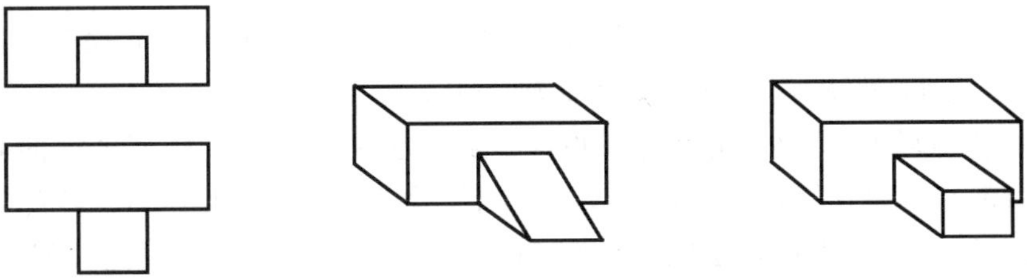

(a)　(b)　(c)

图 2-6　相同的两面投影可以得出不同的形体图

在图 2-7（a）所示的三投影面体系中，三个投影面互相垂直；三个投影轴也互相垂直，并交于原点 O。其中：

OX 轴——H 面与 V 面的交线，表现为左右方向，用于表示形体的长度尺寸。

OY 轴——H 面与 W 面的交线，表现为前后方向，用于表示形体的宽度尺寸。

OZ 轴——V 面与 W 面的交线，表现为上下方向，用于表示形体的高度尺寸。

2. 三面正投影图的形成

如图 2-7（b）所示，将形体放在三投影面体系的某一位置，然后分别向三个投影面对物体进行正投影。自前向后，在 V 面上得到的投影叫做正投影；自上向下，在 H 面上

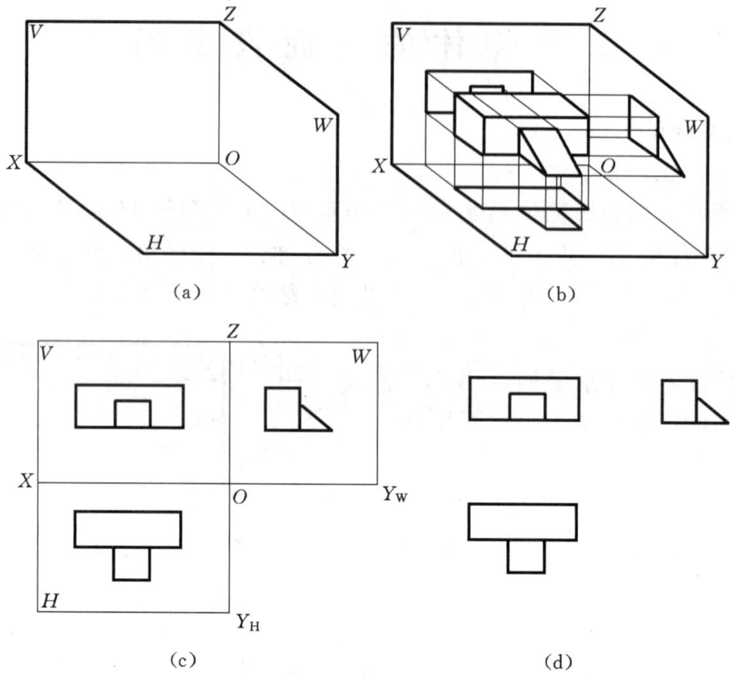

图 2－7　三面正投影图的形成

(a) 三投影面体系；(b) 物体在三投影面体系中投影；
(c) 展开的三面正投影图；(d) 三面正投影图

得到的投影叫做水平投影；自左向右，在 W 面上得到的投影叫做侧面投影。

3. 三面投影图的展开规定

为了便于在同一张图纸上绘制形体的三面投影，国家标准规定了其展开方法。移出形体，V 面保持不动，将 H 面和 W 面沿 OY 轴分开，然后 H 面绕 OX 轴向下旋转 90°，W 面绕 OZ 轴向右旋转 90°，在此过程中，OY 轴被分为两部分，随 H 面展开的向下部分用 OY_H 表示，随 W 面展开的向右部分用 OY_W 表示，如图 2－7（c）所示，这样就形成了形体的三面投影图。由于投影面是无限大的，在绘制投影图时不需画出边界线，如图 2－7（d）所示。

二、三面投影规律

1. 三面投影图间的尺寸关系（“三等”关系）

正面、水平投影图同时反映物体的长度。

正面、侧面投影图同时反映物体的高度。

水平、侧面投影图同时反映物体的宽度。

上述相等关系可归纳为：

正面投影图、水平投影图长对正（等长）。

正面投影图、侧面投影图高平齐（等高）。

水平投影图、侧面投影图宽相等（等宽）。

2. 三面投影图间的位置关系

为了方便利用“三等”关系，三面投影图应按一定的位置绘制。应首先画出正面投影图，然后在其正下方绘制水平投影图（便于实现“长对正”）；在其正右侧绘制侧面投影图（便于实现“高平齐”）。在绘制水平投影图和侧面投影图时，应注意二者间“宽相等”的对应关系。

3. 三面投影图的方位关系

物体有上、下、左、右、前、后六个方位（三个方向），每个投影图都能反映物体的四个方位。正面投影反映物体的上、下、左、右；侧面投影反映物体的上、下、前、后；水平投影图反映物体的前、后、左、右。根据物体的方位关系，可以在各投影图上分析出物体各部分的空间位置，进而确定物体的空间形状。

4. 三面投影图的画图步骤

根据物体或立体图画三面投影图时，应把物体摆平放正，选择形体主要特征明显的方向作为正面投影图的投影方向，一般画图步骤如下：

（1）用点画线、细实线画出各投影图的作图基准线。

（2）用细实线、虚线，按照物体的构成，先整体、后局部的顺序，利用三面投影规律，画出物体三面投影图的底图。

（3）底图画完后，需经过检查；确认没有错误后，对图面进行清理；再按线型要求加深图形。图线的加深顺序为：先曲线，后直线；水平线应自上而下，依次加深；垂线应自左向右依次加深。按照这种顺序加深，可以保证曲线与直线的正确连接，提高加深速度，保证图面的清洁。

2.3　工程上常用的四种投影图

工程上常用的投影图有四种：多面正投影图、轴测投影图、透视投影图和标高投影图。

一、多面正投影图

将空间物体向两个互相垂直或三个互相垂直的投影面上作正投影，然后将这些投影面和其上的投影按前述规则展开到同一平面上，就得到了物体的多面正投影图，如图2-7（d）所示。

多面正投影图具有度量性好、绘图简便、利于图示和图解等优点，它是工程中应用最广泛的一种图示法，也是本课程的学习重点。

多面正投影图的缺点是直观性和立体感差，必须把多个投影综合起来，才能想象出形体的完整形状。这种想象能力是要经过一定的培养和训练才能具备的。

二、轴测投影图

轴测投影图是将物体连同其参考直角坐标系，沿不平行于任一坐标面的方向用平行投影法将其投射在单一投影面上所得到的投影图。如图2-8所示，是图2-7（d）所示形体的轴测投影图。

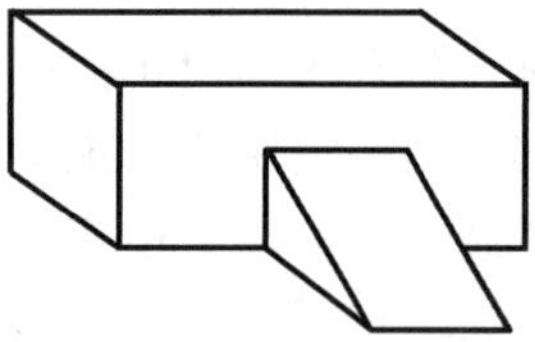

图2-8 轴测投影图

轴测投影图能同时反映出物体长、宽、高三个方向的尺寸，尽管物体的一些表面形状有所改变，但形象比多面正投影生动，富有立体感，可以作为帮助读图的辅助性图样。在工程上多用来作为多面正投影的辅助性图样。

三、透视投影图

透视投影图，简称透视，是利用中心投影法将物体投射在单一投影面上所得到的图形。透投影图形象直观，既符合人们的视觉印象，又能将设计师构思的方案比较真实地预现，故一直是建筑设计人员用来表达设计意念，推敲设计构思的重要手段。

透视投影图绘制的方法很多，目前较常用的有计算机绘制的三维效果图、徒手草图以及严格按照透视作图原理，利用尺规绘制的透投影图。这三种透视作图方法都必须符合透视投影原理。如图2-9所示，为图2-7（d）所示形体的透视投影图。

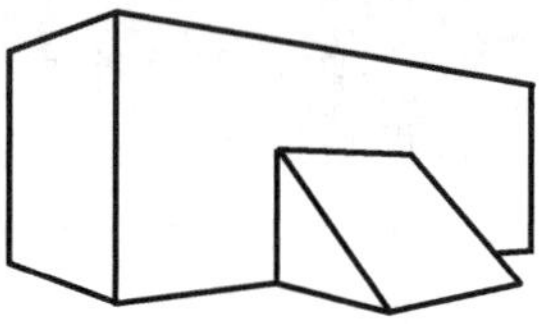

图2-9 透视投影图

四、标高投影图

标高投影图是在一个水平面上作出形体的正投影，并用数字把形体表面上部分的高度标注在该正投影上而得到投影图的方法。图2-10（b）所示是一个山头的标高投影，是假想用一组高差相等的水平面切割山头，如图2-10（a）所示，将所得到的一系列交线（称为等高线）垂直地投射在水平面 H 上，并用数字标注这些等高线的标高而得到的。

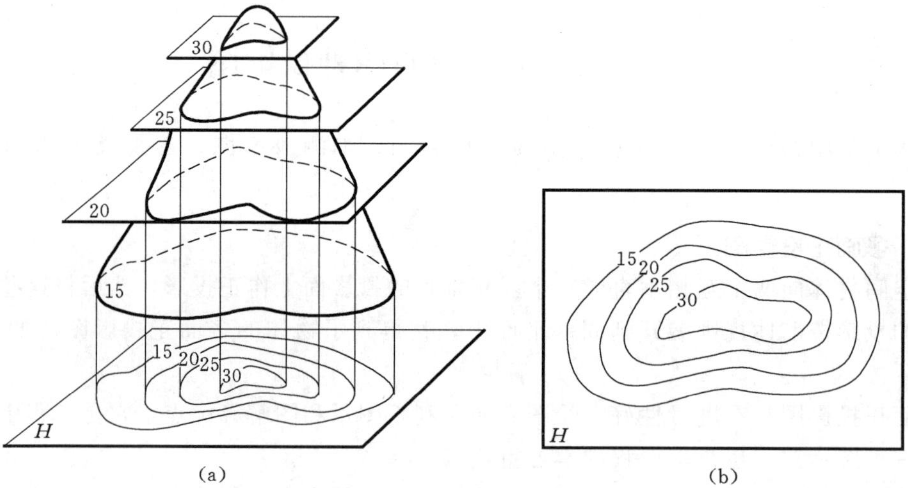

图2-10 标高投影图

第 3 章　点、直线、平面的投影

任何形体都可以看成是由点、线、面等几何元素组成，因此掌握点、线、面的投影规律，是学习形体三面投影图的重要前提。

3.1　点　的　投　影

点是最基本的几何元素，因此点的投影规律也是最基本的投影规律。过空间点 A 的投射线与投影面 H 相交于点 a，称交点 a 为空间点 A 在投影面 H 上的投影，如图 3－1（a）所示。

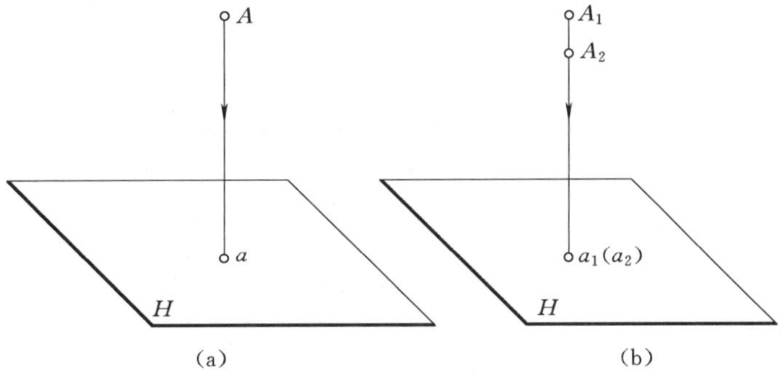

图 3－1　点的单面投影

观察图 3－1（b），发现点 A_1、A_2、…在投影面 H 上的投影 a_1、a_2、…重合在一起，可见仅由点的一个投影不能确定点的空间位置，要想准确表达空间点的位置必须采用多面正投影。

一、点的两面投影

1. 点的两面投影

如图 3－2（a）所示，在两投影面体系中，分别将点 A_1、A_2 从上向下投射，得到其水平投影 a_1、a_2（a_1 与 a_2 重合，称为水平重影点）；分别将点 A_1、A_2 从前向后投射，得到其正面投影 a_1'、a_2'。可见，点的两面投影能够确定点的空间位置。

点的两面投影的展开：保持 V 面不动，将 H 面连同其上的投影绕 OX 轴向下翻转 90°，与 V 面位于同一平面，如图 3－2（b）所示。

2. 点的两面投影规律

为叙述方便，将图 3－2 中任意空间点 A_1、A_2、…统称为 A，相应投影称为 a、a'。可看出投射线 Aa'和 Aa 所决定的平面，与 H 面和 V 面都垂直相交，设交线分别为 aa_X、

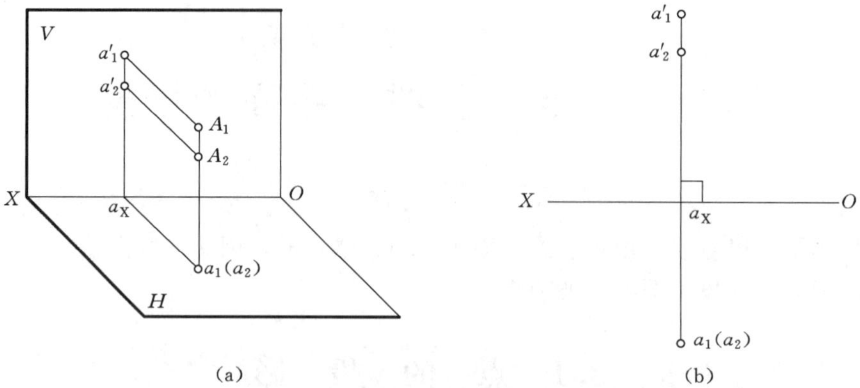

图 3-2　点的两面投影及展开图

$a'a_X$，由于 H 面与 V 面的交线就是投影轴 OX，因此 OX 轴必垂直于平面 $Aa'a_Xa$，也垂直于平面上的任一直线，所以 OX 轴与 aa_X、$a'a_X$ 垂直，由此可得：点的正面投影与水平投影连线垂直于 OX 轴。

即：$a'a \perp OX$

由图 3-2（a）可知 $Aa'a_Xa$ 为矩形，由矩形的性质可知：空间点 A 到 H 面的距离等于点 A 的正面投影到 OX 轴的距离；空间点 A 到 V 面的距离等于点 A 的水平投影到 OX 轴的距离。即：

$$Aa = a'a_X$$
$$Aa' = aa_X$$

二、点的三面投影

1. 点的三面投影

如图 3-3（a）所示，过空间点 A 分别从上向下投射、从前向后投射、从左向右投射交 H 面、V 面、W 面于点 a、a'、a''，分别称作点 A 的水平投影、正面投影、侧面投影（或 H 面投影、V 面投影、W 面投影）。

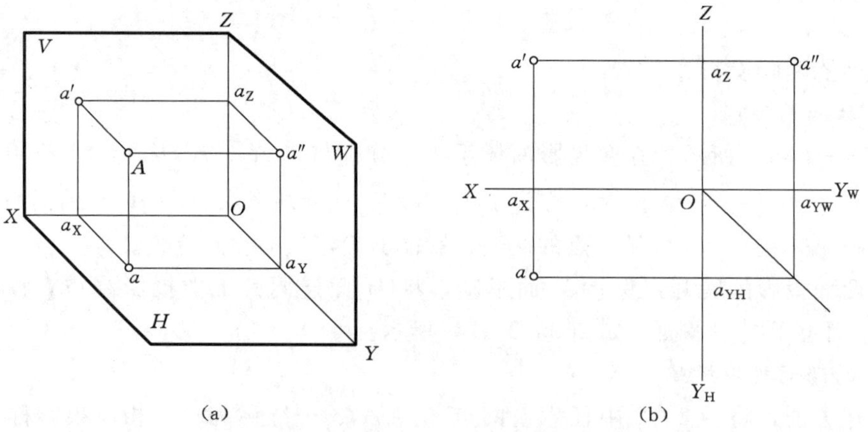

图 3-3　点的三面投影

2. 点的三面投影规律

由点的两面投影可知：点的正面投影与侧面投影的连线垂直于 OZ 轴，即：

$$a'a'' \perp OZ$$

空间点 A 到 V 面的距离等于点 A 的侧面投影 a'' 到 OZ 轴的距离；空间点 A 到 W 面的距离等于点 A 的正面投影 a' 到 OZ 轴的距离，即：

$$Aa'' = a'a_Z$$

$$Aa' = a''a_Z$$

点的水平投影与侧面投影的连线垂直于 OY 轴。由于投影面的展开使 OY 轴一分为二，分为 OY_H 与 OY_W，如图 3-3（b）所以

$$aa_{YH} \perp OY_H \quad a''a_{YW} \perp OY_W \text{且} Oa_{YH} = Oa_{YW}$$

空间点 A 到 H 面的距离等于 $a''a_{YW}$；空间点 A 到 W 面的距离等于 aa_{YH} 即：

$$Aa = a''a_{YW}$$

$$Aa'' = aa_{YH}$$

综上所述，点的三面投影规律：

（1）点的正面投影 a' 到 OZ 轴的距离等于点的水平投影 a 到 OY_H 轴的距离，也等于空间点 A 到 W 面的距离；点的正面投影 a' 与水平投影 a 的连线垂直于 OX 轴。即：

$$a'a_Z = aa_{YH} = A\,a''\text{（点 }A\text{ 到 }W\text{ 面的距离）}$$

$$a'a \perp OX$$

（2）点的正面投影 a' 到 OX 轴的距离等于点的侧面投影 a'' 到 OY_W 轴的距离，也等于空间点 A 到 H 面的距离；点的正面投影 a' 与侧面投影 a'' 的连线垂直于 OZ 轴。即：

$$a'a_X = a''a_{YW} = Aa\text{（点 }A\text{ 到 }H\text{ 面的距离）}$$

$$a'a'' \perp OZ$$

（3）点的水平投影到 OX 轴的距离等于点的侧面投影到 OZ 轴的距离，也等于空间点 A 到 V 面的距离；点的水平投影 a 与侧面投影 a'' 的连线垂直于 OY 轴。即：

$$aa_X = a''a_Z = A\,a'\text{（点 }A\text{ 到 }V\text{ 面的距离）}$$

$$aa_{YH} \perp OY_H \quad a''a_{YW} \perp OY_W$$

【例 3-1】 如图 3-4 所示，已知 A 点的两面投影 a'、a'' 求 a。

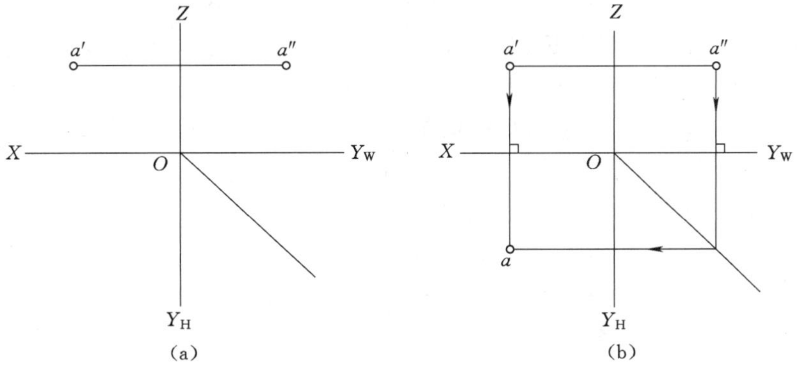

图 3-4 已知点的两面投影求第三面投影

解：根据点的三面投影规律：

（1）过 a' 作 OX 轴的垂线，则 a 必在该投射线上。

（2）过 a'' 作 OY_W 轴的垂线与 45°线相交，再过此交点作 OY_H 轴的垂线与（1）中的投射线相交于 a 点。

（3）点 a 即为所求。

三、点的投影与直角坐标的关系

如图 3－5 所示，互相垂直的三个投影轴形成了一个空间直角坐标系，空间点 A 的位置可用 X、Y、Z 三个坐标值来确定，即：$A(X,Y,Z)$。因此 A 点的三面投影与点的坐标值之间也存在一定的联系，水平投影可用 X、Y 坐标确定；正面投影可用 Y、Z 坐标确定；侧面投影可用 X、Z 坐标确定，即：

$$a(X,Y)$$
$$a'(X,Z)$$
$$a''(Y,Z)$$

对于任意一点 A，在其任意两投影的坐标确定后，可确定第三投影的坐标。即已知任意两面投影，便可利用点的投影与直角坐标的关系求出第三面投影。

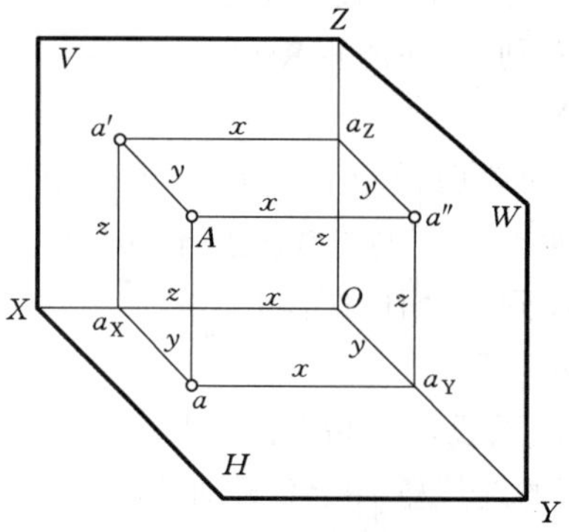

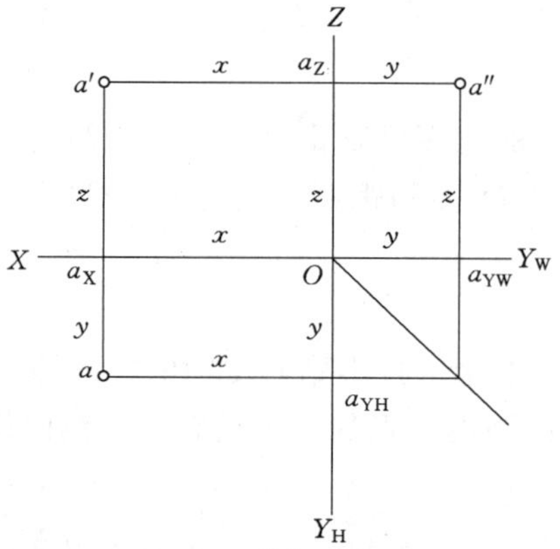

图 3－5　点的投影与直角坐标的关系

【例 3－2】　已知点 A 的坐标(20,25,30)求点 A 的三面投影图及直观图(一种立体图)。

解：求点 A 的三面投影图：如图 3－6（a）所示。

（1）作出坐标轴，从 O 点起沿 OX 轴向左量取 20，过截点作 OX 轴的垂线。

（2）从 O 点起沿 OY_H 轴向下量取 25，过截点作 OY_H 轴的垂线，与（1）所作 OX 轴的垂线相交于 a，a 即为点 A 的水平投影投影，其坐标为 a（20，25）。

（3）从 O 点起沿 OZ 轴向上量取 30，过截点作 OZ 轴的垂线，与（1）中所作 OX 轴垂线相交于 a'，a' 即为点 A 的正面投影，其坐标为 a'（20，30）。

注：a 和 a' 可直接在步骤（1）中所作 OX 轴垂线上截取。

（4）过 a 点作 OY_H 轴的垂线与 45°线相交，过交点作 OY_W 轴的垂线，与过 a' 所作 OZ 轴的垂线相交于 a''，a'' 即为点 A 的侧面投影，其坐标为 a''（25，30）。

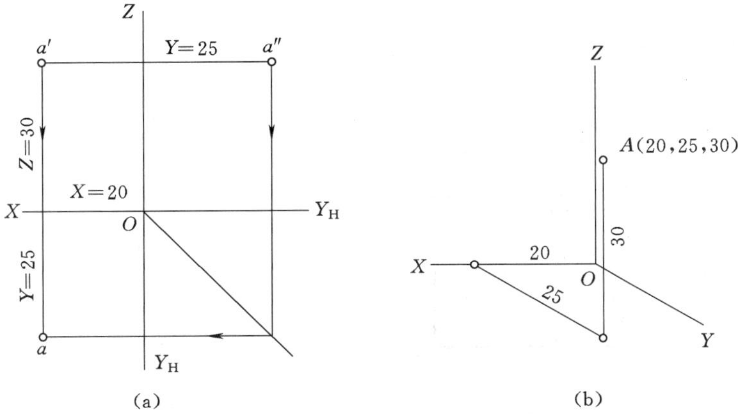

图 3-6　根据点的坐标求点的三面投影图及直观图

求点 A 的直观图：如图 3-6（b）所示。

（1）建立如图 3-6（b）所示的坐标系。

（2）沿 OX 轴量取 20，过此截点作 OY 轴的平行线并量取 25，再过此截点作 OZ 轴的平行线并量取 30，此截点即为点 A 的直观图。

四、特殊位置点的投影

1．投影面上的点的投影

当空间点位于投影面上时，如图 3-7 所示，投影特点是：在该投影面上的投影与空间点本身重合，其余两个投影在相应的投影轴上。例如：B、C、D 三点的投影。

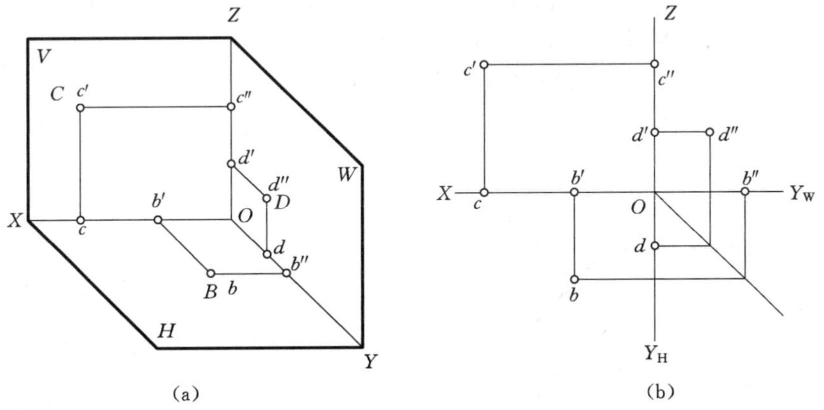

图 3-7　投影面上的点的投影

2．投影轴上的点的投影

当空间点在投影轴上时，如图 3-8 所示，投影特点是：两个投影在投影轴上且与空间点的位置重合，另一个投影在原点。例如：E、F、G 三点的投影。

五、两点的相对位置

1．两点的相对位置

判断空间两点的相对位置，即比较两点的左右、前后、上下位置关系，X、Y、Z 坐

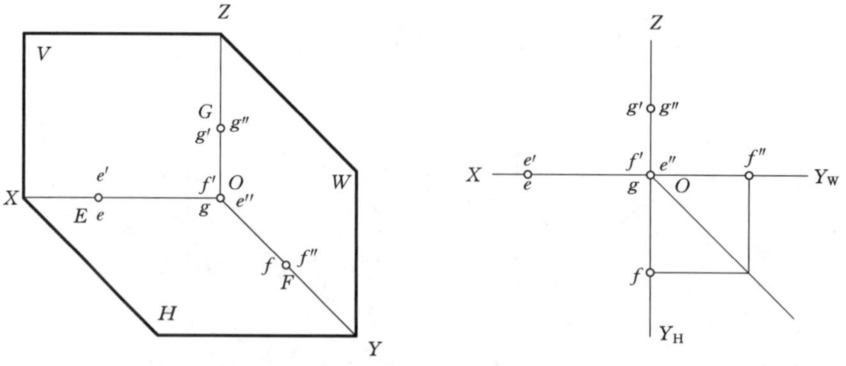

(a)　　　　　　　　　　(b)

图 3-8　投影轴上的点的投影

标分别反映了点的左右、前后、上下位置。通过比较两点的坐标可知：*X* 坐标越大，点越靠左：*Y* 坐标越大，点越靠前；*Z* 坐标越大，点越靠上。如图 3-9 所示，*B* 点在 *A* 点的左侧、后面、下方。

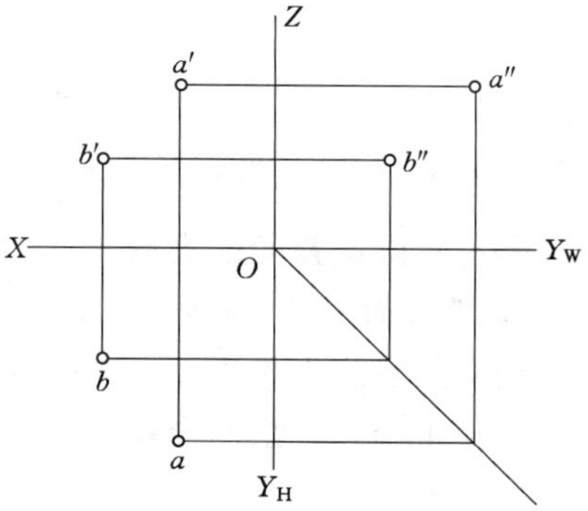

图 3-9　两点的相对位置

2. 重影点及其可见性

当空间两点位于某一投影面的同一条投射线上时，它们在该投影面上的投影就会重合，这两点叫作该投影面的重影点。如图 3-10 所示，点 *A*、*B* 是对 *H* 面的重影点，即水平重影点；点 *A*、*D* 是对 *V* 面的重影点，即正面重影点；点 *A*、*C* 是对 *W* 面的重影点，即侧面重影点。为了区分重影点的可见性，规定点的不可见投影写在可见投影的后面并加注括号，如图 3-10 中的 *a*（*b*）、*a*′（*d*′）、*a*″（*c*″）及图 3-2 中的 a_1（a_2）。

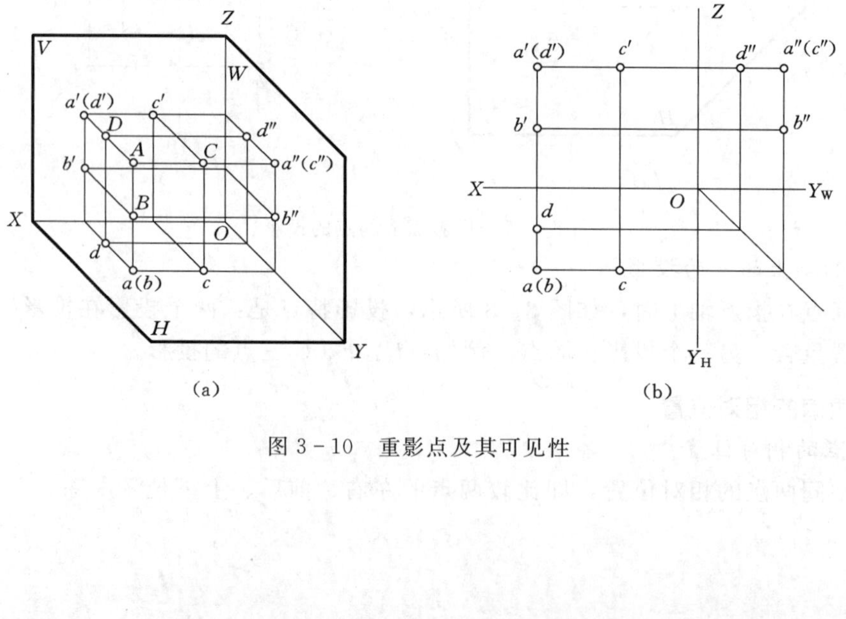

(a)　　　　　　　　　　(b)

图 3-10　重影点及其可见性

3.2 直线的投影

我们知道两点可以确定一条直线，所以只要作出直线上两点的投影，并将两点的同面投影相连就可以确定直线的投影。直线的投影一般都是直线；当直线与投影面垂直时，在该投影面上的投影积聚为一个点，如图 3-11 所示。

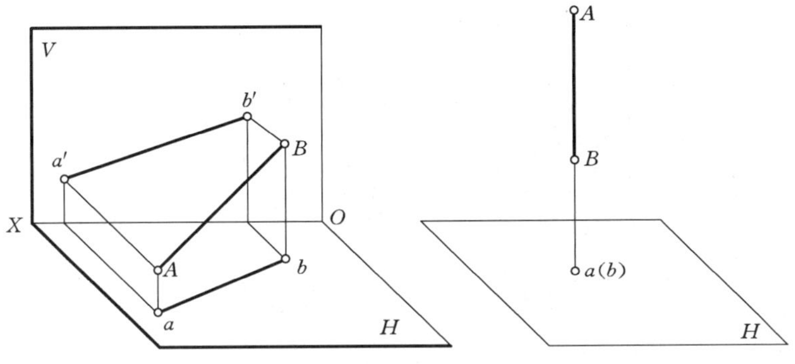

(a) (b)

图 3-11 直线的投影

一、各种位置的直线

根据直线与三个基本投影面之间的相对位置，可以将直线分为三种：一般位置直线、投影面平行线、投影面垂直线。

1. 一般位置直线

当直线与三个基本投影面都倾斜时，称为一般位置直线。直线与其投影之间的夹角，定义为直线对该投影面的倾角。直线 AB 与其水平投影 ab 的夹角，称为直线 AB 对 H 面的倾角，用 α 表示；直线 AB 与其正面投影 $a'b'$ 的夹角，称为直线 AB 对 V 面的倾角，用 β 表示；直线 AB 与其侧面投影 $a''b''$ 的夹角，称为直线 AB 对 W 面的倾角，用 γ 表示。如图 3-12（a）所示，由图 3-12（b）可知一般位置的直线的投影特点是：直线的三个投影与投影轴都是倾斜的关系。

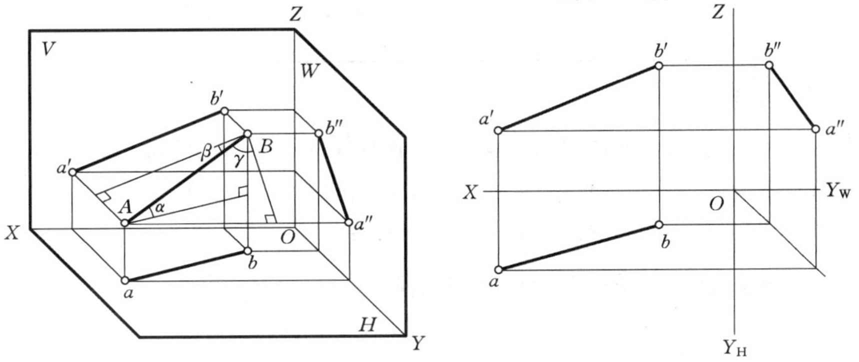

(a) (b)

图 3-12 一般位置的直线的投影

2. 投影面平行线

当直线平行于一个基本投影面，同时倾斜于另两个基本投影面时，称该直线为投影面平行线。当直线平行于 H 面，倾斜于 V 面、W 面时，称为水平线；当直线平行于 V 面，倾斜于 H 面、W 面时，称为正平线；当直线平行于 W 面，倾斜于 H 面、V 面时，称为侧平线。其投影特点见表 3-1。

表 3-1　　**投影面平行线的投影特点**

名称	直观图	投影图	投影特点
水平线	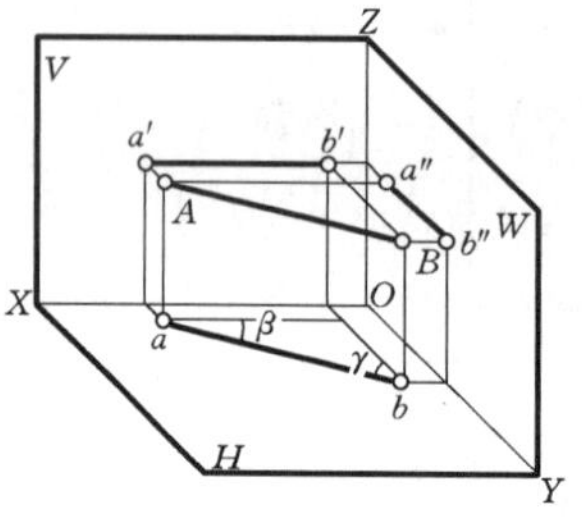	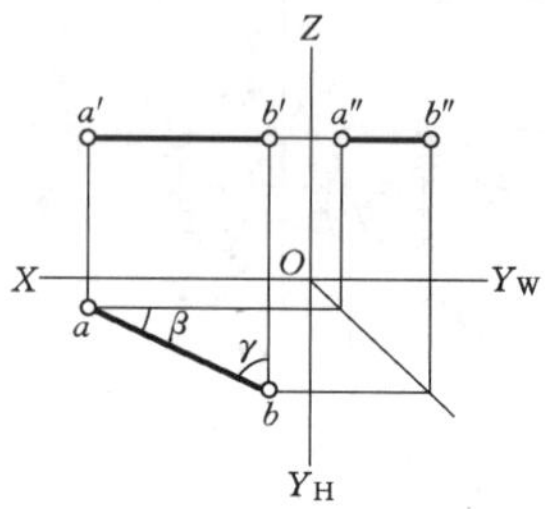	1. $a'b' /\!/ OX$ $a''b'' /\!/ OY_W$ 2. $ab = AB$ 3. 反映 β、γ 角的真实大小
正平线	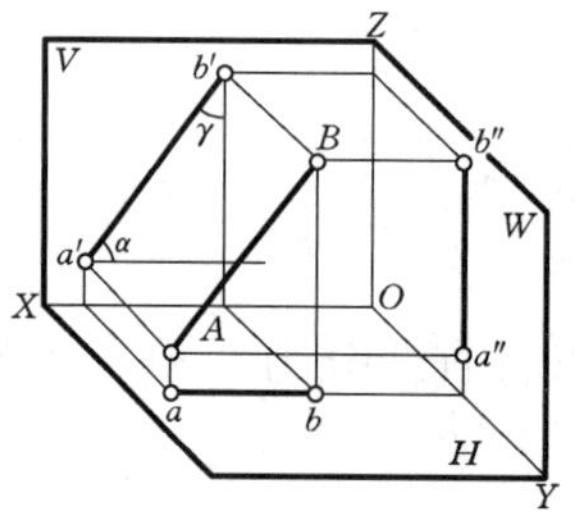	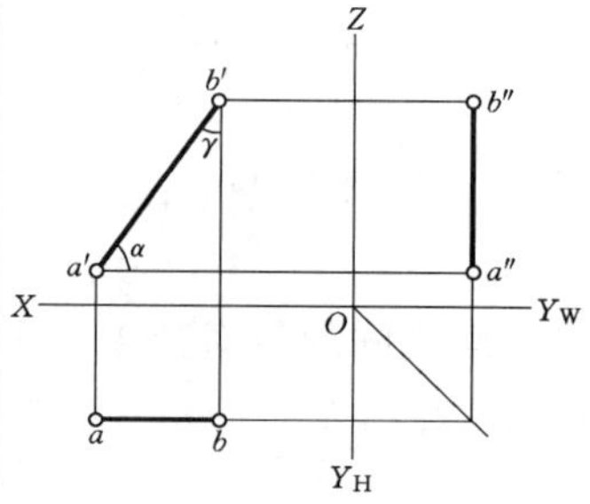	1. $ab /\!/ OX$ $a''b'' /\!/ OZ$ 2. $a'b' = AB$ 3. 反映 α、γ 角的真实大小
侧平线	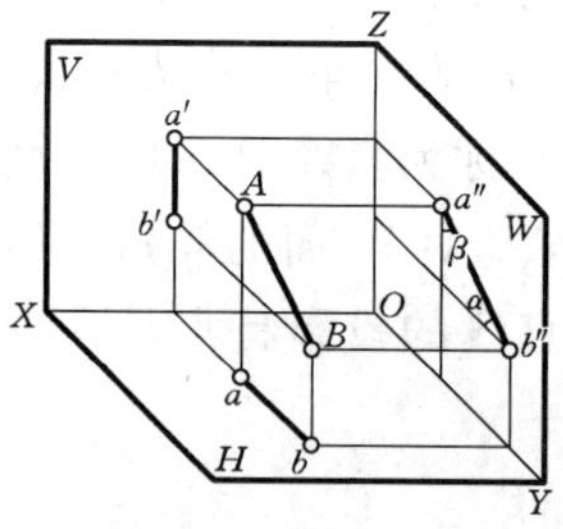	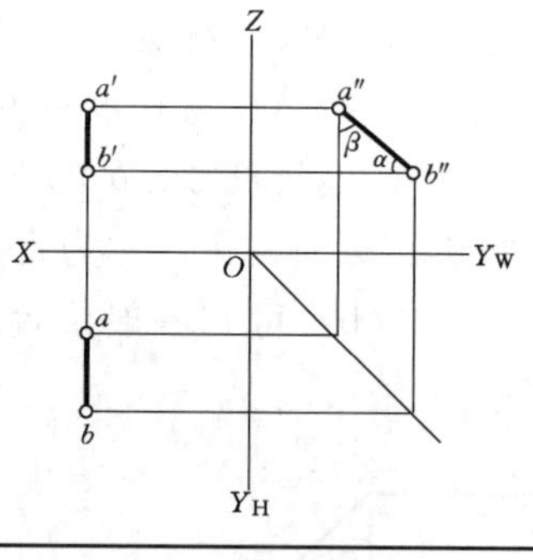	1. $a'b' /\!/ OZ$ $ab /\!/ OY_H$ 2. $a''b'' = AB$ 3. 反映 α、β 角的真实大小

3. 投影面垂直线

当直线垂直于一个基本投影面时（必平行于另外两个基本投影面），称该直线为投影面垂直线。当直线垂直于 H 面时，称为铅垂线；当直线垂直于 V 面时，称为正垂线；当直线垂直于 W 面时，称为侧垂线。其投影特点见表 3-2。

二、一般位置线段的实长及对投影面的倾角

从前面的内容可知：一般位置直线对三个基本投影面都是倾斜的，所以其三个投影都不能反映线段的实长及对各投影面的倾角。下面我们介绍如何利用 Rt 三角形法，求线段的实长及对投影面的倾角。

表 3-2　　投影面垂直线的投影特点

名称	直 观 图	投 影 图	投影特点
铅垂线	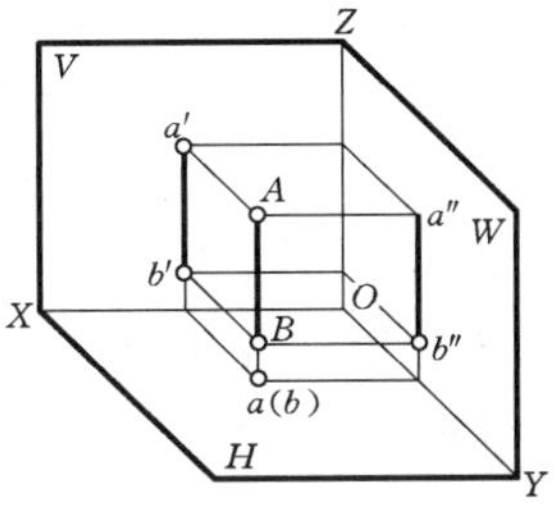	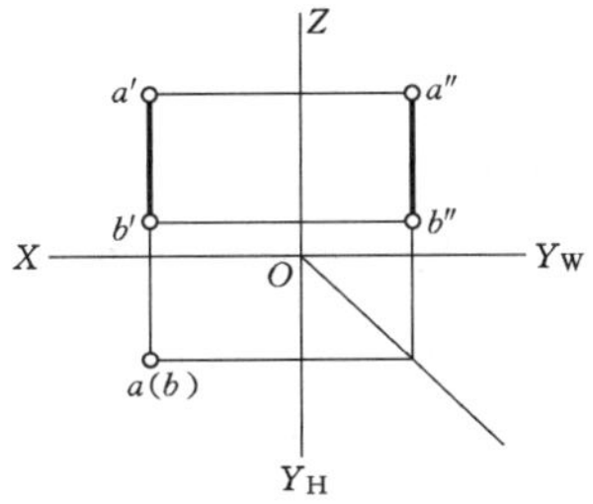	1. 水平投影积聚成一点 2. $a'b'$ // OZ 　$a''b''$ // OZ 3. $a'b'=AB$ 　$a''b''=AB$
正垂线	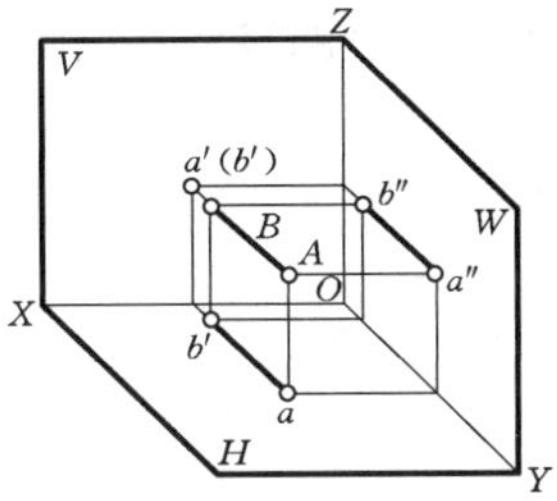	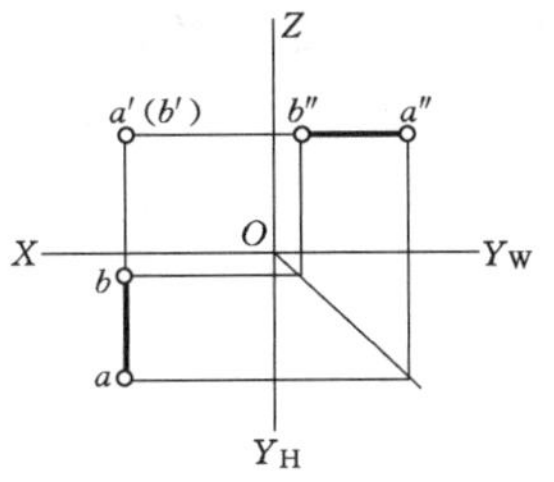	1. 正面投影积聚成一点 2. ab // OY_H 　$a''b''$ // OY_W 3. $ab=AB$ 　$a''b''=AB$
侧垂线	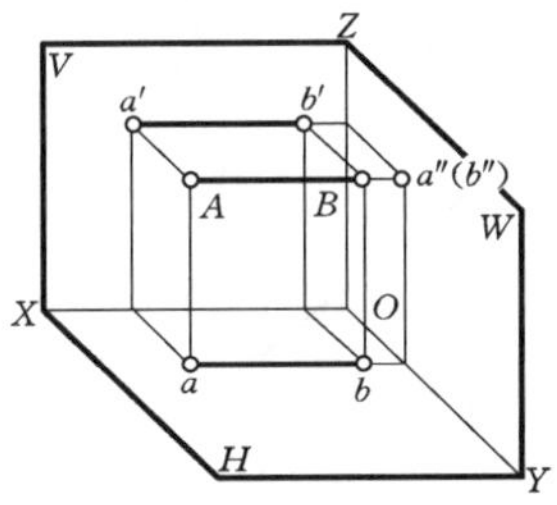	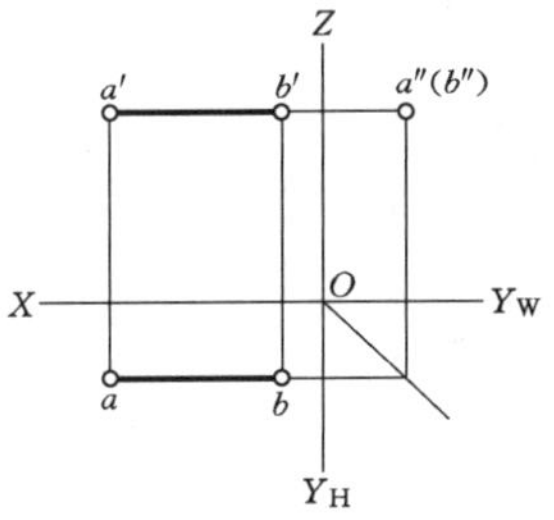	1. 侧面投影积聚成一点 2. $a'b'$ // OX 　ab // OX 3. $ab=AB$ 　$a'b'=AB$

如图 3-13（a）所示，在 Rt△ABB_1 中，AB 为线段的实长，∠BAB_1 为线段 AB 对 H 面的倾角 α。因此欲求线段的实长及倾角 α，只需“构造”Rt△ABB_1，其中的斜边 AB 为线段的实长，直角边 $AB_1=ab$，另一直角边 BB_1 为 A、B 两点的 Z 坐标之差，即 $BB_1=|Z_B-Z_A|$。在投影图 3-13（b）中，由 V 面投影可确定 $|Z_B-Z_A|=b'b_1'$，由 H 面可知水平投影 ab，过 b 点作 ab 的垂线，并截取 $bB_0=b'b_1'$，连接 aB_0 可得 Rt△abB_0，该三角形与（a）中的 Rt△ABB_1 全等。故 aB_0 即为线段的实长；∠baB_0 为线段 AB 对 H

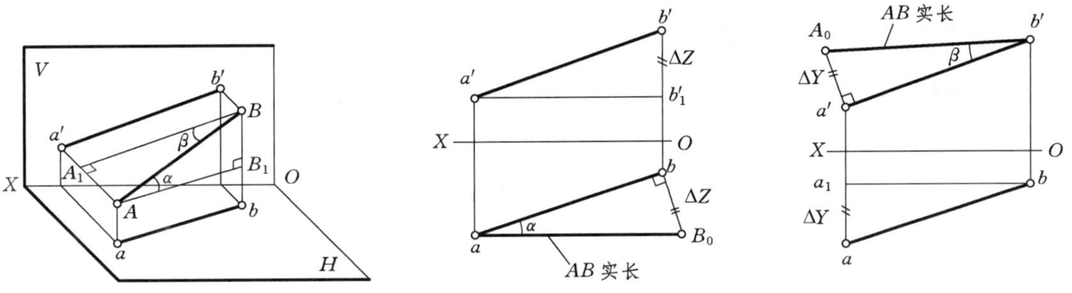

(a)　　(b)　　(c)

图 3-13　直角三角形法求线段的实长及倾角

面的倾角 α。(想一想：能否在 V 面上“构造”一个 Rt△，求得 AB 的实长及倾角 α 呢?)

另外，由图 3-13 (a)，可知在 Rt△AA_1B 中，AB 为线段的实长，$\angle ABA_1$ 为线段 AB 对 V 面的倾角 β。因此欲求线段的实长及倾角 β，只需“构造”Rt△AA_1B，其中的斜边 AB 为线段的实长，直角边 $A_1B=a'b'$，另一直角边 AA_1 为 A、B 两点的 Y 坐标之差，即 $AA_1=|Y_A-Y_B|$，在投影图 3-13 (c) 中，由 H 面投影可求出 $|Y_A-Y_B|=aa_1$，由 V 面可知正面投影 $a'b'$，过 a' 点作 $a'b'$ 的垂线，并截取 $a'A_0=aa_1$，连接 A_0b' 即为 Rt△$A_0a'b'$，该三角形与图 3-13 (a) 中的 Rt△AA_1B 全等。故 A_0b' 为线段 AB 的实长；$\angle A_0b'a'$ 为线段 AB 对 V 面的倾角 β。(想一想：能否在 H 面上“构造”一个 Rt△，求得 AB 的实长及倾角 β 呢?)

【例 4-3】　已知直线 AB 对 H 面的倾角 $\alpha=30°$完成直线 AB 的投影，如图 3-14 所示。

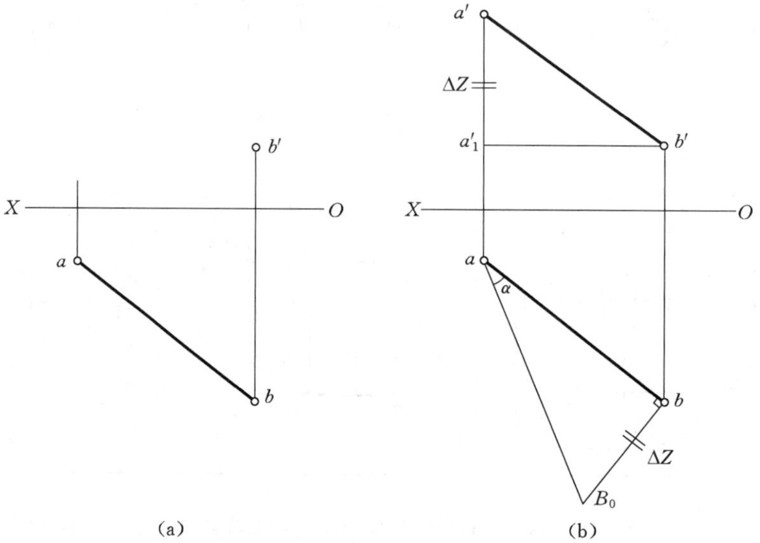

图 3-14　完成直线 AB 的投影

解：(1) 根据 AB 的水平投影 ab 及倾角 $\alpha=30°$作直角三角形 abB_0，则 bB_0 为 A、B 两点的 Z 坐标之差。

(2) 过 b' 作 OX 轴的平行线，同时过 a 点作 OX 轴的垂线，两直线交点为 a_1'，以 a_1' 为端点在水平投影上量取 ΔZ，确定 a'。

(3) 连接 $a'b'$。$a'b'$ 即为直线 AB 的正面投影。

三、直线上的点

直线上的点具有以下性质：

(1) 若点 C 在直线 AB 上，则点 C 的投影必在直线 AB 的同面投影上。即 c 在 ab 上；c' 在 $a'b'$ 上；c'' 在 $a''b''$ 上。

(2) 点 C 的任意两面投影连线必垂直于相应的投影轴。

(3) 点 C 把线段 AB 分成两段 AC、CB，则 AC 与 CB 的长度之比等于其投影的长度之比。即 $AC:CB=ac:cb=a'c':c'b'=a''c'':c''b''$

如图 3－15 为直线上的点的投影。

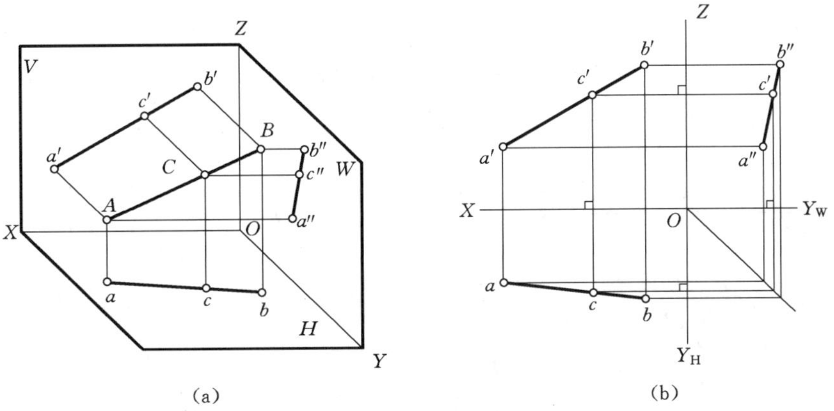

图 3－15　直线上点的投影

【例 3－4】　已知侧平线 AB 的 H 面、V 面投影，及直线上点 C 的 H 面投影 c，试求点 C 的 V 面投影 c'，如图 3－16（a）所示。

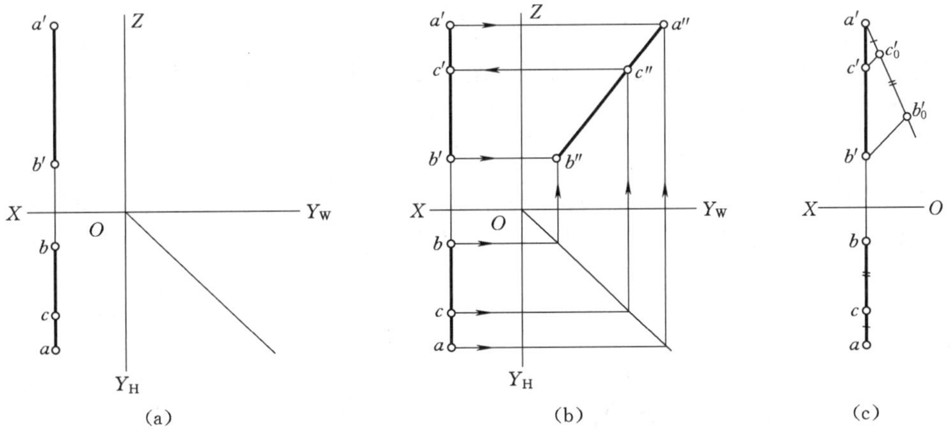

图 3－16　求侧平线 AB 上点 C 的 V 面投影

解法一：利用第三面投影求解，如图 3－16（b）所示。

由于直线 AB 为侧平线，所以 AB 的 V 面、H 面投影在同一竖直方向线上，过 c 直接作 OX 轴的垂线，不能在 $a'b'$ 上找到交点 c'。可根据 AB 的水平投影与正面投影求出其侧面投影 $a''b''$，再根据 c 求出 c''，进而求出 c'。

解法二：利用定比性求解，如图 3－16（c）所示。

（1）过 a' 向任意方向作辅助线。

（2）量取 $a'c_0' = ac$；$c_0'b_0' = cb$。

（3）连接 $b_0'b'$。

（4）过 c_0' 作 $c_0'c' \parallel b_0'b'$ 交 $a'b'$ 于 c'，c' 即为所求。

四、两直线的相对位置关系

空间两直线的相对位置有三种．平行、相交、交叉。其中相交或平行两直线位于同一平面上；而交叉两直线不在同一平面上，故也称为异面直线或两直线交错。

1. 两直线平行

如图 3-17 所示，空间两直线平行，它们的同面投影必平行。即：若 $AB /\!/ CD$，则 $ab /\!/ cd$，$a'b' /\!/ c'd'$，$a''b'' /\!/ c''d''$；反之若两直线所有的同面投影都互相平行，则空间的两直线必平行。即：若 $ab /\!/ cd$，$a'b' /\!/ c'd'$，$a''b'' /\!/ c''d''$，则 $AB /\!/ CD$。

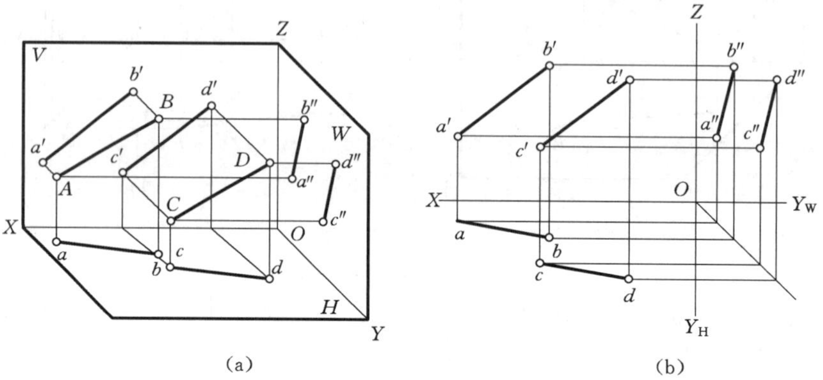

图 3-17　平行两直线的投影

当两直线均为一般位置直线时，只要两组投影互相平行，就可以判断空间两直线互相平行，如图 3-17（b）所示。若 $ab /\!/ cd$，$a'b' /\!/ c'd'$，一定存在 $a''b'' /\!/ c''d''$，则 $AB /\!/ CD$。

当两直线同时平行于某基本投影面时，一般需求出它们在该投影面上的投影，方可判断两直线是否平行。如图 3-18（a）所示中直线 AB 与 CD 平行；如图 3-18（b）所示中直线 AB 与 CD 不平行。

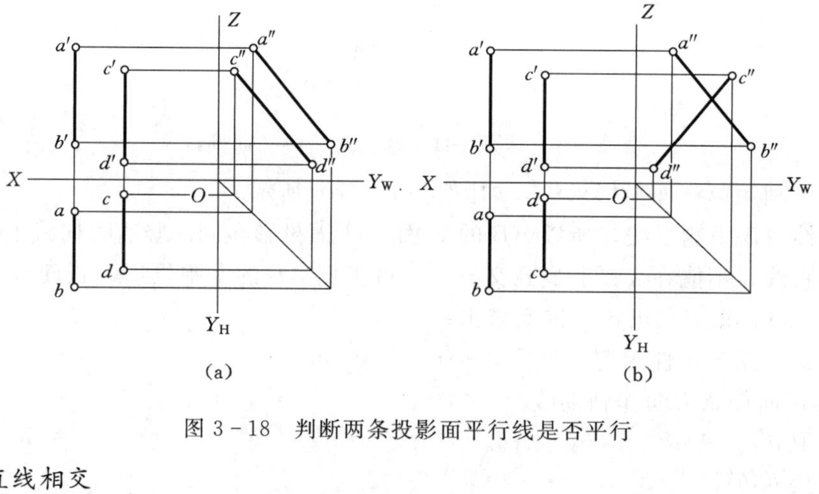

图 3-18　判断两条投影面平行线是否平行

2. 两直线相交

空间两直线相交，它们的同面投影必相交，且投影的交点就是交点的投影，其投影交点的连线必垂直于相应的投影轴；反之亦成立，如图 3-19 所示。

当两条一般位置的直线相交时，只要它们有两组同面投影相交，且交点连线垂直于相

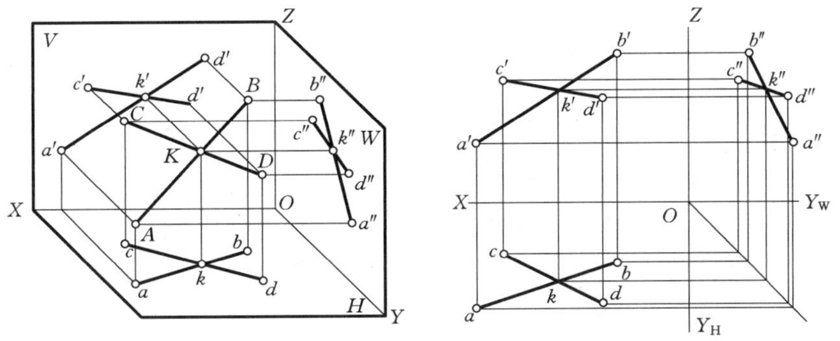

(a) (b)

图 3-19 相交两直线的投影

应的投影轴，就可以断定空间两直线相交。若其中一条直线平行于某投影面，则还需求出它们在该投影面上的投影，才能断定空间两直线是否相交。如图 3-20（a）所示中直线 AB 与直线 CD 不相交；图 3-20（b）所示中直线 AB 与直线 CD 相交。

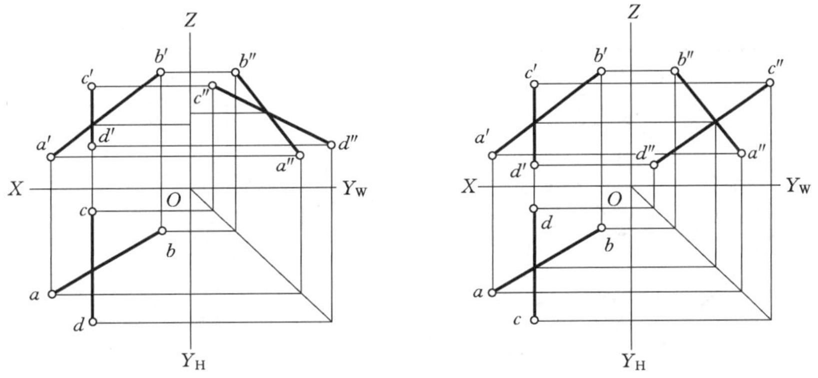

(a) (b)

图 3-20 判断一般位置直线 AB 与侧平线 CD 是否相交

【例 3-5】 过 M 点作直线 MN 与 AB 平行且与直线 CD 相交，如图 3-21 所示。

解：（1）根据两直线平行的特性，过 m' 作 $a'b'$ 的平行线交 $c'd'$ 与 n' 点。

（2）根据直线上点的投影特性，过 n' 点作 OX 轴的垂线交 cd 于 n 点。

（3）过 n 点作 ab 的平行线，同时过 m' 点作 OX 轴的垂线，两直线交于一点 m。点 m 为点 M 的水平投影。

（4）MN 的两面投影即为所求。

3. 两直线交叉

既不平行又不相交的两直线称之为交叉直线，它们的投影既不符合平行两直线的投影特点又不符合相交两直线的投影规律。交叉两直线的同面投影可能表现为互相平行，但不可能所有的同面投影都平行，如图 3-18（b）所示；交叉两直线的同面投影可能表现为相交，但交点连线不垂直于投影轴，如图 3-20（a）所示。

交叉两直线同面投影的交点，实际上是重影点的投影，因此存在一个可见性的判断问题。

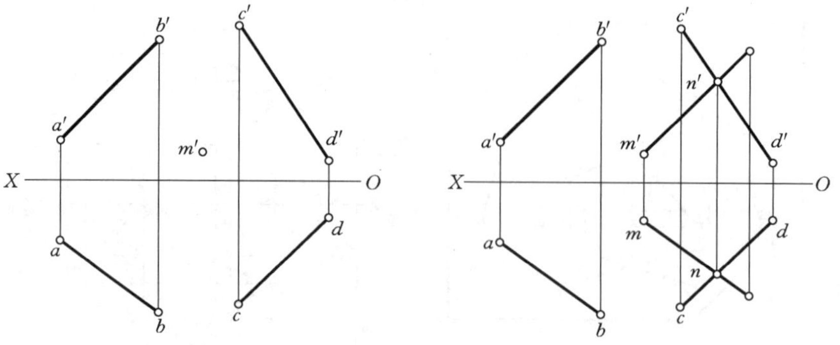

(a)　　　　(b)

图 3-21　作直线 MN//AB 且与 CD 相交

由图 3-22 可知，AB 上的点Ⅱ与 CD 上的点Ⅰ是对 H 面的重影点，其 H 面投影重合，由 V 面投影可知点Ⅰ比点Ⅱ高，所以点 1 可见，点 2 不可见。AB 上的点Ⅳ与 CD 上的点Ⅲ是对 V 面的重影点，其 V 面投影重合，由 H 面投影可知点 Ⅲ 比点Ⅳ靠前，所以点 3′可见，点 4′不可见。

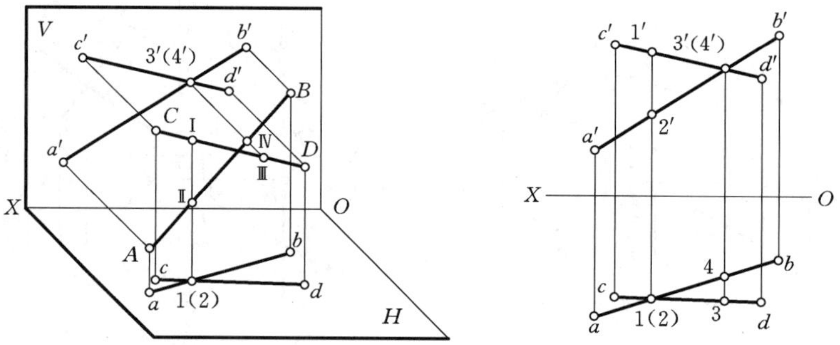

(a)　　　　(b)

图 3-22　交叉两直线的投影

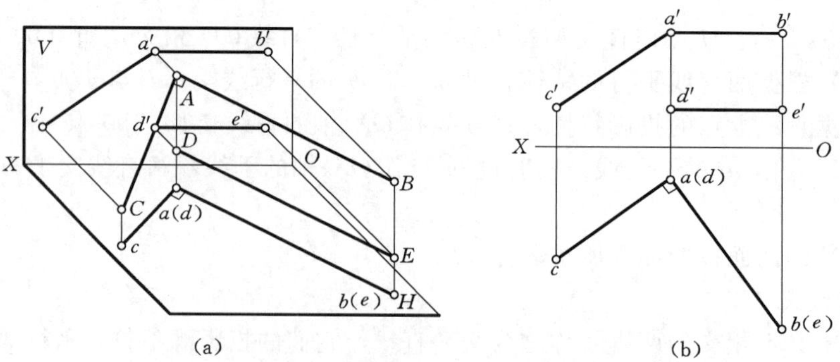

(a)　　　　(b)

图 3-23　垂直两直线的投影

4. 两直线垂直（直角投影定理）

两直线垂直包括相交垂直和交叉垂直。

当垂直的两直线至少有一条直线平行于某投影面时，则在该投影面上的投影必互相垂直。反之，若两直线在某个投影面上的投影互相垂直，且两直线中至少有一条平行于该投影面，则两直线在空间必垂直。这就是直角投影定理。主要用于判断空间两直线是否垂直。如图 3－23 所示，直线 AB 和直线 AC 是相交垂直；直线 DE 和直线 AC 是交叉垂直。

3.3 平面的投影

一、平面的表示方法

表示平面常采用几何元素表示法和迹线表示法。

几何元素表示法就是用几何元素来表示平面。可通过以下方法来确定平面：不在同一直线上的三点；一条直线和直线外一点；两条相交直线；两条平行直线；任意平面图形，如图 3－24 所示。

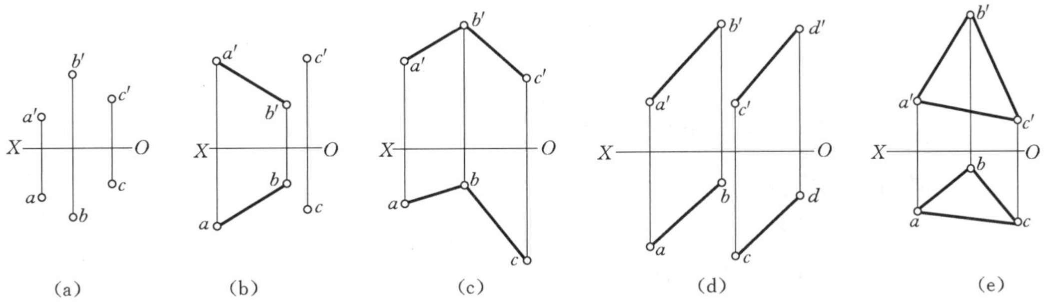

图 3－24 平面的表示方法

(a) 不在同一直线上的三点；(b) 一条直线和直线外一点；(c) 两条相交直线
(d) 两条平行直线；(e) 平面任意图形

迹线表示法就是用迹线来表示平面。迹线是指平面与投影面的交线。平面 P 与 H 面的交线叫水平迹线，用 P_H 表示；平面 P 与 V 面的交线叫正面迹线，用 P_V 表示；平面 P 与 W 面的交线叫侧面迹线，用 P_W 表示，如图 3－25 所示。

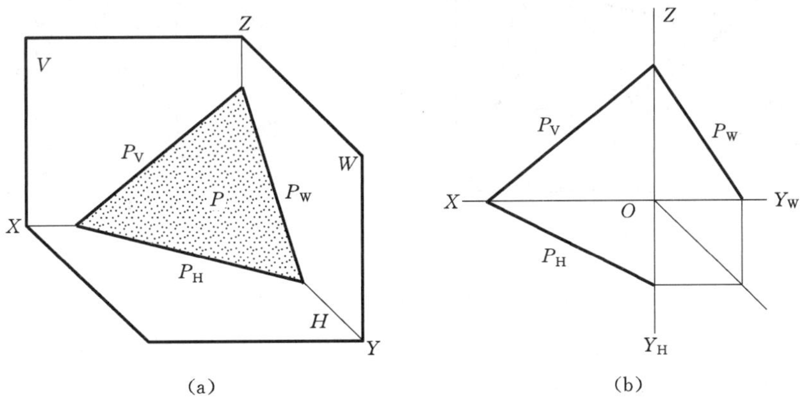

图 3－25 平面迹线

在投影图中，用迹线表示特殊位置的平面是非常方便的，如图 3－26 所示，为特殊位置平面的迹线表示法。

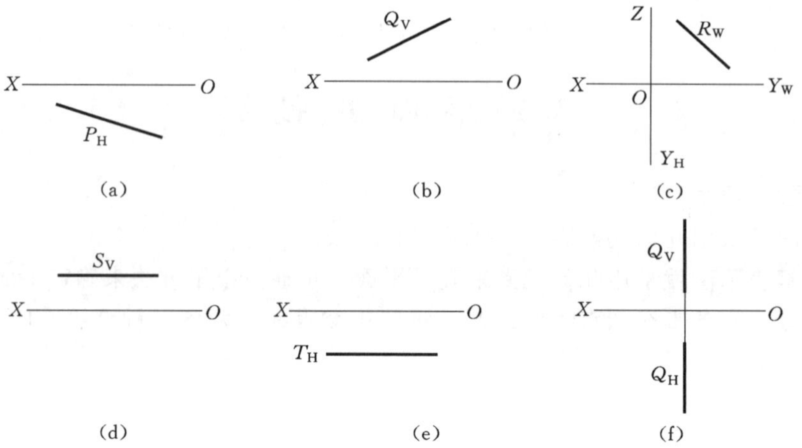

图 3－26　特殊位置平面的迹线表示法

(a) 铅垂面；(b) 正垂面；(c) 侧垂面；(d) 水平面；(e) 正平面；(f) 侧平面

二、各种位置的平面

与各种位置的直线类似，空间的平面对基本投影面也有三种不同的相对位置，即一般位置平面、投影面垂直面、投影面平行面。

1．一般位置平面

当平面与三个基本投影面都倾斜时，称为一般位置平面。其投影特点是：三个投影都是原图形的类似图形，如图 3－27 所示。

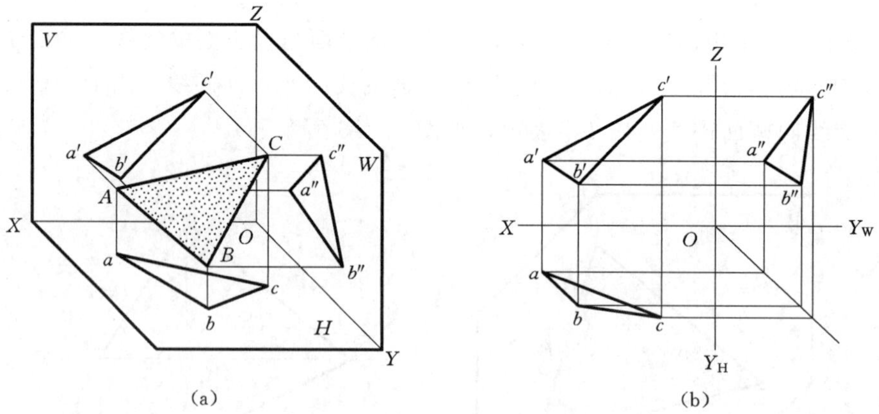

图 3－27　一般位置平面的投影

平面对投影面的倾角，我们用平面与投影面形成的二面角的平面角来表示，并且规定平面对 H 面、V 面、W 面的倾角分别用 α、β、γ 表示。本书对一般位置平面与三个基本投影面的倾角不作要求。

2. 投影面垂直面

投影面垂直面是指垂直于一个基本投影面，同时倾斜于另外两个投影面的平面。当平面垂直于 H 面，倾斜于 V 面和 W 面时，称为铅垂面；当平面垂直于 V 面，倾斜于 H 面和 W 面时，称为正垂面；当平面垂直于 W 面，倾斜于 H 面和 V 面时，称为侧垂面。

投影面垂直面的投影特点是：

(1) 在其垂直的投影面上的投影积聚成一条直线，该直线与两个投影轴的夹角分别为平面对另外两个投影面的倾角（证明略）。

(2) 在另外两个投影面上的投影为类似图形。

投影面垂直面的投影特点见表 3-3。

表 3-3　　投影面垂直面的投影特点

名称	直观图	投影图	投影特点
铅垂面	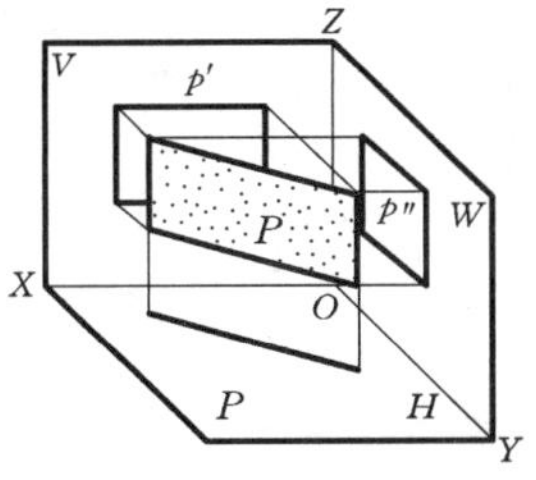	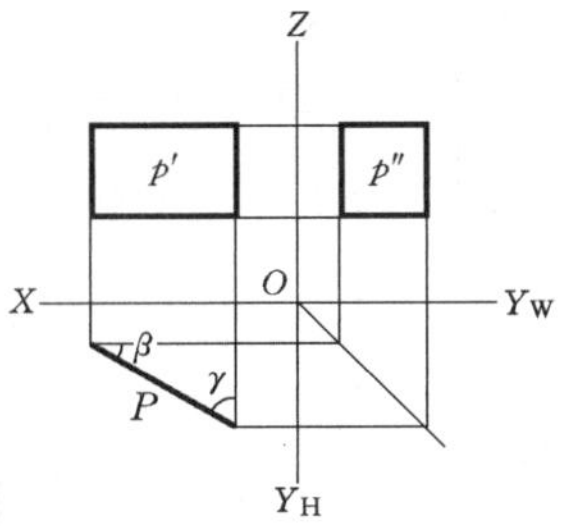	1. 水平投影 p 积聚成直线，并反映平面对 V 面、W 面的倾角 β、γ 2. 正面投影 p' 和侧面投影 p'' 为类似图形
正垂面	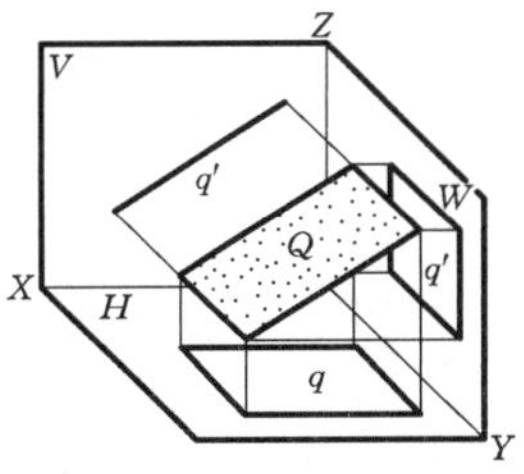	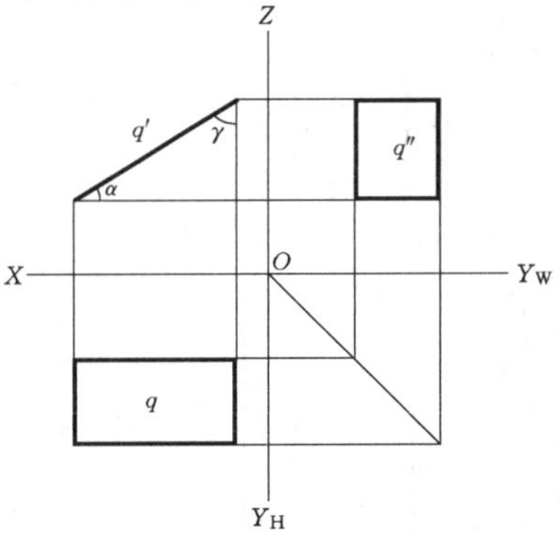	1. 正面投影 q' 积聚成直线，并反映平面对 H 面、W 面的倾角 α、γ 2. 水平投影 q 和侧面投影 q'' 为类似图形
侧垂面	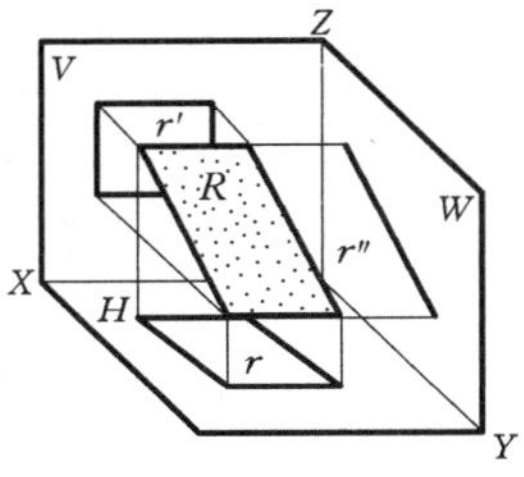	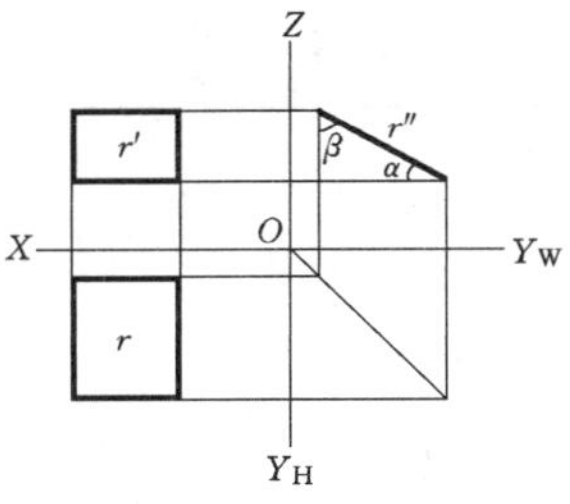	1. 侧面投影 r'' 积聚成直线，并反映平面对 H 面、V 面的倾角 α、β 2. 水平投影 r 和正面投影 r' 为类似图形

3. 投影面平行面

投影面平行面是指平行于一个基本投影面，同时垂直于另外两个投影面的平面。当平面平行于 H 面，同时垂直于 V 面和 W 面时，称为水平面；当平面平行于 V 面，同时垂

直于 H 面和 W 面时，称为正平面；当平面平行于 W 面，同时垂直于 H 面和 V 面时，称为侧平面。

投影面平行面的投影特点是：

（1）平面在它所平行的投影面上的投影反映实形。

（2）平面的另外两个投影积聚成直线，且平行于相应的投影轴。

投影面平行面的投影特点见表 3-4。

表 3-4　　投影面平行面的投影特点

名称	直观图	投影图	投影特点
水平面	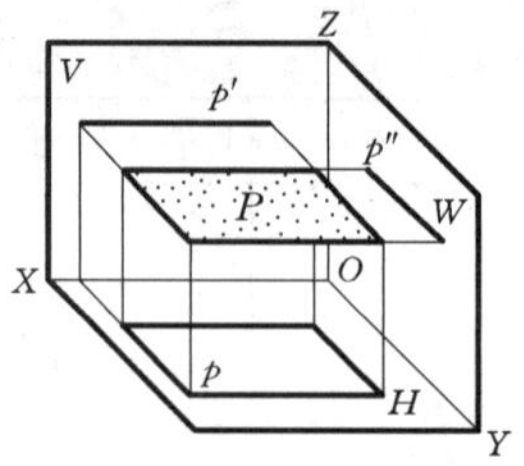	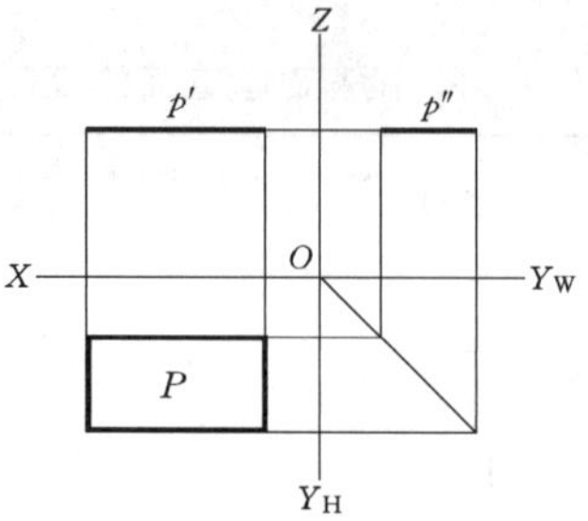	1. 水平投影 p 反映实形 2. 正面投影 p' 积聚成直线，且 $p' /\!/ OX$ 轴；侧面投影 p'' 积聚成直线且 $p'' /\!/ OY_W$
正平面	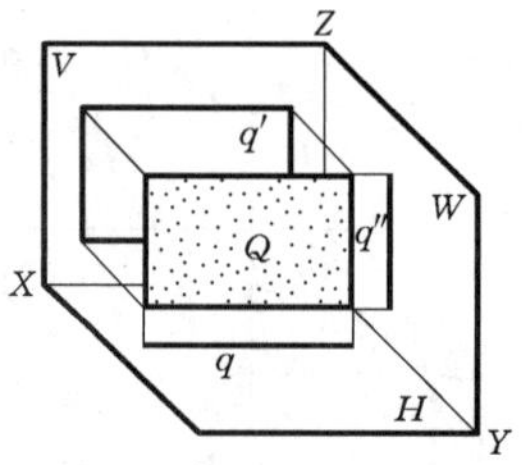	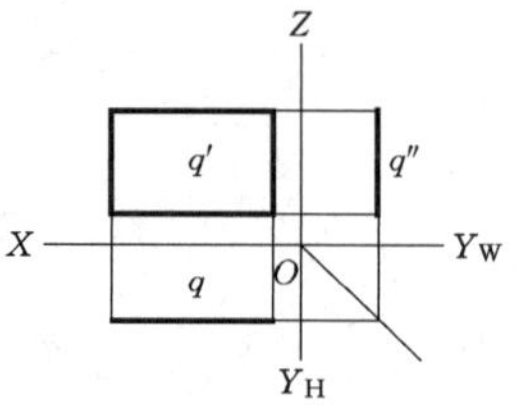	1. 正面投影 q' 反映实形 2. 水平投影 q 积聚成直线，且 $q /\!/ OX$ 轴；侧面投影 q'' 积聚成直线且 $q'' /\!/ OZ$ 轴
侧平面	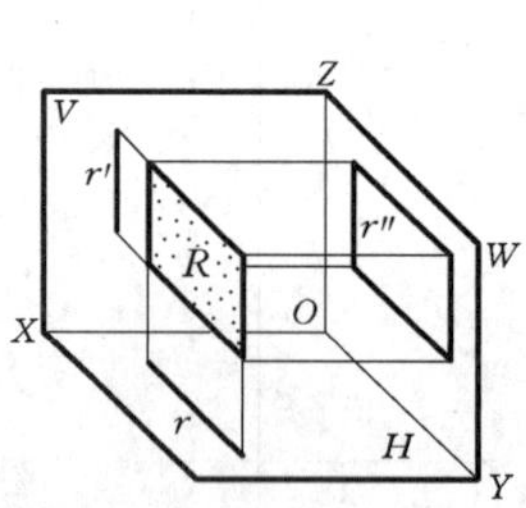	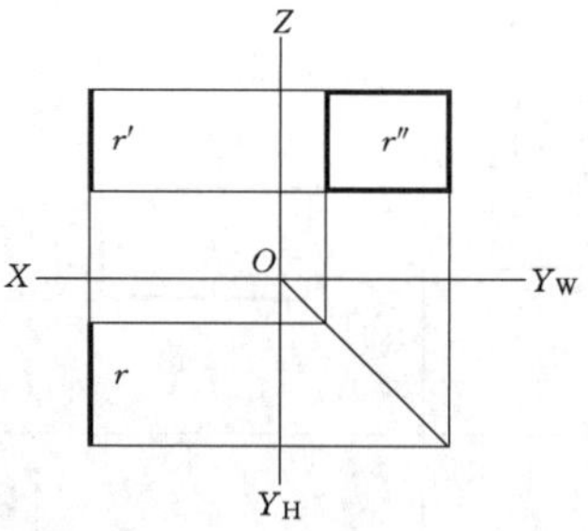	1. 侧面投影 r'' 反映实形 2. 水平投影 r 积聚成直线，且 $r /\!/ OY_H$ 轴；正面投影 r 积聚成直线且 $r /\!/ OZ$ 轴

三、平面上的直线和点

（一）平面上的直线和点

（1）直线在平面上的几何条件是：

1）直线过平面上的两个已知点。

2）直线过平面上的一个已知点，并且平行于平面上的一条已知直线。

（2）点在平面上的几何条件是：

点位于平面上的一条已知直线上。

如图 3-28 所示，M 点在 AB 上，N 点在 AC 上，则点 M、N 和直线 MN 都在平面

ABC 上。直线 $MR // AC$ 且点 M 在平面 ABC 上，所以直线 MR 在平面 ABC 上。

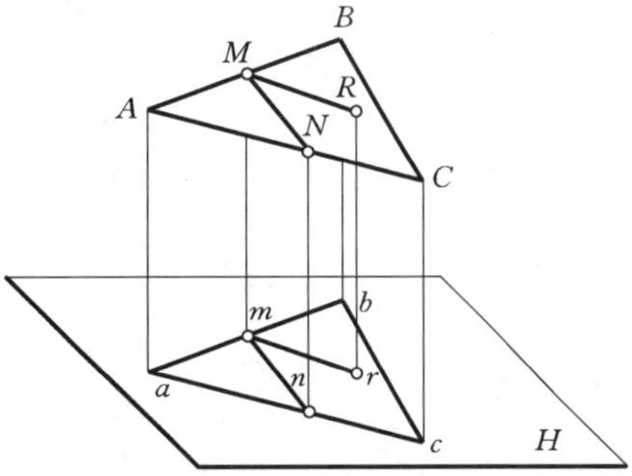

图 3-28 平面上的直线和点

【例 3-6】 已知平面 ABC 上点 M 的水平投影 m，求点 M 的正面投影 m'，如图 3-29 所示。

解： 因为 M 点在平面 ABC 上，所以点 M 一定在平面的一条直线上，在平面上过 M 点作一条辅助线 AM，点 M 的投影必在直线 AM 的投影上。

（1）连接 am，并延长，交 bc 于 d。

（2）过 d 点向上作投射线，交 $b'c'$ 于 d'。

（3）连接 $a'd'$。

（4）过 m 点，向上作投射线，交 $a'd'$ 于 m'，m' 即为所求。

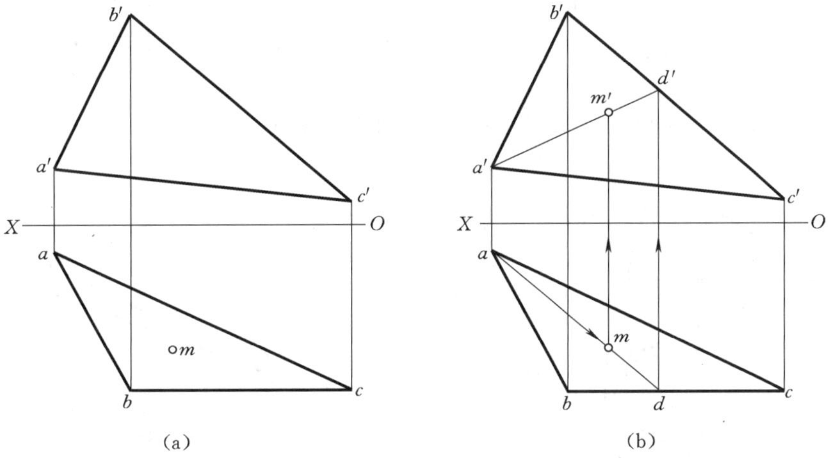

图 3-29 求平面上点的投影

【例 3-7】 已知四边形平面上三角形的正面投影，求其水平投影，如图 3-30 所示。

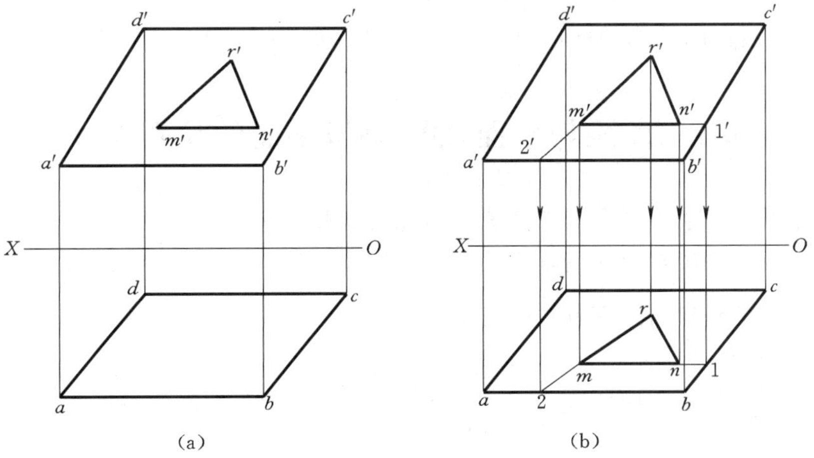

图 3-30 完成平面上图形的投影

解：(1) 由图可知 $MN /\!/ AB$，延长 $m'n'$ 与 $b'c'$ 交于 $1'$ 点，根据投影规律求得点 1，再根据正投影的平行性，可确定点 m、n；

(2) 延长 $r'm'$，与 $a'b'$ 交于 $2'$ 点，根据投影规律可确定点 r；

(3) 依次连接点 m、n、r，得到三角形 MNR 的水平投影 mnr。

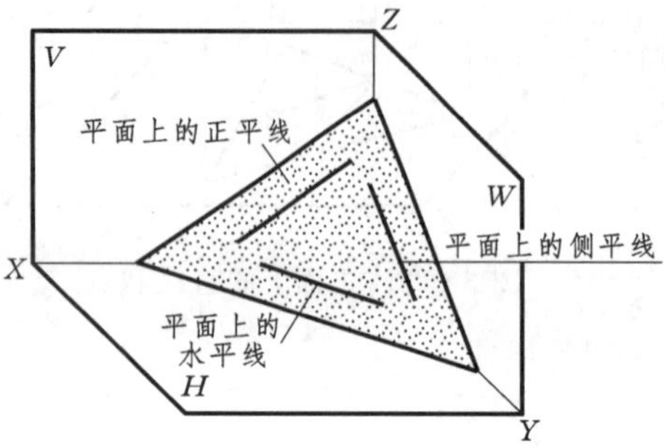

图 3-31　平面上的投影面平行线

（二）平面上的投影面平行线

平面上的投影面平行线是指平面上平行于基本投影面的直线。当平面上的直线平行于 H 面、V 面、W 面时，分别称之为平面上的水平线、正平线、侧平线，如图 3-31 所示。

平面上的投影面平行线同时具有投影面平行线及平面上直线的投影特点。如图 3-32 所示，直线 AD 为平面 ABC 上的水平线，正面投影 $a'd' /\!/ OX$ 轴，水平投影 ad 倾斜于 OX 轴。如图 3-33 所示，直线 AD 为平面 ABC 上的正平线，水平投影 $ad /\!/ OX$ 轴，正面投影 $a'd'$ 倾斜于 OX 轴。

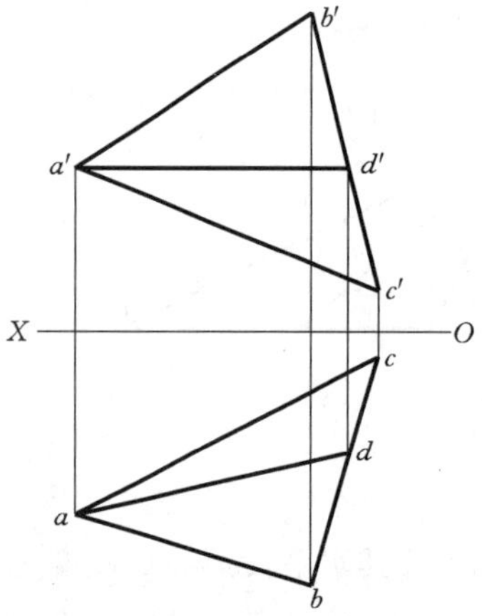

图 3-32　平面上水平线 AD 的投影

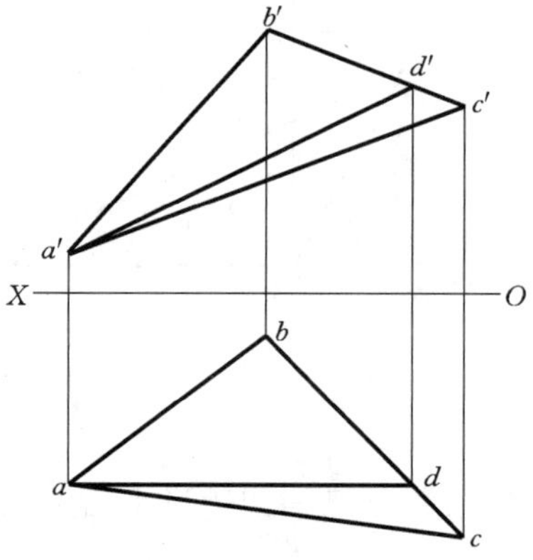

图 3-33　平面上正平线 AD 的投影

3.4　直线与平面及平面与平面的位置关系

直线与平面、平面与平面的位置关系有平行、相交两种情况。垂直是相交的一种特殊情况，在实际问题中经常会遇到垂直问题，所以我们把垂直问题也进行重点讲解。

一、直线与平面平行、平面与平面平行

（一）直线与平面平行

直线与平面平行的判定方法：若直线平行于平面上的任意一条直线，则直线与平面平行。

如图 3-34 (a) 所示，直线 AB 为一般位置直线，平面 CDE 为一般位置平面，由于

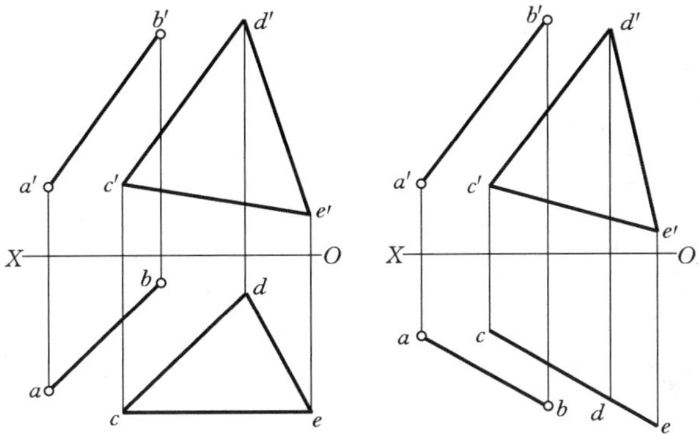

图 3-34　直线与平面平行

$ab /\!/ cd$，$a'b' /\!/ c'd'$，所以 $AB /\!/ CD$，可知直线 AB 平行于平面 CDE。

当平面为投影面的垂直面时，只要直线的一个投影平行于平面有积聚性的投影即可判断直线与平面平行。如图 3-34（b）所示，直线 AB 为一般位置直线，平面 CDE 为铅垂面，AB 的水平投影 ab 平行于铅垂面的积聚投影 cde，可知直线 AB 平行于铅垂面 CDE。

当直线和平面均垂直于同一投影面时，直线与平面一定平行。如图 3-34（c）所示，直线 AB 为铅垂线，平面 CDE 为铅垂面，可知直线 AB 平行于平面 CDE。

【例 3-8】　过点 M 作水平线平行于平面 ABC，如图 3-35 所示。

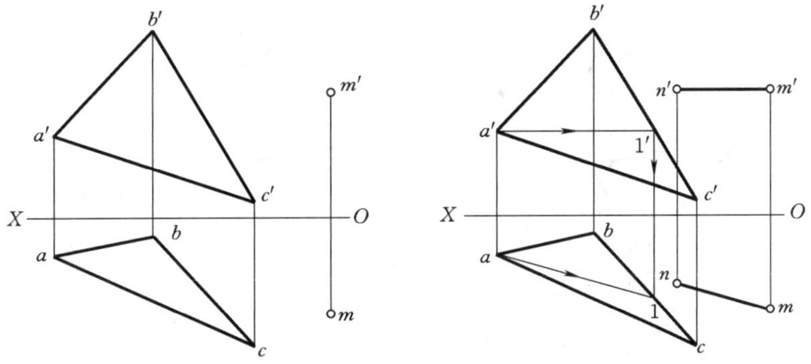

图 3-35　过点 M 作水平线与已知平面平行

解：（1）在平面 ABC 上任作一水平线 AⅠ。水平投影为 $a1$，正面投影为 $a'1'$。

（2）过 M 点作 MN 平行于 AⅠ。即作 $mn /\!/ a1$，$m'n' /\!/ a'1'$。

（3）水平线 MN（水平投影 mn；正面投影 $m'n'$）即为所求。

（二）平面与平面平行

平面与平面平行的判定方法：一个平面内的两条相交直线与另一个平面内的两条相交直线分别平行，那么这两个平面平行。

如图 3-36（a）所示，平面 ABC 和平面 DEF 均为一般位置平面。由于 $ab /\!/ de$、$a'b' /\!/ d'e'$、$bc /\!/ ef$、$b'c' /\!/ e'f'$，易得 $AB /\!/ DE$、$BC /\!/ EF$，所以平面 ABC 平行于平面 DEF。

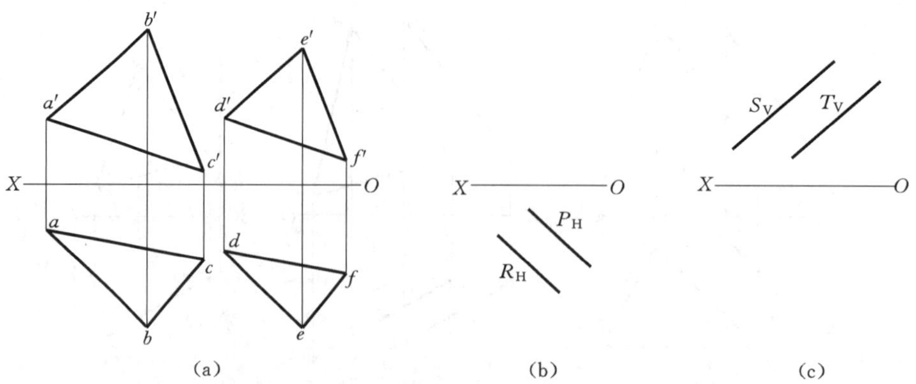

图 3－36　平面与平面平行

当两平面均为某基本投影面的垂直面时，只要两个有积聚性的投影平行，即可判断空间两平面互相平行。如图 3－36（b）所示，P、R 为两铅垂面，由于 $P_H /\!/ R_H$，所以平面 P 平行于平面 R。如图 3－36（c）所示，S、T 为两正垂面，由于 $S_V /\!/ T_V$，所以平面 S 平行于平面 T。

【例 3－9】　过点 M 作一平面与已知平面 ABC 平行，如图 3－37 所示。

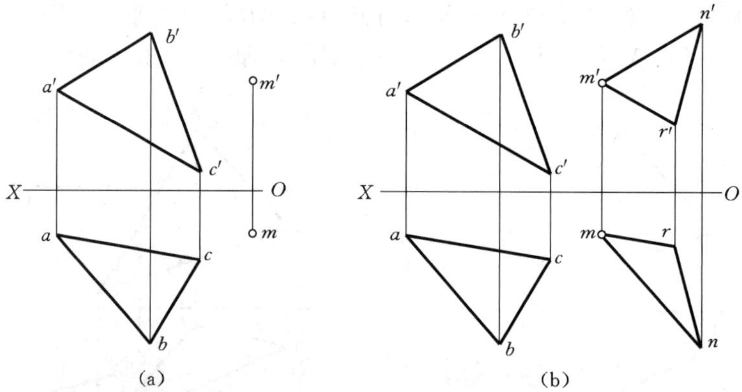

图 3－37　过 M 点作平面与已知平面平行

解：（1）过 M 点作 $MN /\!/ AB$、作 $MR /\!/ AC$。即作 $mn /\!/ ab$、$m'n' /\!/ a'b'$、$mr /\!/ ac$、$m'r' /\!/ a'c'$。

（2）连接 RN 各面投影，即：连接 rn、$r'n'$。

（3）平面 MRN 即为所求。

注：不连接 RN 亦可，过 M 点所作的平面用两条相交直线 MR、MN 表示。

二、直线与平面相交、平面与平面相交

（一）直线与平面相交

直线与平面相交，交点是直线和平面的共有点，它既在直线上又在平面上。

当直线和平面至少有一个元素有积聚性时很容易利用积聚性确定交点的一个投影，进而确定交点的另一个投影。

1. 一般位置直线与投影面的垂直面相交

如图 3-38 所示，为一般位置直线 AB 与铅垂面 P 相交，铅垂面 P 的水平投影积聚成一条直线，所以直线与平面交点的水平投影就是平面的积聚投影与直线水平投影的交点 m，利用投影关系，可在直线 AB 的正面投影 $a'b'$ 上求得点 M 的正面投影 m'。

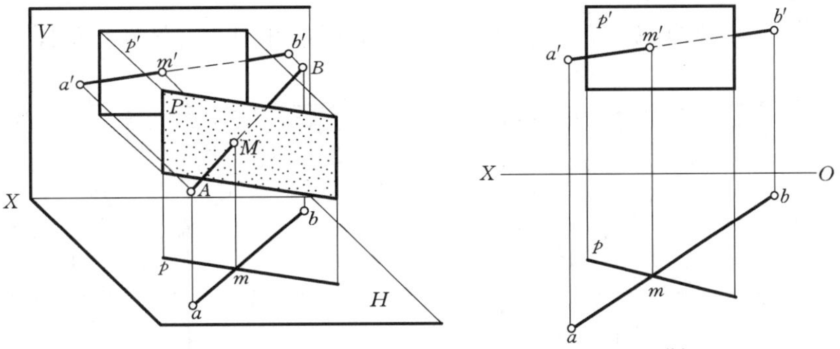

图 3-38 一般位置直线与铅垂面相交

直线与平面相交后，直线上必有一段被平面遮挡，于是产生了可见性问题，直线与平面的交点一定是可见与不可见的分界点。观察图 3-38（b），可见直线与平面的正面投影有一段重叠，由水平投影可知交点 M 的左侧直线在前平面在后，所以 $a'm'$ 是可见的，应画成实线；交点 M 的右侧平面在前直线在后，$m'b'$ 与平面 P' 重叠部分的线段不可见，应画成虚线。

2. 投影面的垂直线与一般位置平面相交

如图 3-39 所示，铅垂线 EF 与一般位置平面 ABC 相交于点 M，由于铅垂线的水平投影有积聚性，所以交点的水平投影 m 重合在铅垂线的积聚投影上；利用平面 ABC 上过 M 点的辅助线 AD，可确定 M 点的正面投影 m'。

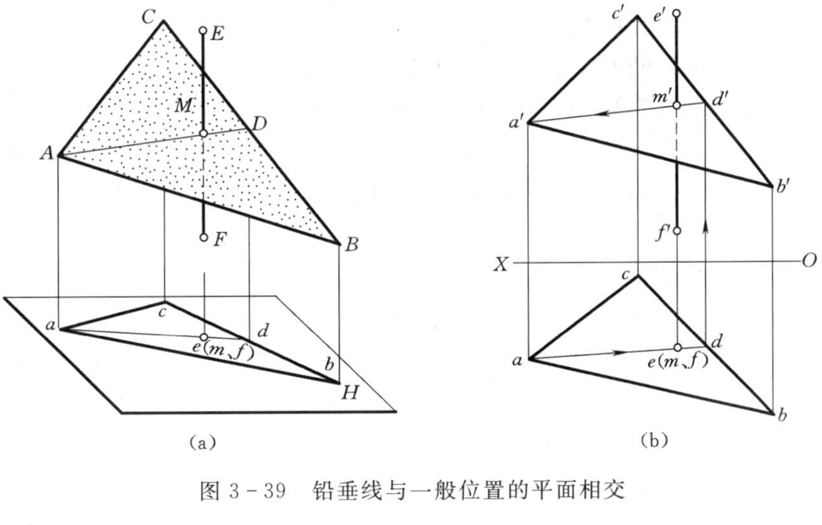

图 3-39 铅垂线与一般位置的平面相交

直线可见性的判断：因直线是铅垂线，平面由前向后逐渐增高，正面投影直线的上段 $e'm'$ 可见，应画成实线，下段 $m'f'$ 被平面遮挡的部分不可见，应画成虚线。(另外还可以利用正面重影点判断可见性，具体步骤读者可自行思考)。

一般位置直线与一般位置平面相交的求解需用到平面与平面相交的有关内容，在介绍平面与平面相交之后，再进行讲解。

【例 3-10】　求正垂线 MN 与平面 ABC 的交点，并判断可见性，如图 3-40 所示。

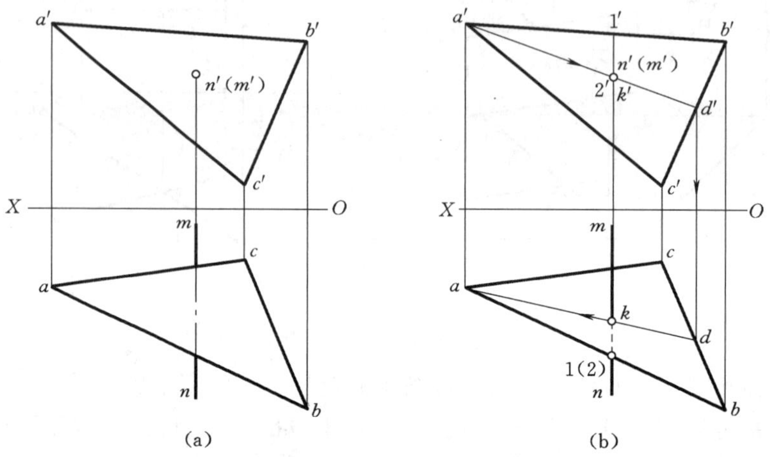

图 3-40　求正垂线 MN 与平面 ABC 的交点

解： 因为 MN 是正垂线，在 V 面上的投影有积聚性，直线与平面交点的正面投影重合在直线 MN 的积聚投影上，只需确定交点的水平投影。在平面上过交点作一条辅助线 AD，求出 AD 与 MN 的交点即可。

(1) 连接 $a'n'$，并延长交 $b'c'$ 于 d'。

(2) 过 d' 向下作投射线交 bc 于 d。

(3) 连接 ad 交 mn 于 k 点。

(4) k 点即为所求交点 K 的水平投影。

下面利用重影点来判断水平投影 mn 的可见性。观察直线 MN 与平面上的边 AB 形成的水平重影点，由正面投影可知 $1'$ 比 $2'$ 的 Z 坐标值大，所以 AB 上的Ⅰ点高于 MN 上的Ⅱ点，直线与平面交点是区分可见与不可见的分界点，对于水平投影 k 的前方，直线被平面遮挡的部分不可见，即 $k2$ 是不可见的，用虚线表示；直线 MN 的其他部分均为可见，用实线表示。

(二) 平面与平面相交

平面与平面相交，交线是两个平面的共有线，它是同时位于两个平面上的直线。

当两平面至少有一个平面有积聚性时，可利用积聚性直接确定交线的一个投影，进而求出另一个投影。

1. 一个平面有积聚性时的两平面相交

如图 3-41 所示，铅垂面 P 与一般平面 ABC 相交，由于铅垂面 P 的水平投影有积聚性，所以交线 MN 的水平投影 mn 一定在铅垂面 P 的水平投影上，利用投影规律可求出

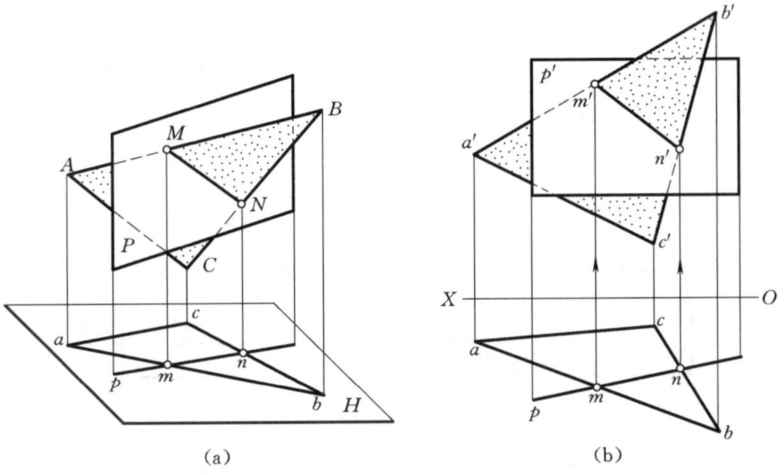

图 3-41 铅垂面与一般位置平面相交

$m'n'$，从而确定两平面的交线 MN。

两平面的交线是两平面投影重叠部分的分界线。若交线的一侧 P 平面可见，则另一侧 P 平面一定不可见。如图 3-41 中正面投影的重叠部分，交线右侧三角形平面在前，故 $b'm'n'$可见，P 平面轮廓线被遮挡的一段画成虚线；交线左侧 P 平面在前，所以正面投影中 $m'n'$的左边 P'可见，三角形平面轮廓线被遮挡部分应画成虚线。

2. 两个平面都有积聚性时的两平面相交

如图 3-42 所示，为两铅垂面相交，其交线一定是一条铅垂线。交线的水平投影积聚为一点，即两铅垂面积聚性投影的交点，交线的正面投影垂直于 OX 轴。

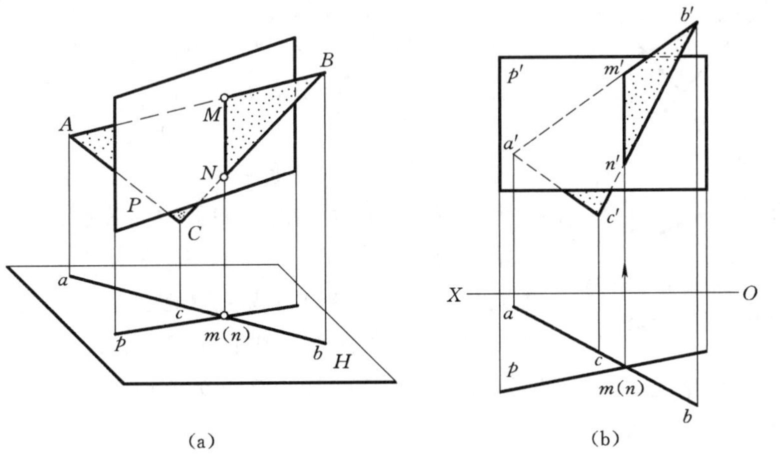

图 3-42 两铅垂面相交

如图 3-42 中，正面投影的重叠部分，交线右侧三角形平面在前，故 $b'm'n'$可见，P 平面轮廓线被遮挡的一段画成虚线；交线左侧 P 平面在前，所以正面投影中 $m'n'$的左边 P'可见，三角形平面轮廓线被遮挡部分应画成虚线。

【例 3－11】　求平面 P 与平面 R 的交线，并判断可见性，如图 3－43 所示。

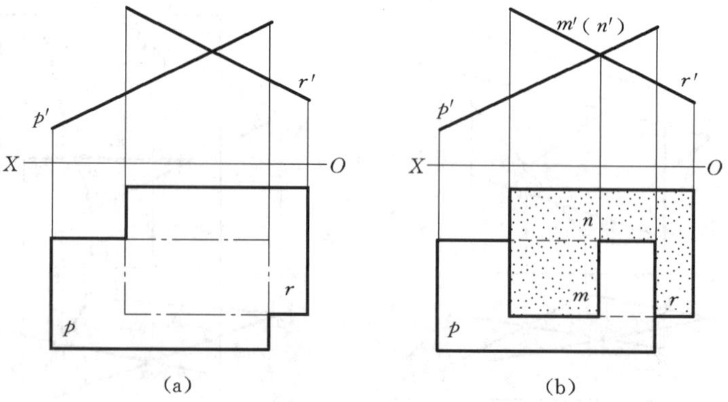

图 3－43　求两平面的交线并判断可见性

解： 平面 P 与平面 R 为两正垂面，其交线必为正垂线，所以交线的正面投影积聚成一个点，水平投影为垂直于 OX 轴的直线。

（1）过交线的正面投影（即为两正垂面积聚投影的交点），作 OX 轴的垂线交两平面的水平投影于 mn，mn 即为交线的水平投影。

（2）判断可见性：交线是区分可见与不可见的分界线。从正面投影可以看出，交线 MN 的左侧平面 R 比平面 P 高，因此水平投影上 mn 的左侧 R 平面可见，轮廓线用实线表示，P 平面不可见，轮廓线用虚线表示；mn 的右侧 R 平面不可见，轮廓线用虚线表示，P 平面可见，轮廓线用实线表示。

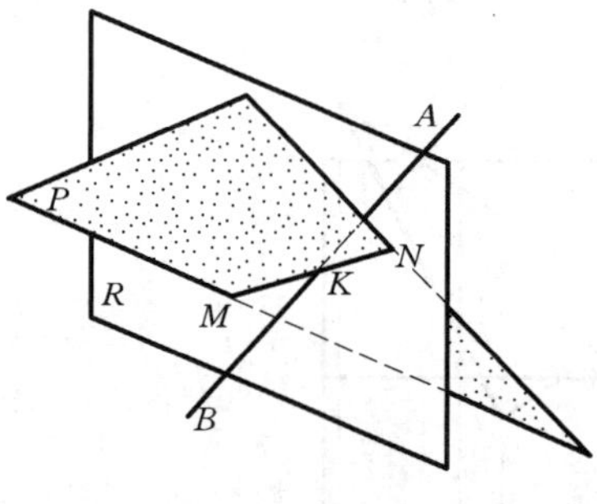

图 3－44　一般位置直线与一般位置平面相交

（三）一般位置直线与一般位置平面相交

一般位置直线与一般位置平面相交时，两个元素都没有积聚性，交点的投影不能直接得到，我们可以利用前面所学的内容来解决。如图 3－44 所示，为一般位置直线 AB 与一般位置平面 P 相交。欲求交点 K，可先包含直线 AB 作一辅助平面 R，这样的辅助平面有很多，为了有利于解决问题，我们取与投影面垂直的平面——铅垂面（也可取正垂面），则辅助平面 R 与已知平面 P 就会产生交线 MN。易得一般位置直线与一般位置平面的交点 K 必在辅助平面 R 与已知平面 P 的交线 MN 上，这样问题就转化成一般位置平面与投影面的垂直面相交求交线的问题。又因交点 K 也在直线 AB 上，求出两直线 AB 与 MN 的交点，即为 K 点。

通过上面的分析，可总结出一般位置直线与一般位置平面相交求交点的步骤：

（1）包含已知直线作投影面的垂直面（一般取铅垂面或正垂面）为辅助平面。

（2）求辅助平面与已知平面的交线。

（3）求上述交线与已知直线的交点，即为一般位置直线与一般位置平面相交的交点。

【例 3－12】　求一般位置直线 AB 与一般位置平面 P 的交点，如图 3－45 所示。

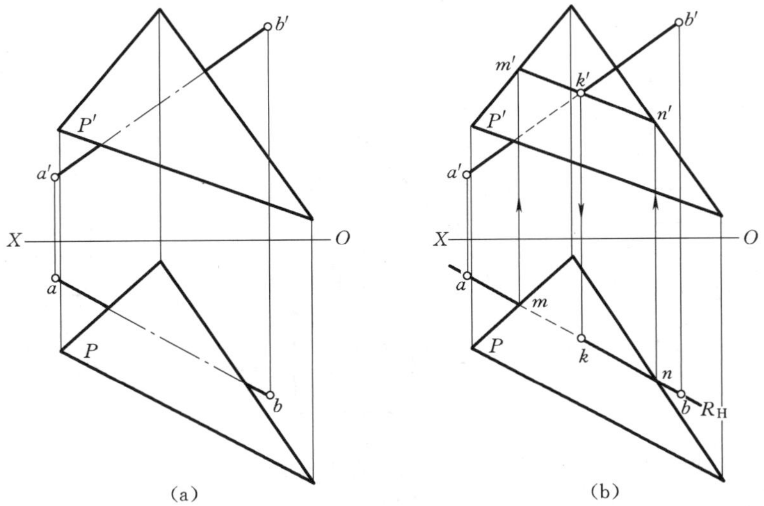

(a) (b)

图 3-45 辅助平面法求一般位置的直线与一般位置的平面的交点

解： 分析：利用辅助平面法求一般位置直线 AB 与一般位置平面 P 的交点，可采用下述方法：包含直线 AB 作铅垂面 R，求铅垂面 R 与一般位置平面 P 的交线，再求该交线与已知直线 AB 的交点 K，点 K 即为所求。

作图步骤：

(1) 作铅垂面 R 的水平投影 R_H（用迹线表示，R_H 与 ab 重合），R_H 与 P 平面的水平投影 p 交于 mn。

(2) 分别过 m、n 两点向上作投射线，得到 m'、n'。

(3) 连接 $m'n'$，与 $a'b'$ 交于点 k'。

(4) 过 k' 向下作投射线，交 ab 于 k。

(5) 利用垂影点判断投影 ab 及 $a'b'$ 的可见性，结果如图 3-45（b）所示。

三、直线与平面垂直、平面与平面垂直

（一）直线与平面垂直

由平面几何可知，如果直线垂直于某平面上任意两条相交直线，那么这条直线垂直于这个平面。反之若直线与平面垂直，则该直线与平面上的任意一条直线都垂直。

图 3-46 所示，为直线 AB 与铅垂面 P 垂直，则该直线 AB 必为一水平线，其水平投影 ab 垂直于铅垂面的水平投影 p，其正面投影 $a'b'$ 平行于 OX 轴。

图 3-47 所示，为直线 CD 与正垂面 R 垂直，则该直线 CD 必为一正平线，其正面投影 $c'd'$ 垂直于正垂面的正面投影 r'，其水平投影 cd 平行于 OX 轴。

图 3-48 所示，为直线 AB 与一般位置平面 CDE 垂直。容易看出，CD、CE 为平面 CDE 上的两条相交直线，且 CD 为正平线、CE 为水平线，由于水平投影 $ab \perp ce$、正面投影 $a'b' \perp c'd'$，根据直角投影定理，可知直线 AB 垂直于平面上的两条相交直线 CD、CE。此图中 AB 与 CD、CE 均为交叉垂直。

（二）平面与平面垂直

由平面几何可知，如果一个平面包含另一个平面的一条垂线，那么这两个平面互相

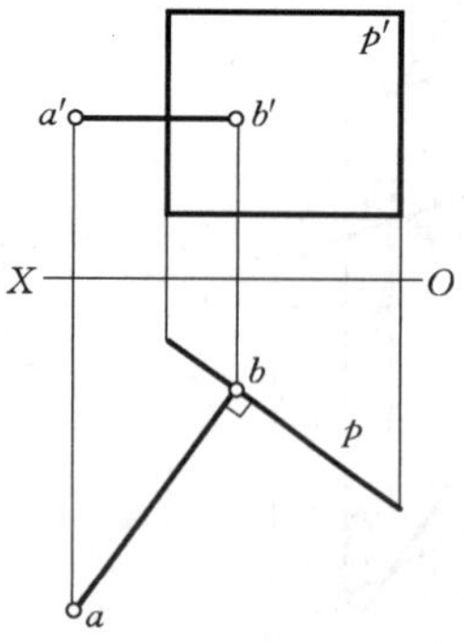

图 3-46　直线与铅垂面垂直

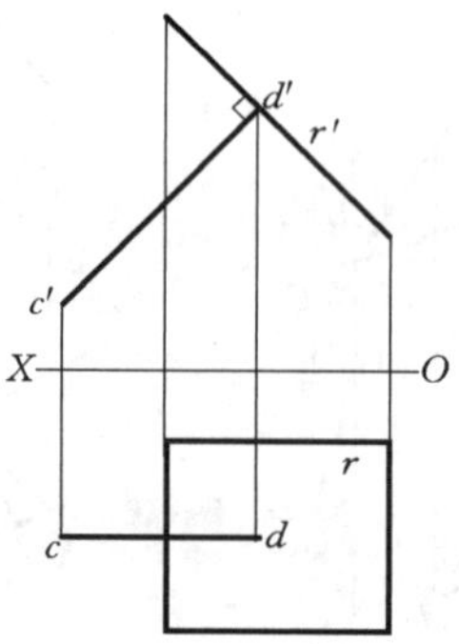

图 3-47　直线与正垂面垂直

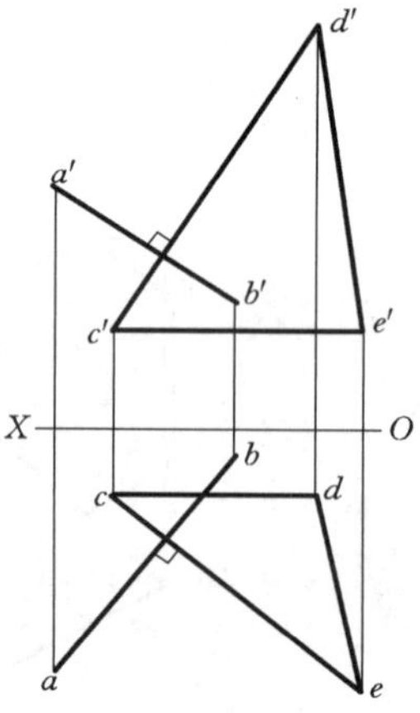

图 3-48　直线与一般位置面垂直

垂直。

如图 3-49 所示，直线 AB 垂直于平面 P，平面 ABC 包含直线 AB，所以平面 ABC 与平面 P 垂直。值得注意的是平面 P 为一铅垂面，其水平投影积聚成一条直线 p，所以水平投影 $ab \perp p$。

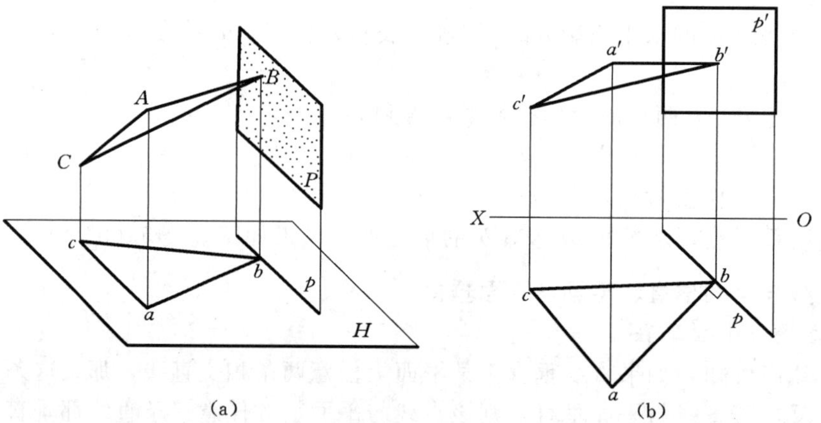

(a)　(b)

图 3-49　一般位置平面与铅垂面垂直

【例 3-13】　过点 M 作一平面，使其平行于直线 AB，且垂直于平面 DEF，如图 3-50 所示。

解：(1) 过点 M 作 $MN /\!/ AB$。即作 $mn /\!/ ab$、$m'n' /\!/ a'b'$。

(2) 在平面 DEF 上作一条水平线 DⅠ和一条正平线 DⅡ。过 d' 作 $d'1' /\!/ OX$ 轴，与 $e'f'$ 交于 $1'$，过 $1'$ 向下作投射线交 ef 于 1，连接 $d1$；过 d 作 $d2 /\!/ OX$ 轴，与 ef 交于 2，过 2 向上作投射线线交 $e'f'$ 交于 $2'$，连接 $d'2'$；得到平面 DEF 上的水平线 DⅠ和正平线 DⅡ。

(3) 过点 M 作 MR 垂直于平面 DEF。过点 m 作 $mr \perp d1$，过点 m' 作 $m'r' \perp d'2'$。

(4) 两条相交直线 MN、MR 所确定的平面即为所求。

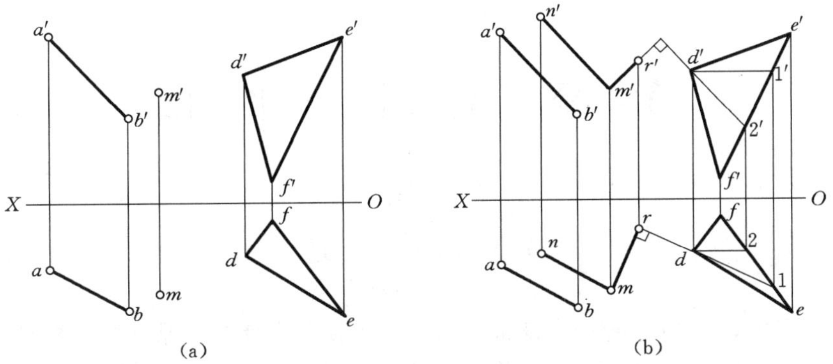

图 3-50 过点 M 作平面平行于 AB 且垂直于平面 DEF

第4章　曲 线 与 曲 面

4.1　概　　述

在建筑工程中，有些建筑物的表面（如墙、屋顶等）就是由某些特殊的曲面（如双曲抛物面、单叶双曲回转面和椭圆柱面等）构成的，这些曲面统称为工程曲面。如图 4－1 所示体育馆，通过将不同的工程曲面进行巧妙地结合，形成了其特异的外部形状和装饰性的表现效果。

图 4－1　日本东京代代木体育馆

4.2　常 见 曲 线

曲线是由点按一定的规律运动而形成的轨迹。曲线分为两种：各点都位于同一平面上的曲线，称为平面曲线，如圆、椭圆、双曲线、抛物线等，最常见的平面曲线是圆；连续四个点不在同一平面上的曲线，称为空间曲线，圆柱螺旋线是最常见的空间曲线。曲线的投影一般仍然是曲线。

一、圆

圆及其所处的平面，相对于投影面的位置有三种情况：一是平面及圆平行于投影面，此时，圆的投影依然是等直径的圆；二是平面及圆垂直于投影面，此时，圆的投影是直线（长度等于圆的直径）；三是平面及圆倾斜于投影面，此时，圆的投影是椭圆。如图 4－2（a）所示，

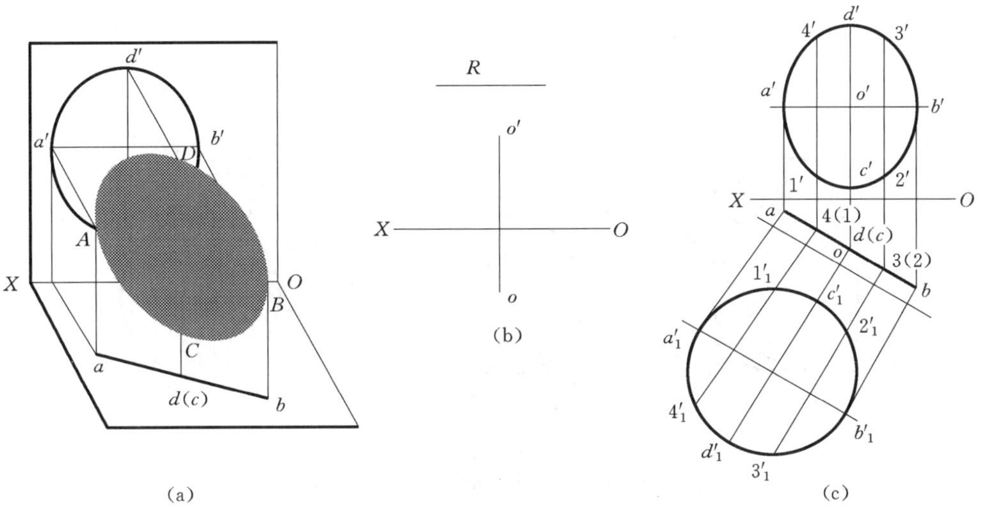

图 4-2 椭圆的画法

圆所在的平面垂直于 H 面，投影是直线；圆所在的平面倾斜于 V 面，投影是椭圆。

【例 4-1】 已知铅垂面 P 对 V 面的倾角 $\beta=30°$，其上有一半径为 R 的圆，已知圆心的两面投影 o、o'，求作该圆的两面投影［图 4-2（b）］。

解：空间分析及投影分析：如图 4-2 所示，由于圆垂直于 H 面，所以水平直径 AB 为水平线，H 面投影 ab 反映实长，V 面投影 $a'b'$ 平行于 OX 轴；竖直直径 CD 为铅垂线，V 面投影 $c'd'$ 反映实长，H 面投影 cd 积聚为一点。圆所在的平面 P 与 V 面成 30°角，根据铅垂面的性质，可知圆在 H 面上的积聚投影为一直线与 OX 轴成 30°角。

作图步骤：

（1）过点 o 作与 OX 轴成 30°角的直线。

（2）截取 $oa=ob=R$，根据“长对正”，找到 $a'b'$（即为椭圆短轴）。

（3）截取 $o'c'=o'd'=R$（铅垂线的正面投影反映实长），$c'd'$ 即为椭圆长轴。

（4）利用四心法完成椭圆绘制。

另外还可以采用取点法绘制椭圆。取点法是利用换面法（可参阅有关书籍）将椭圆变换成反映实形的圆，在圆上找出八个点，再返回到椭圆上，用光滑曲线按顺序连接八个点，绘制椭圆的方法。如图 4-2（c）所示。

二、圆柱螺旋线

1. 圆柱螺旋线的形成

当一个动点 A 沿着一条直线 AB 匀速移动，同时直线 AB 又绕着与它平行且始终保持相同距离的轴线 OO 匀速旋转时，动点 A 所走过的轨迹就是一条圆柱螺旋线（图 4-3）。圆柱的半径称为螺旋半径；点 A 回转一周，沿轴线方向移动的距离称为导程。

2. 圆柱螺旋线投影图的绘图步骤：

已知圆柱的半径、螺旋线的导程、旋转方向和起始点 A 的两面投影，如图 4-3 所示。作图步骤如下：

（1）根据圆柱的半径，做出 个轴线垂直于 H 面的圆柱的两面投影［图 4-3（b）］，

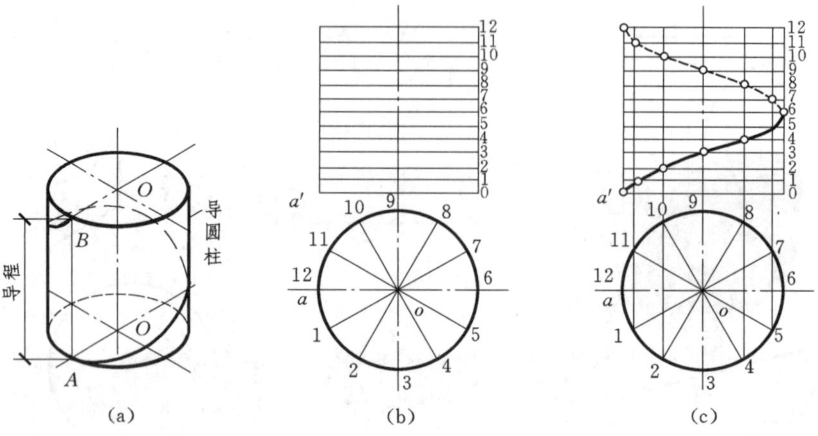

图 4-3　圆柱螺旋线的投影及画法

圆柱的高就是导程。

（2）在 V 面将圆柱的导程分成相同的等分（如 12 等分），并过各等分点画水平线；同时将 H 面的圆也分成相同的等分（如 12 等分）。

（3）确定动点 A 在不同位置的投影。根据旋转的方向（此题为右旋），在 H 面上过点 A 逆时针旋转一等分的等分点 1，做竖直线与 V 面的第一等分线相交［见图 4-3（c）］，该交点就是动点 A 旋转 30°后的位置。依此类推得到其余各位置点。

（4）判断可见性。位于前半圆柱面上的螺旋线是可见的，用实线连接；位于后半圆柱面上的螺旋线是不可见的，用虚线连接。

（5）用光滑曲线，采用正确线型依次连接各点，得到圆柱螺旋线。

4.3　常 见 回 转 面

曲面可以看成是由直线或曲线在空间按一定规律运动形成的。运动的直线或曲线称为母线，约束母线运动的线或面叫导线或导面。母线的形状及运动形式是形成曲面的条件。母线绕着一条固定的直线旋转所形成的曲面叫做回转面，如图 4-4 所示。母线在曲面上的任意位置称为素线；回转面上，母线上任意一点的运动轨迹叫纬圆，纬圆所在平面与回转轴垂直。直径最大的纬圆称为赤道圆，直径最小的纬圆称为喉圆。常见的回转面有圆柱面、圆锥面、圆球面、圆环面和单叶回转双曲面。

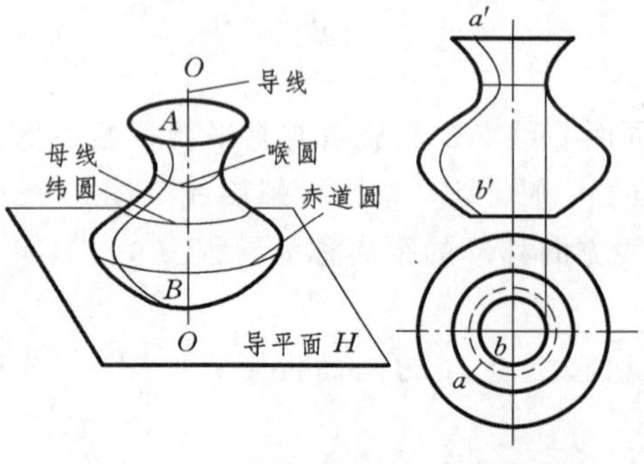

图 4-4　曲面回转面的形成及投影

一、圆柱面

圆柱面可以认为是由直母线绕着直导线保持相等距离旋转而成的，如图 4-5（a）所示。在圆柱面上取点，可利用圆柱面的积聚性。

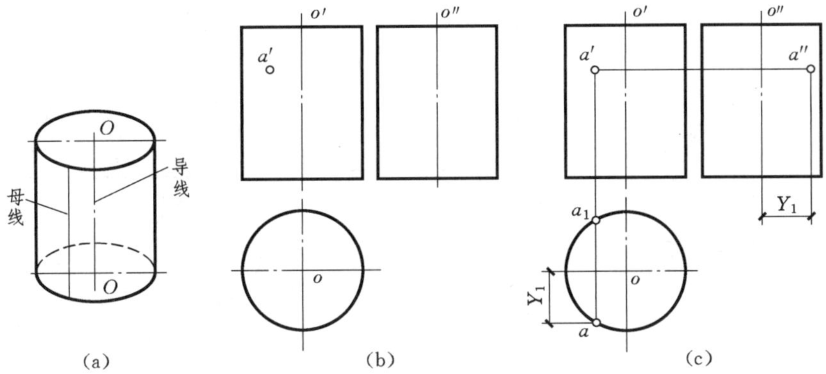

图 4-5 圆柱的投影及表面取点

【例 4-2】 已知圆柱面上一点 A 的 V 面投影 a'，求其另外两面投影。如图 4-5（b）所示。

解： 空间分析：由于圆柱面垂直于 H 面，所以圆柱面在 H 面的投影积聚为圆，圆柱表面上各点的水平投影都在该圆周上。

投影分析：根据“长对正”，过 a' 作竖直线，与圆周交于两点 a、a_1，由于 a' 不带括号，所以空间点 A 在前半圆柱面上，因此，应该取 a；再根据“宽相等”，截取 Y_1 相等，然后利用“高平齐”，可求得 a''。作图步骤：

（1）过 a' 作素线得到 a。

（2）截取 H 面上的 Y_1 等于 W 面上的 Y_1，并作出过 A 点的素线的 W 面投影。

（3）过 a' 作水平线与 W 面上所作素线相交得到 a''。

二、圆锥面

圆锥面可以认为是直母线绕着与自身相交的直导线旋转而成的，如图 4-6（a）所示。在圆锥面上取点，可采用辅助素线法或纬圆法。

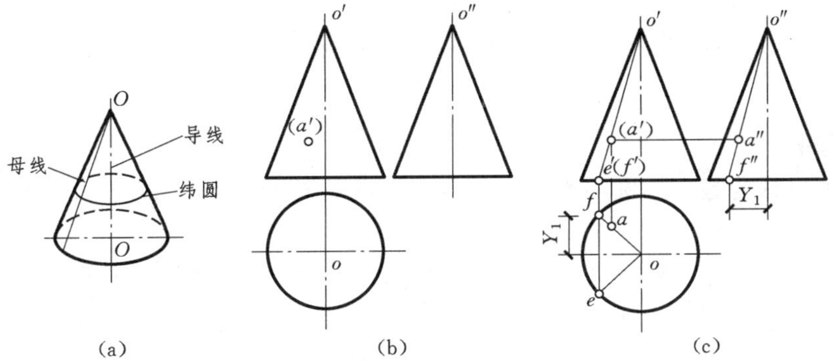

图 4-6 圆锥的投影及素线法确定表面点

【例 4-3】 已知圆锥面上点 A 的 V 面投影 a'，分别采用辅助素线法和纬圆法求点 A 的另外两面投影（见图 4-6 和图 4-7）。

解： 空间分析：圆锥面从上往下投影，圆锥表面的点都是可见点。从前往后投影，

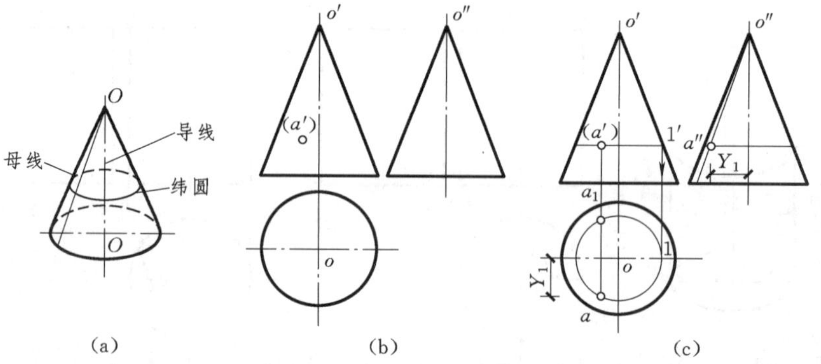

图 4 - 7　圆锥的投影及纬圆法确定表面点

前半圆锥可见，后半圆锥不可见。从左往右投影，左半圆锥可见，右半圆锥不可见。

投影分析：圆锥面上的 a' 带括号标注，可以判断此点在后半圆锥面上。

(1) 采用素线法求解（如图 4 - 6 所示）。作图步骤：

1) 过 a' 做素线 $o'e'$（f'）。

2) 过 e'（f'）点作竖直线，在 H 面上找到两点 e、f，oe 是前半圆锥面上的素线，of 是后半圆锥面上的素线，可以判断 a 点应落在 of 上。

3) 过 a' 作竖直线，与 of 相交，交点即为 a 点。

4) 截取 H 面上的 Y_1 等于 W 面的 Y_1，（宽相等），找到素线的 W 面投影 $o''f''$。

5) 过 a' 作水平直线，与 $o''f''$ 的交点就是 a''。

(2) 采用纬圆法求解（如图 4 - 7 所示）。画图步骤：

1) 过 a' 作水平线，此线是过 a' 点所作纬圆的 V 面投影；

2) 过纬圆与最右素线的交点 $1'$ 作竖直线，找到 H 面上的投影点 1，以点 o 为圆心，$o1$ 为半径作出纬圆的 H 面投影；

3) 过 a' 做竖直线，与纬圆的 H 面投影交于 a、a_1 两点，a 是前半圆锥上的点，a_1 是后半圆锥上的点，可以判断此题应该取 a_1。

4) 做出纬圆的 W 面投影（是一条直线），并截取 H 面的 Y_1 等于 W 面的 Y_1，（宽相等），得到 a''。

三、圆球面

圆球面可以认为是一个圆绕着过直径线的轴线旋转而成的，如图 4 - 8 所示。在圆球面上取点，可采用纬圆法。

【例 4 - 4】　已知圆球面上点 A 的 V 面投影 a'，试求点 A 的另外两面投影（见图 4 - 8）。

解：空间分析：圆球面从上往下投影，上半圆球可见，下半圆球不可见。从前往后投影，前半圆球可见，后半圆球不可见。从左往右投影，左半圆球可见，右半圆球不可见。

投影分析：圆球面上的 a' 不带括号标注，可以判断此点在前半圆球面上；同时可以判断 A 点在下半圆球面上。作图步骤：

(1) 过 a' 点作水平线，此线是过 A 点的纬圆的 V 面投影；

(2) 过纬圆的 V 面投影与主子午圆（圆球的 V 面投影称为主子午圆；圆球的 W 面投

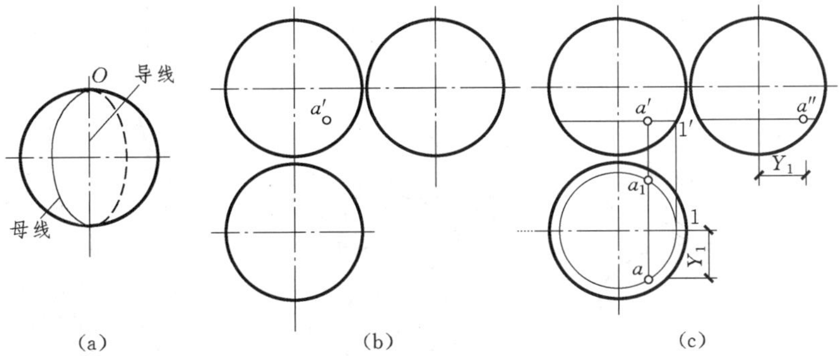

图 4-8 圆球面的投影及表面取点

影称为子午圆；圆球的 H 面投影称为赤道圆）的交点 $1'$ 作竖直线，在 H 面上找到 1 点，过 1 点作纬圆的 H 面投影；

(3) 过 a' 做竖直线，与纬圆的 H 面投影交于 a、a_1 两点，a 是前半圆球上的点，a_1 是后半圆球上的点，可以判断此题应该取 a。

(4) 做出纬圆的 W 面投影（是一条直线），并截取 H 面的 Y_1 等于 W 面的 Y_1，（宽相等），得 a'' 点。

四、圆环面

圆环面可以认为是圆母线绕着圆以外的轴线（直导线）旋转而成的曲面，且在旋转过程中圆与轴线始终处于同一平面内。如图 4-9 所示。圆环面的画法如下：当圆环面的轴线垂直于 H 面时，它的 H 面投影是两个同心圆，分别为圆环面的赤道圆（回转面上最大的纬圆）和喉圆（回转面上最小的纬圆）的 H 面投影。圆环面的 V 面投影和 W 面投影，都是由两个圆和与它们上下相切的两段水平轮廓线组成。V 面投影上的两个圆分别是圆环面的最左素线圆和最右素线圆的 V 面投影，W 面投影的两个圆分别是最前素线圆和最后素线圆的 W 面投影，它们都反映素线圆的实形，都有半个圆因被圆环面遮挡而画成虚线。

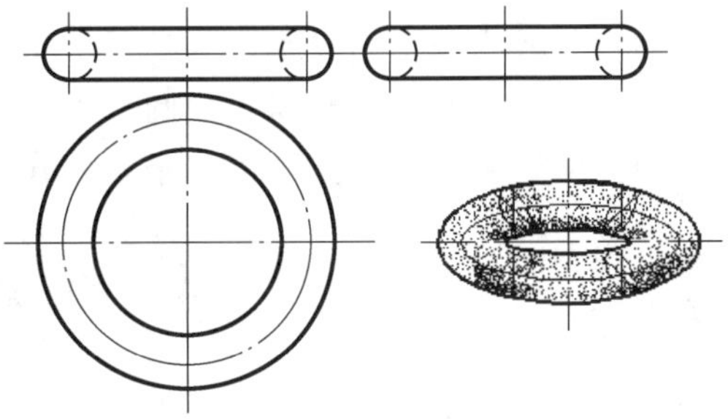

图 4-9 圆环面的投影画法

五、单叶回转双曲面

一条直母线绕着与它交叉的轴线（直导线）旋转，所形成的曲面叫单叶回转双曲面。如图 4-10 所示，AB 与 OO 为两交叉直线，AB 绕 OO 回转时，AB 上各点运动的轨迹都是垂直于 OO 的纬圆，端点 A、B 的轨迹是顶圆和底圆，AB 上距 OO 最近的点 C 形成的圆最小，称为喉圆。

作图步骤：

(1) 画出母线 AB 与轴线 OO 的两面投影，如图 4-10 所示。

(2) 以 o 为圆心，oa、ob 为半径画圆，得顶圆和底圆的水平投影，向上投影得到相

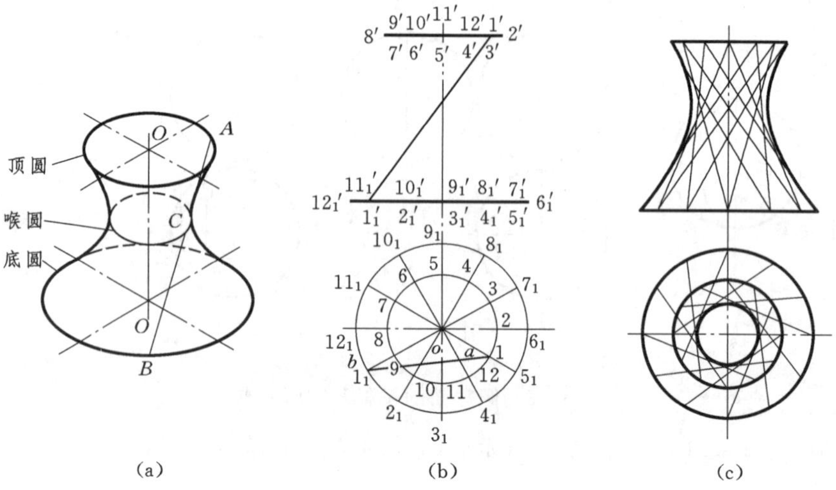

图 4-10　单叶回转双曲面的形成及投影画法

应的正面投影。分别将两圆均分为 12 等分，并用数字 1、2、…、12 及 1_1、2_1、…、12_1 顺序标注。

（3）连接对应点，得各素线的水平投影 11_1、22_1、33_1、…、$12\ 12_1$ 及正面投影 $1'1_1'$、$2'2_1'$、$3'3_1'$、…、$12'12_1'$。

（4）作各素线正面投影的包络线，得单叶回转双曲面的正面投影轮廓线。以 o 为圆心，作与各素线水平投影相切的圆，得喉圆的水平投影，见图 4-10（b）。

单叶回转双曲面广泛应用用于塔式建筑中，如电厂的冷凝塔等。

4.4　常见非回转面

母线根据除旋转外的其他约束条件运动而成的曲面叫做非回转面。工程实践中根据母线的形状把非回转面分为两类：一类是直纹曲面（由直母线运动而形成的曲面）；另一类是双向曲面（只能由曲母线运动而形成的曲面）。在工程实践中，应用较广的是直纹曲面，如柱面、锥面、双曲抛物面、柱状面、锥状面等。

一、柱面

由一条直母线 AB 沿着曲导线 L 运动，且始终平行于直导线 K，所得曲面称为柱面，如图 4-11（a）所示。

柱面投影图中，必须画出曲导线 L，直导线 K 和一系列素线的投影，如图 4-11（b）所示。柱面中任意相邻两素线均为平行直线。

二、锥面

由一条直母线 SA 沿着曲导线 L 运动，且始终经过空间定点 S，所形成的曲面称为锥面，如图 4-12 所示。定点 S 即为锥顶。曲导线 L 可以是平面曲线，也可以是空间曲线；可以是闭合的，也可以是不闭合的。锥面上任意相邻两素线均为相交直线。

锥面投影图中，必须画出锥顶 S 和曲导线 L 的两面投影，并画出一定数量的素线的

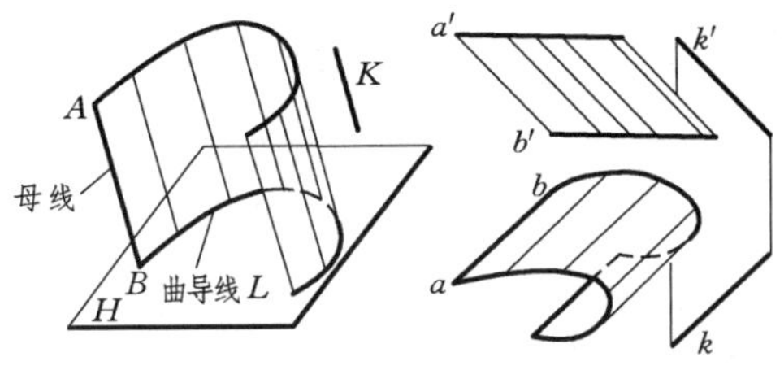

(a)　　(b)

图 4-11　柱面的形成及投影画法

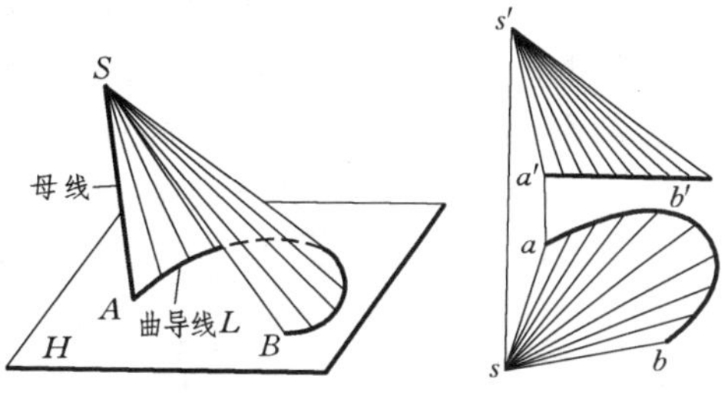

(a)　　(b)

图 4-12　锥面的形成及投影画法

投影，其中包括不闭合锥面的起始、终止素线（SA、SB），如图 4-12 所示。

三、双曲抛物面

一条直母线沿着两条交叉直导线移动，且始终与导平面平行，所形成的曲面称为双曲抛物面。如图 4-13 所示，母线 K 沿交叉两直导线 AB 和 CD 移动，且始终平行于导平面 P，便可形成双曲抛物面。如果将母线与导线调换位置，即将 AB 看作母线，使其沿交叉两直导线 AD 和 BC 运动，也可形成同样的双曲抛物面，这时的导平面为 Q。

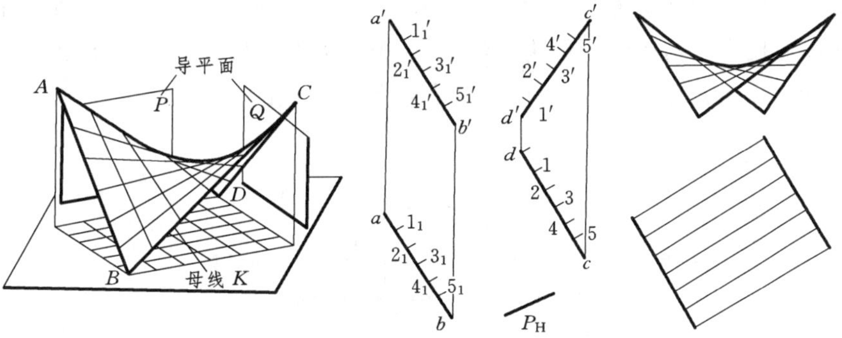

(a)　　(b)　　(c)

图 4-13　双曲抛物面的形成与投影画法

双曲抛物面的作图步骤：

(1) 作交叉两直导线 AB 和 CD 的两面投影 ab、$a'b'$ 和 cd、$c'd'$ 以及导平面 P 的水平投影 P_H，并将 AB 和 CD 的两面投影分成若干等分（本例为 6 等分），即 a、1_1、2_1、…、b；a'、$1_1'$、$2_1'$、…、b' 和 d、1、2、…、c；d'、$1'$、$2'$、…、c'，如图 4-13 (b) 所示。

(2) 连接各对应点，如 ad、$1_1 1$、$2_1 2$、…、bc；$a'd'$、$1_1'1'$、$2_1'2'$、…、$b'c'$，得到双曲抛物面各素线的水平投影和正面投影。

(3) 在正面投影上作出与各素线都相切的包络线（该曲线为抛物线），即完成双抛物面的两面投影。如图 4-13 (c) 所示。

双曲抛物面广泛应用于建筑工程中，如殿堂、站台屋面、水渠的过渡面等。

四、柱状面

直母线 AB 沿着两条曲导线运动，且始终平行于导平面 P，所形成的曲面称为柱状面。如图 4-14 所示。画柱状面的投影图时，须先画出两条曲导线的两面投影，然后将投影为直线的两曲导线投影（本例为 H 面投影）分成相同等分（如 6 等分），并求得各等分点的另两面投影，最后连接各对应点即可。

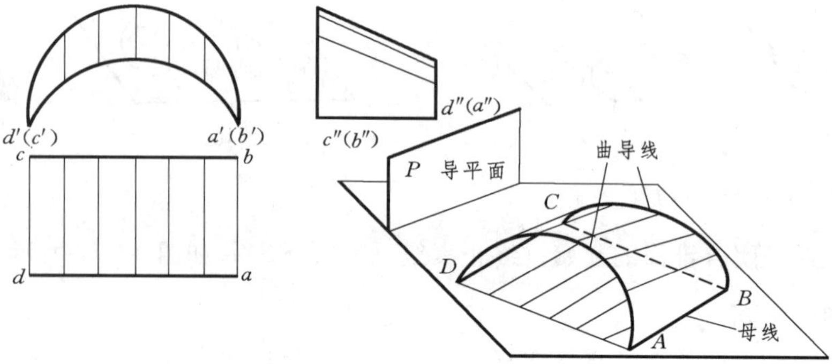

图 4-14 柱状面的形成与投影画法

五、锥状面

直母线 AB 一端沿着直导线运动，另一端沿着曲导线运动，且始终平行于一个导平面，所形成的曲面称为锥状面。如图 4-15 所示。画锥状面的投影图时，须先画出直导线和曲导线的两面投影，然后将投影为直线的曲导线投影（本例为 H 面投影）及直导线在该面的投影分成相同等分（如 8 等分），并求得各等分点的另两面投影，最后连接各对应点即可。

图 4-15 锥状面的形成与投影画法

六、螺旋面的应用

1. 平螺旋面

平螺旋面是由直母线 AO 一端沿着曲导线（螺旋线），另一端沿着直导线（回转轴线），且始终平行于与轴线垂直的导平面运动所形成的曲面，如图 4-16（a）所示。图 4-16（b）为空心圆柱螺旋面的两面投影图。

平螺旋面的作图步骤：

（1）按图 4-3 所示的方法作出圆柱螺旋线及轴线的投影。

(2) 过螺旋线上各等分点分别作水平线与轴线相交。这些水平线均为平螺旋面的素线，如图 4-16 (a) 所示，完成平螺旋面的投影。

2. 螺旋楼梯的画法

已知螺旋楼梯的内外导圆柱面的直径分别为 oa 和 ob，沿螺旋楼梯上行一圈有 12 个踏步，上升高度为 h。试作出该螺旋楼梯（右旋）的两面投影图。

分析：

(1) 在螺旋楼梯的每一级踏步中，踏面均为扇形，踢面为矩形，两端面为圆柱面，底面为平螺旋面，如图 4-17 所示。

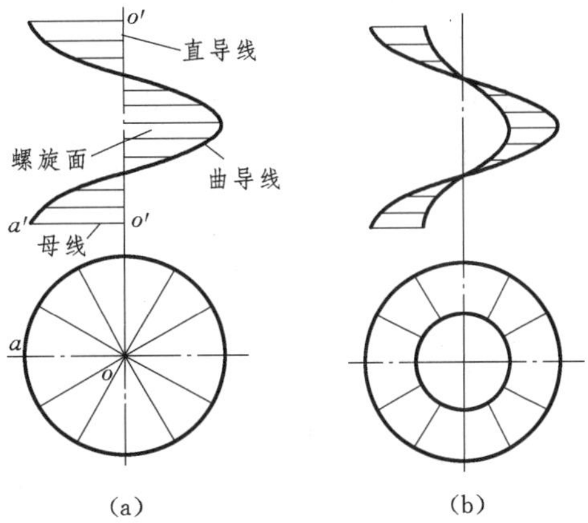

图 4-16 平螺旋面的投影画法

(2) 将螺旋楼梯看成是一个踏步沿着平螺旋面上升而形成，楼梯底板的厚度可认为由底部平螺旋面下降一定的高度（图中表现为“一格”）形成。

(3) 设第一级踏步的扇形踏面四个角点为 $A_1B_1C_1D_1$，踢面为 AA_1B_1B；第二踏步的扇形踏面四个角点为 $A_2B_2C_2D_2$，踢面为 $C_1C_2D_1D_2$，…。

作图步骤：

(1) 根据 4-16 (b) 所示的方法，做出内外半径为 oa、ob 的平螺旋面，如图 4-17 (a) 所示。

(2) 在平螺旋面上，升高一格为楼梯踢面的高度，如图 4-17 (b) 中的 $a'a_1'$、$b'b_1'$。绘制过程中，在螺旋线与水平线的每个交点处都升高一格为各踏步踢面的高度，被平螺旋

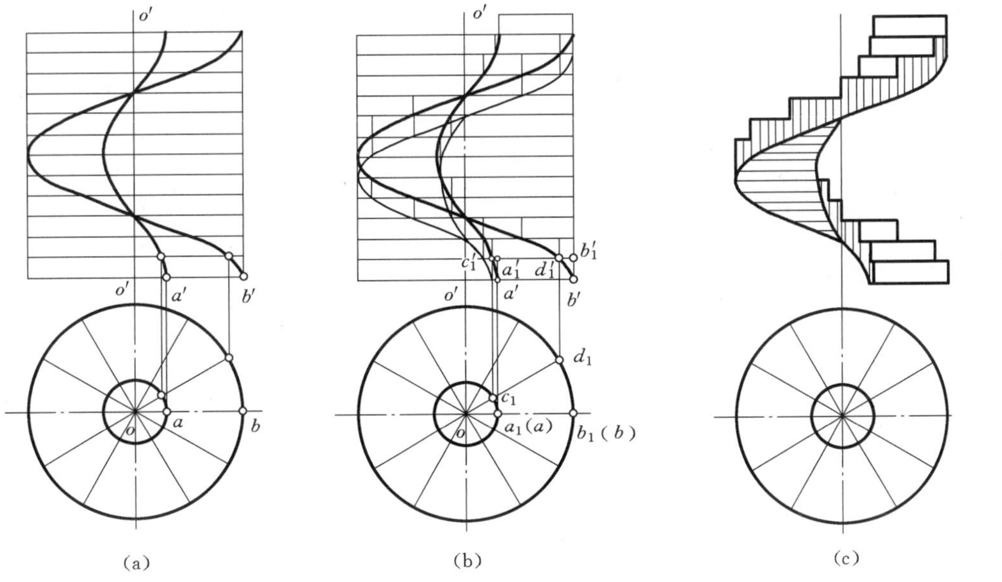

图 4-17 螺旋楼梯的投影画法

面遮挡部分不画。

（3）在平螺旋面下，降低一格为楼梯底板的厚度。绘制过程中，外螺旋线降低上面 3/4 部分，内螺旋线降低下面 3/4 部分。

（4）整理图形，得到如图 4－17（c）所示图形，完成螺旋楼梯的绘制。

第5章　立体的投影

5.1　基本立体

立体表面由若干面组成，表面均为平面的立体称为平面立体，如棱柱、棱锥；表面为曲面或平面与曲面的立体称为曲面立体，如圆柱、圆锥、圆球及圆环等。

一、平面立体的投影及在其表面上取点、取线

由于平面立体的表面均为平面，各表面相交形成棱线，故可将绘制平面立体的投影归结为绘制其各表面的投影，或者归结为绘制各棱线及各顶点的投影，并按它们的可见性，分别用粗实线或虚线表示。

常见的平面立体有棱柱和棱锥两种。棱柱的棱线互相平行，棱锥的棱线交于一点。

（一）棱柱

棱柱由两个全等多边形底面和若干棱面围成。通常可根据底面多边形的边数来区别不同的棱柱体，若底面为三角形，则称为三棱柱。若棱柱的棱面倾斜于底面，则称为斜棱柱；若棱柱的棱面都垂直于底面，则称为直棱柱；底面为正多边形的直棱柱，称为正棱柱。如图5－1所示，为正三棱柱。

1. 棱柱的投影

常见的棱柱有正三棱柱、正四棱柱、正六棱柱等。下面以正三棱柱为例说明棱柱的投影。

（1）确定投影方向。为了更好地利用投影的真实性和积聚性，使正三棱柱的两端面（顶面和底面）平行于水平面，后棱面平行于正面，另外两个棱面垂直于水平面，如图5－2（a）所示。

（2）投影分析。三棱柱的投影特征是：顶面和底面均平行于 H 面，两水平投影重合且反映实形——正三角形，V、W 面上的投影积聚为直线；三个棱面都与 H 面垂直，水平投影积聚为三角形的三条边，后棱面 $ACFD$ 与 V 面平行，其正面投影反映实形，另两棱面均与 V、W 面倾斜，其在 V、W 面上的投影均为类似形，如图5－2（b）所示。

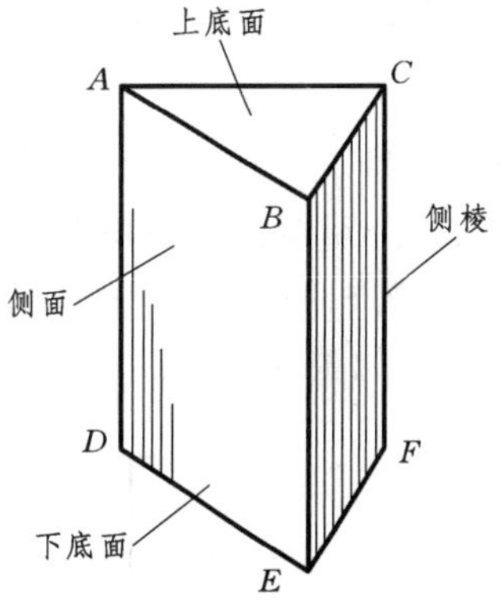

图5－1　正三棱柱

2. 棱柱表面上取点、线

求作平面立体表面上的点、线，必须根据已知投影分析该点、线属于哪个表面，并利用在平面上求作点、线的原理和方法进行作图。

【例5－1】　已知棱柱表面上点 M 的正面投影 m'，求作点 M 的另两面投影 m、m''，

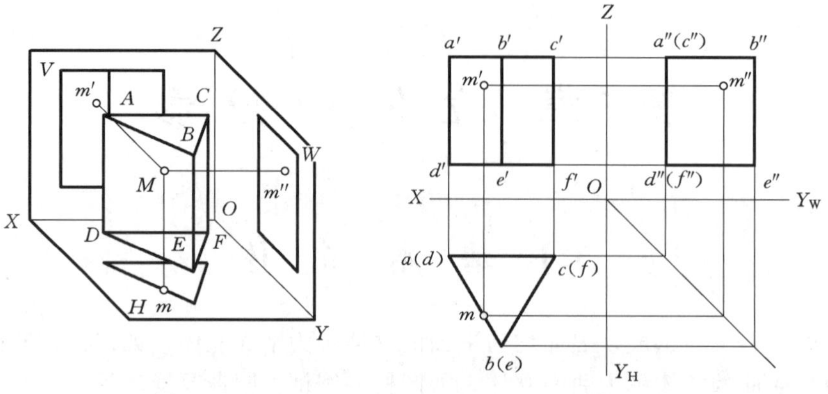

(a)　　　　　　　　　　(b)

图 5-2　正三棱柱的投影及其表面上取点

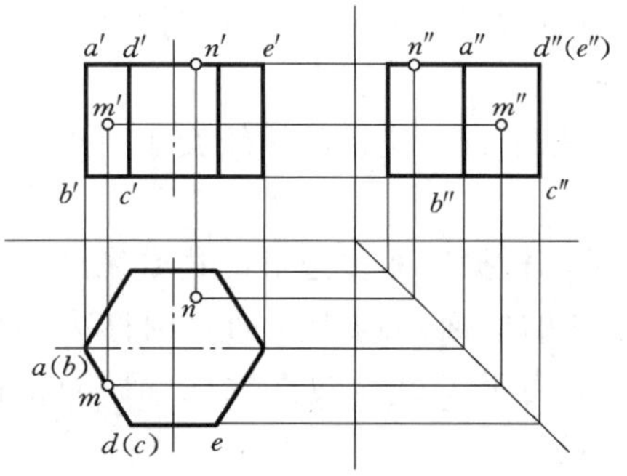

图 5-3　正六棱柱的投影及其表面上取点

如图 5-2（b）所示。

分析作图：由于 m' 可见，因此点 M 一定在棱面 $ABED$ 上，此棱面是铅垂面，其水平投影积聚成直线，点 M 的水平投影 m 必在该直线上，由 m' 和 m 即可求得侧面投影 m''。

【例 5-2】　已知正六棱柱表面上点 M 的正面投影 m'，求作点 M 的另两面投影 m、m''，如图 5-3 所示。

分析作图：由于 m' 可见，因此点 M 一定在棱面 $ABCD$ 上。此棱面是铅垂面，其水平投影积聚成直线，点 M 的水平投影 m 必在该直线上，由 m' 和 m 即可求得侧面投影 m''。又知点 N 的水平投影 n 可见，因此点 N 一定在六棱柱顶面，n'、n'' 分别在顶面的积聚直线上。

【例 5-3】　已知属于三棱柱表面的折线段 ABC 的正面投影，求该折线段的另两面投影。如图 5-4 所示。

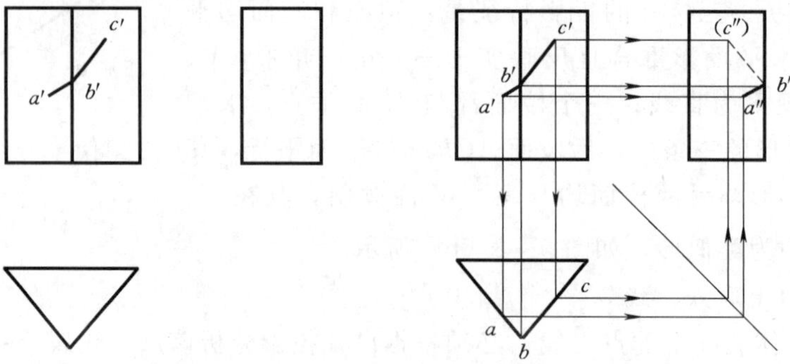

(a)　　　　　　　　　　(b)

图 5-4　三棱柱表面上取线

分析作图：根据题目已知条件，点 A 属于左前棱面，B 属于最前棱线，C 属于右前棱面，可根据面内取点的方法作出 A、B、C 的三面投影，连接各同面投影并判别可见性即为所求。

注意：

（1）棱柱表面都处于特殊位置，其表面上的点可利用平面的积聚性求得。

（2）求解时应注意，同一点的水平投影和侧面投影的 y 值要相等。

（3）点的可见性判断方法：处于可见面上的点为可见点；处于不可见面上的点为不可见点。

（二）棱锥

有一个多边形的底面，所有的棱面都交于锥顶。通常可根据底面多边形的边数来区别不同的棱锥。若棱锥底面为正多边形，且锥顶在底面上的投影与底面的形心重合，称为正棱锥；若锥顶在底面上的投影与底面的形心不重合，则称为斜棱锥，如图 5－5 所示为正三棱锥。

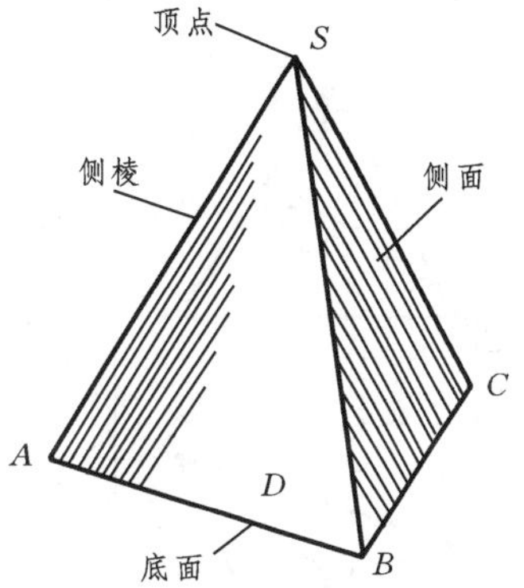

图 5－5　正三棱锥

1. 棱锥的投影

常见的棱锥有三棱锥、四棱锥等。下面以正四棱锥为例说明棱锥的投影。

如图 5－6 所示正四棱锥，其底面 $ABCD$ 为水平面，水平投影反映实形，另两投影积聚为直线；四个侧棱面均为一般位置平面，其三面投影都成类似形；作图时可先画出该棱锥底面的三面投影（应首先作出水平投影），再画出锥顶的三面投影，然后连接锥顶和底面四个顶点的同面投影即可。

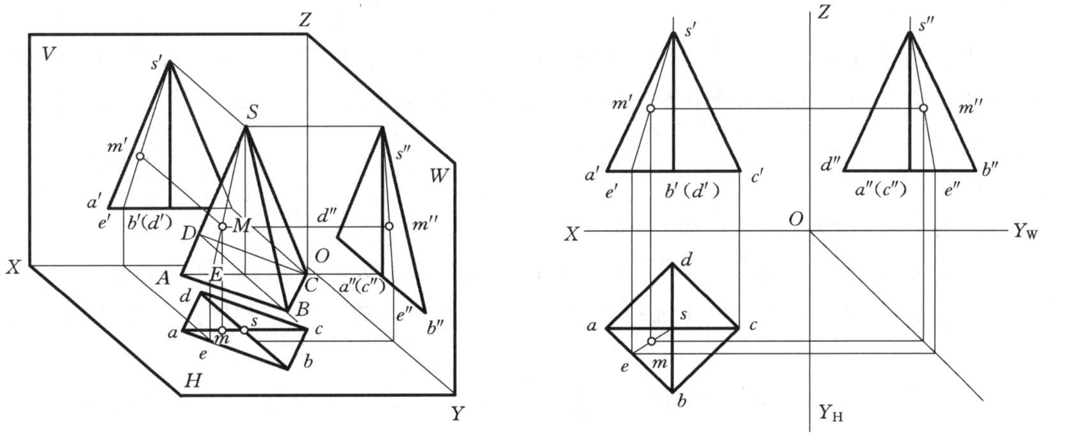

(a)　　(b)

图 5－6　正四棱锥的投影及其表面上取点

2. 棱锥表面上取点、线

在棱锥表面上取点、线，首先要分析点、线所在表面的空间位置。特殊位置表面上的点、线可利用积聚性作图，一般位置表面上的点、线可利用在平面上作辅助直线的方法求作。

【例 5－4】　已知正四棱锥表面上点 M 的正面投影 m'，求作点 M 的其他两投影 m、m''，如图 5－6（b）所示。

分析作图：由于 m' 可见，因此点 M 一定在棱面 $\triangle SAB$ 上。$\triangle SAB$ 是一般位置平面，过点 M 及锥顶点 S 作一条辅助直线 SE，与底边 AB 交于点 E，作出直线 SE 的三面投影。根据点的从属关系，可求出点 M 的另两面投影 m、m''。

【例 5－5】　已知三棱锥的三面投影及其表面上的折线段 MNG 的正面投影，并且 $n'g' /\!/ b'c'$，求该折线段的另两面投影，如图 5－7（a）所示。

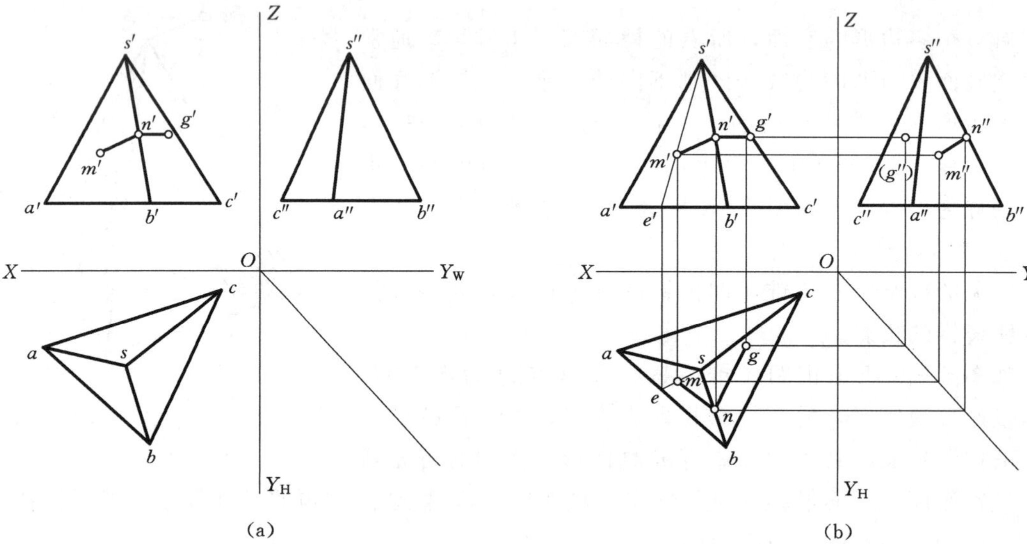

图 5－7　三棱锥表面上取线

分析：三棱锥的三个棱面均为一般位置面，所以面上的 M、G 点采用作辅助直线的方法求作，N 点的投影利用点在棱线 SB 上的从属关系求作。又 $n'g' /\!/ b'c'$，且 NG，BC 同属棱面 $\triangle SBC$，则 $NG /\!/ BC$，易求取 ng。

作图：

（1）由 n' 作投影连接线，得 n，n''。

（2）过 n 作 bc 的平行线，与过 g' 向下引投影连接线交点即为 g，进而得到 g''。

（3）过 m' 作辅助线 SE 的正面投影 $s'e'$，并求出水平投影 se，利用点、线从属关系可求出 m，m''。

（4）判别可见性，采用正确线型连接相应各点的同面投影，结果如图 5－7（b）所示。

二、曲面立体的投影及在其表面上取点、取线

常见的曲面立体有圆柱、圆锥、圆球、圆环等回转体。回转体是由回转面或回转面和平面围成。

回转面是由一条母线（直线或曲线）绕定轴回转而形成的。母线在回转面上的任一位

置称为素线。在一周回转过程中，母线有四个特殊位置，分别为最左素线、最右素线、最前素线和最后素线。另外，在回转过程中，母线上任一点回转一周的轨迹都是圆，其回转半径就是该点到回转轴线的距离，所以当用垂直于轴线的平面剖切回转面时，其表面交线均为圆周。

第 4 章，已对常用回转面及面上取点做了介绍，此处结合实例进一步学习常见曲面立体的投影和表面取点、取线。

（一） 圆柱

圆柱体由圆柱面与上、下两端面围成。圆柱面可看作一条直母线围绕与它平行的轴线回转而成，如图 5－8 所示。

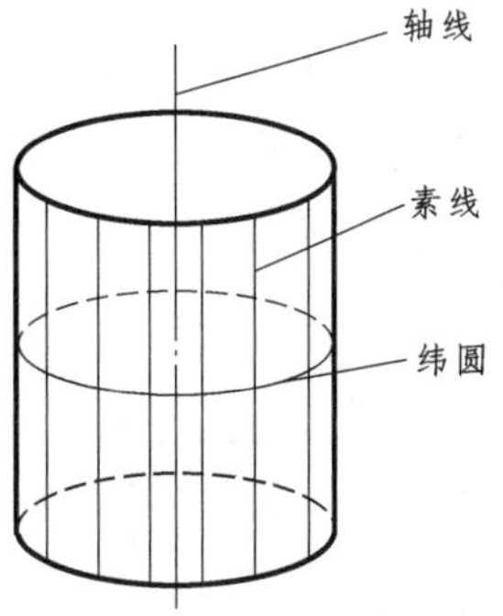

图 5－8 圆柱

1. 圆柱的投影

下面以图 5－9 所示正圆柱体为例来说明圆柱体的投影。

当圆柱轴线垂直于水平面时，圆柱上、下端面的水平投影反映实形，正面和侧面投影积聚成直线。圆柱面的水平投影积聚为一圆周，与两端面的水平投影重合。在正面投影中，前、后两半圆柱面的投影重合为一矩形，矩形的两条竖线 $a'a'_1$、$b'b'_1$ 分别是圆柱面最左、最右素线 AA_1、BB_1 的正面投影，AA_1、BB_1 也是圆柱面前、后分界的转向轮廓线。在侧面投影中，左、右两半圆柱面的投影重合为一矩形，矩形的两条竖线 $c''c''_1$、$d''d''_1$ 分别是圆柱面最前、最后素线 CC_1、DD_1 的侧面投影，CC_1、DD_1 也是圆柱面左、右分界的转向轮廓线。

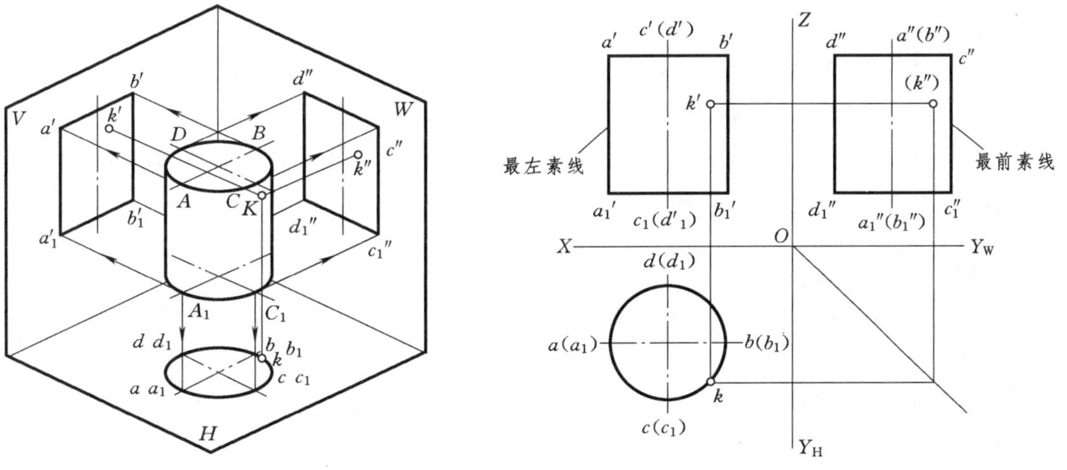

(a) (b)

图 5－9 圆柱的投影及其表面上取点

注意：转向轮廓线（特殊素线）只表现在对应投影上，在其他投影中不必绘制。如上例中，$a'a'_1$、$b'b'_1$（表示圆柱面前、后分界的转向轮廓线）仅表现在正面投影上，在水平及侧面投影中均未绘制；$c''c''_1$、$d''d''_1$ 所表示的圆柱面左、右分界的转向轮廓线，也仅表现在侧面投影上。

2. 在圆柱表面上取点、取线

在圆柱表面上取点、取线，首先要分析点、线所在表面的空间位置，然后利用点、线所在面的积聚性求得点、线的其余投影。

【例 5-6】　已知圆柱面上点 K 的正面投影 k'，求作点 K 的另两面投影，如图 5-9（b）所示。

分析作图：因为 k' 可见，所以点 K 必在前半圆柱面的右边。圆柱面的水平投影是一个有积聚性的圆周，点 K 的水平面投影一定积聚在该圆周上，由点的投影规律可求得 k 和 k''。

【例 5-7】　已知圆柱面上的线段 AB 的正面投影 $a'b'$，求其另两面投影，如图 5-10 所示。

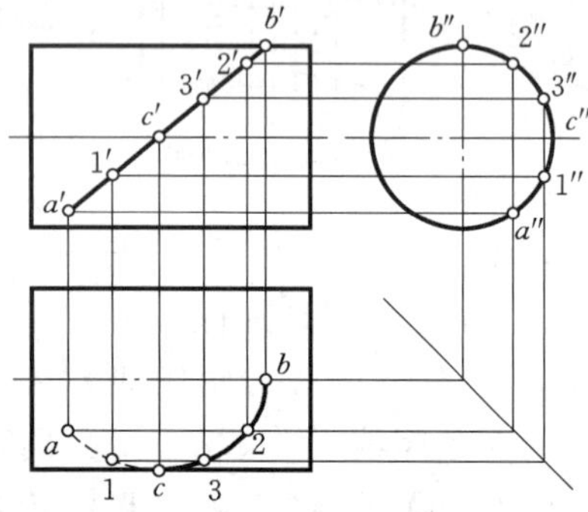

图 5-10　圆柱表面取线

（1）分析。

1）由于圆柱的轴线垂直于侧面，所以圆柱面侧面投影积聚为圆，正面投影、水平投影均为矩形。

2）线段 AB 是圆柱面上的一段曲线。求曲线投影的方法是画出曲线上诸如端点、分界点等特殊位置点及适当数量的一般位置点，并把它们光滑连接即可。

（2）作图。

1）求端点 A 和 B 的投影。利用积聚性，求得侧面投影 a''、b''，再根据投影关系求出 a、b。

2）求曲线在特殊素线上的点 C 的投影。点 C 在最前素线上，根据其投影位置，可求出点 C 的侧面投影 c''和水平投影 c。

3）求适当数量的中间点。在 $a'b'$ 上取点 $1'$、$2'$、$3'$，然后求其侧面的投影 $1''$、$2''$、$3''$，再根据投影关系求出水平投影 1、2、3。

4）判别可见性并连线。c 点为水平投影可见与不可见的分界点，曲线的水平投影 $c32b$ 为不可见，画成虚线，$a1c$ 为可见，画成实线。

（二）圆锥

圆锥体由圆锥面和底面围成。圆锥面可看作由一条直母线绕与它斜交的轴线回转而成，如图 5-11 所示。

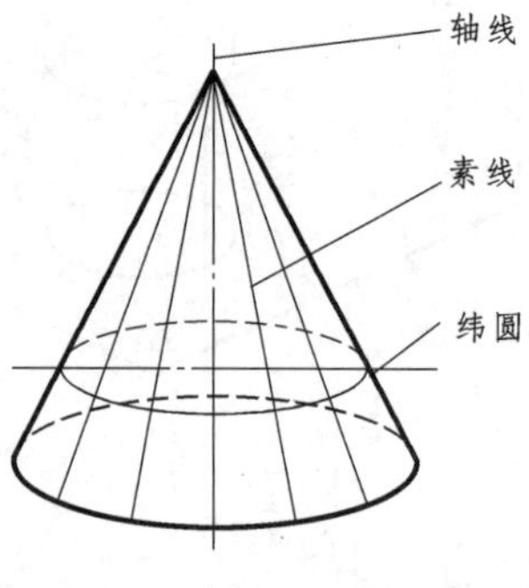

图 5-11　圆锥

1. 圆锥的投影

下面以图 5-12 所示正圆锥体为例来说明圆锥体的投影。

当圆锥轴线垂直于水平面时，锥底面平行于水平面，水平投影反映实形，正面和侧面投影积聚成直线。圆锥面的三面投影都没有积聚性，其水平投影与底面的水平投影重合，全部可见。正面投影由前、后两个半圆锥面的投影重合为一等腰三角形，三角形的两腰分别是圆锥最左、最右素线的投影，也是圆锥面前、后分界的转向轮廓线。圆锥的侧面投影由左、右两半圆锥面的投影重合为一等腰三角形，三角形的两腰分别是圆锥最前、最后素线的投影，也是圆锥面左、右分界的转向轮廓线。

注意：转向轮廓线（特殊素线）只表现在对应投影上，在其他投影中不必绘制。如图5-12所示，$s'a'$、$s'b'$仅表现在正面投影上；$s''c''$、$s''d''$仅表现在侧面投影上。

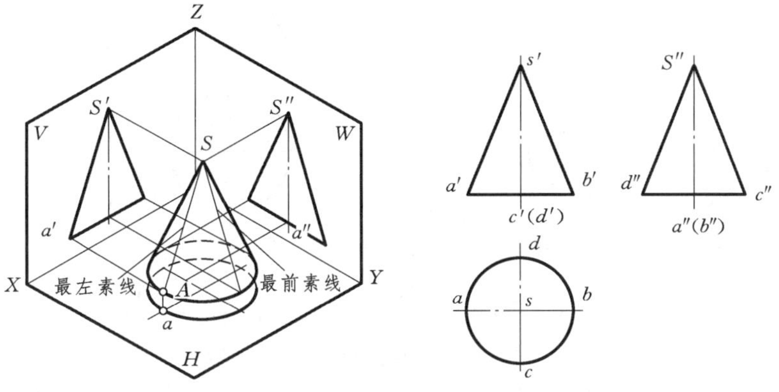

(a) (b)

图5-12 圆锥的投影

2. 在圆锥表面上取点、取线

在圆锥表面上取点、取线，首先要分析点、线所在表面的空间位置，然后通过在圆锥表面作辅助线（素线或纬圆）的方法求得其余投影，这是由于圆锥面的三个投影都没有积聚性，因此圆锥表面上点、线的投影不能利用积聚性直接求得。

【例5-8】 已知圆锥面上M点的正面投影m'，求作它的水平投影m和侧面投影m''，如图5-13所示。

辅助素线法：如图5-13（a）所示，过锥顶S和M作一直素线并延长至与底面交于点A。点M的各面投影必在SA的相应投影上。在图5-13（b）中过m'作$s'a'$，然后求出其水平投影sa。由于点M属于直线SA，根据点在直线上的从属性质可知m必在sa上，求出水平投影m，再根据m、m'求出m''。

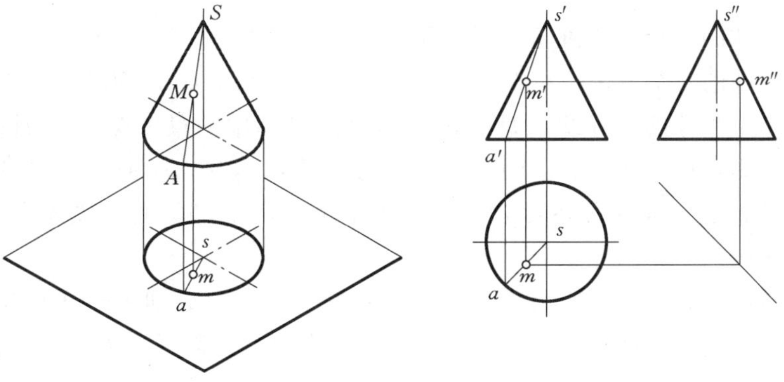

(a) (b)

图5-13 圆锥表面上取点（辅助素线法）

【例5-9】 已知圆锥面上M点的正面投影m'，求作它的水平投影m和侧面投影m''，如图5-14所示。

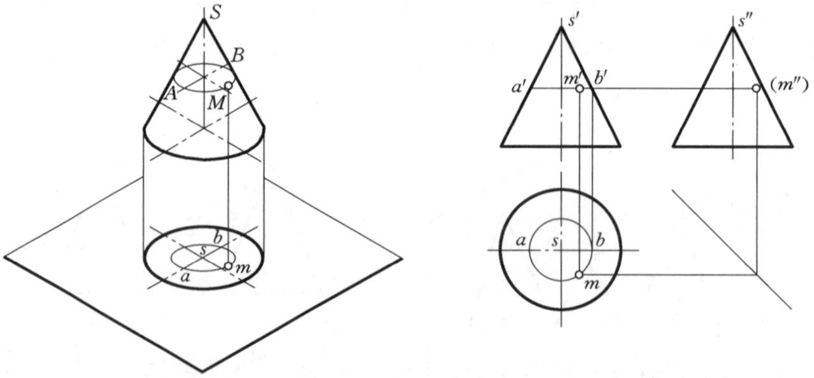

(a)　　　　　　　　　　　　(b)

图 5-14　圆锥表面上取点（辅助圆法）

辅助圆法：如图 5-14（a）所示，过圆锥面上点 M 作一垂直于圆锥轴线的辅助圆（纬圆）。在图 5-14（b）中过 m' 做水平线 $a'b'$（a'、b' 分别为与最左、最右素线的交点），直线段 $a'b'$ 即为纬圆的正面投影，取此线段一半长度为半径，在水平投影中画底面轮廓圆的同心圆（此圆即是该纬圆的水平投影），利用点 M 的各面投影必在纬圆的同面投影上求出 m 和 m''。根据点 M 的位置判别各投影的可见性。

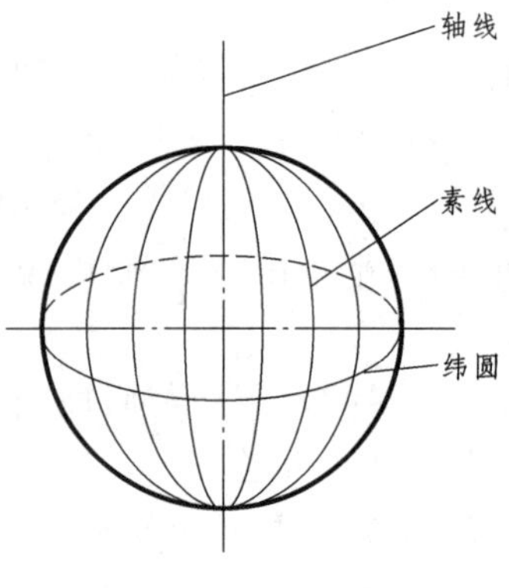

图 5-15　圆球

注意：在画纬圆时，半径是从中心线到轮廓素线，而不是从中心线到点的投影。

（三）圆球

圆球体由球面围成。圆球体的表面可看作由一条圆母线 M，以其直径为轴线旋转而成，如图 5-15 所示。

1. 圆球的投影

如图 5-16 所示，圆球的三面投影均为大小相等的圆，圆的直径等于圆球的直径，是圆球上平行于相应投影面的三个不同位置的最大轮廓圆，而不是球面上同一圆的三个投影。图 5-16（b）中，a' 为圆球对 V 面的转向轮廓线的投影，A 也即前、后两个半球的分界线，是圆球中所有正平圆中的最大圆；b 为圆球对 H 面的转向轮廓线的投影，B 也即上、下两个半球的分界线，是圆球中所有水平圆中的最大圆；c'' 为圆球对 W 面的转向轮廓线的投影，C 也即上、下两个半球的分界线，是圆球中所有侧平圆中的最大圆。

注意：各转向轮廓线（即平行于各投影面的最大圆）只分别表现在相应的投影图上，在其他投影中不必绘制。如上例中，a'、b、c'' 分别表现在正面、水平和侧面投影上。

2. 在圆球表面上取点、线

【例 5-10】　已知圆球表面上 A 点和 B 点的正面投影 a'、b'，求其余投影，图 5-17（a）所示。

分析作图：根据已知条件，可知 A 属于最大正平圆，且位于上半、左半球面上，其水平投影和侧面投影均可见，利用点、线的从属关系，在最大正平圆的水平投影和侧面投

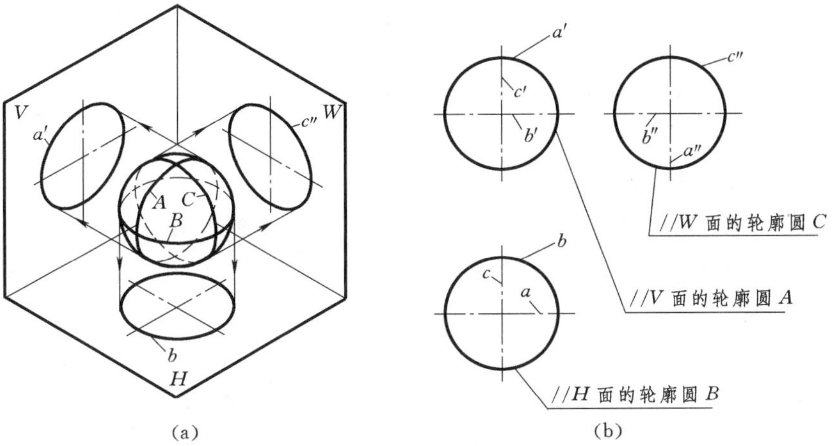

图 5-16 圆球的投影

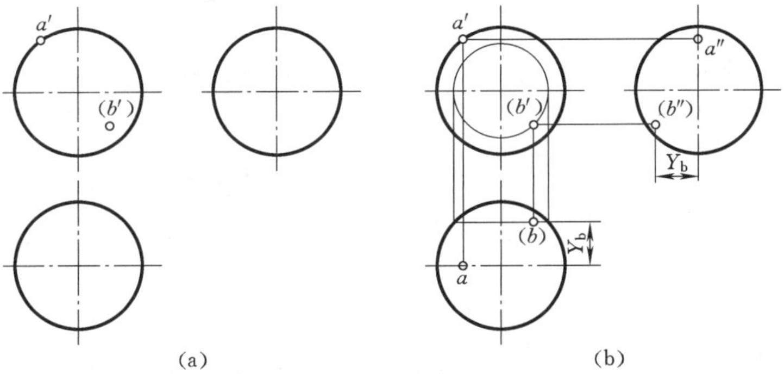

图 5-17 在圆球表面上取点

影上，分别求得 a 和 a''；B 在后半、右半、下半球面上，其水平投影和侧面投影均不可见。过 b' 作正平辅助圆的正面投影和水平投影，利用 B 属于正平辅助圆和点的投影规律可求出 b 和 b''，如图 5-17（b）所示。

5.2 平面与立体相交

平面与立体相交，可视为立体被平面所截，该平面称为截平面，截平面与立体表面的交线称为截交线，截交线所围成的平面图形称为截断面或截面，被截断后的立体称为截断体，如图 5-18 所示。

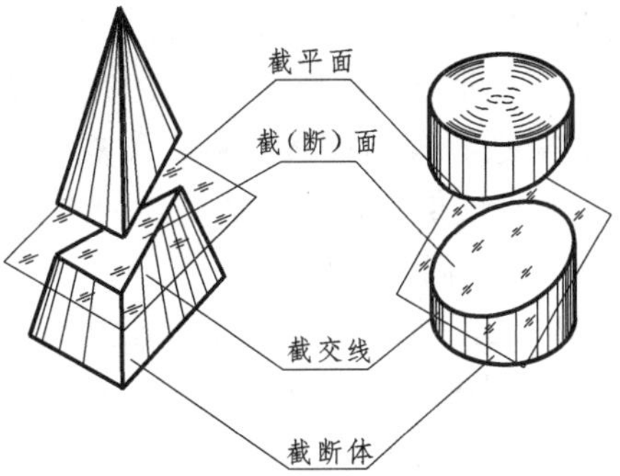

图 5-18 平面与立体相交

立体形状不同或截平面与同一立体的相对位置不同，截交线的形状也不同，但任何截交线都具有下列两个基本性质：

（1）由于立体表面处在一定的空间范围内，因此截交线一般是封闭的平面图形。

（2）截交线是截平面与立体表面的共有线，其上所有点都是截平面与立体表面的共有点。

根据上述性质，求出截平面与立体表面一系列共有点，再按相应顺序，根据可见性采用正确线型，依次连接各共有点，即可得截交线。

下面分别介绍平面立体和曲面立体截交线的画法。

一、平面与平面立体相交

平面与平面立体相交，截交线是由直线段围成的平面多边形。如图 5－19（a）中的Ⅰ—Ⅱ—Ⅲ，该多边形的顶点是截平面 P 与三棱锥各棱线的交点，各边是截平面 P 与三棱锥各棱面的交线。

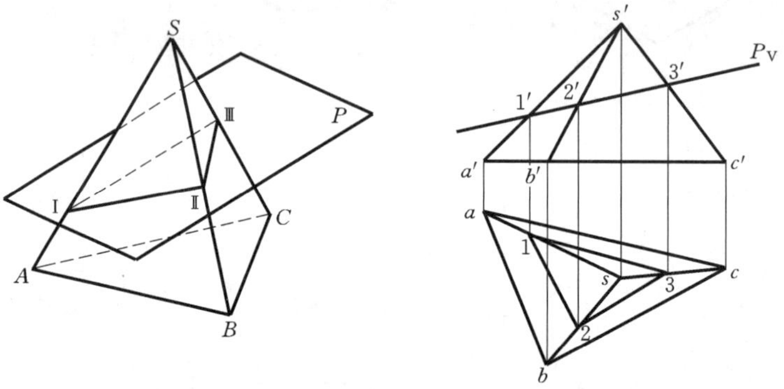

(a)　　(b)

图 5－19　平面立体的截交线

求解平面与平面立体的截交线问题，可归结为：求平面与平面立体各表面的交线（面面相交）的集合，或归结为求平面与平面立体各棱线的交点（线面相交）的集合。

截平面可以是一般位置平面，也可以是特殊位置平面。下面仅讨论特殊位置截平面与平面立体相交。

当截平面处于特殊位置时，截平面具有积聚性的投影必然与截交线在该投影面上的投影重合，即截交线已具有已知的投影，因此可以利用该已知投影作出其他投影。

【例 5－11】　如图 5－19 所示，求正垂面与三棱锥的截交线。

分析作图：截平面 P 是正垂面，它的正面投影有积聚性（图中 P_V），因此截交线的正面投影积聚在 P_V 上；又Ⅰ、Ⅱ、Ⅲ点分别位于 SA、SB、SC 上，可直接求得Ⅰ、Ⅱ、Ⅲ的正面投影 1′、2′、3′，再过 1′、2′、3′向下引投影连接线，与 sa、sb、sc 相交，得到Ⅰ、Ⅱ、Ⅲ的水平投影 1、2、3。连接各交点的水平投影，并判断可见性，即为所求。三棱锥各棱面 H 投影皆可见，故截交线水平投影为可见。

通过该例概括出求截交线的步骤：

（1）空间及投影分析。

1）截平面与平面体的相对位置；

2）截平面与投影面的相对位置。

（2）绘制截交线的投影。

1）分别求出截平面与各表面的交线或截平面与各棱线的交点。

2）可见性的判别：若截交线所在的立体表面的投影为可见，则截交线的投影为可见，反之为不可见。

3）连线：根据可见性，采用正确线型，将各交点连接为多边形。注意：只有位于立体的同一棱面，同时又位于同一截平面上的点，才能相连。

当立体连续被两个或两个以上的截平面截切时，可在立体上形成切口或穿孔，如图5-20和图5-21所示。

【例5-12】 如图5-20所示，为一带切口的正三棱锥，已知正面投影，求其另两面投影。

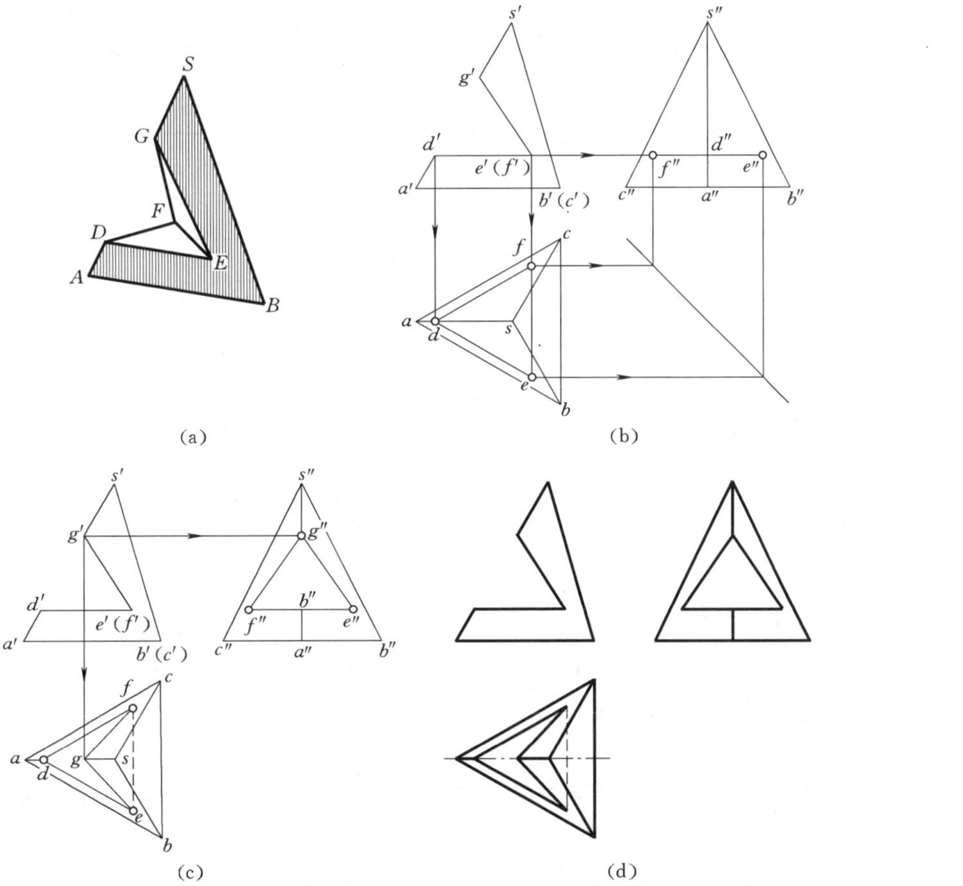

图5-20 切口三棱锥的投影

分析：该正三棱锥的切口是由相交的水平面和正垂面切割而成，切口的正面投影具有积聚性。水平截面与三棱锥的底面平行，因此它与棱面△SAB和△SAC的交线DE、DF必分别平行于底边AB和AC。由于两个截平面都垂直于正面，所以两截平面的交线一定是正垂线。

(1) 根据d'属于$s'a'$，作出d，过d分别作ab、ac的平行线，再由e'、(f')，在两条平行线上分别作出e和f，进而可求出d''、e''、f''，如图5-20 (b) 所示。

(2) 由g'属于$s'a'$可求得g、g''，如图5-20 (c) 所示。

（3）分别连接相应各点的同面投影，并判断可见性，如图 5－20（c）所示。

（4）整理轮廓线并描深，如图 5－20（d）所示。

【例 5－13】 如图 5－21（a）所示，已知带缺口三棱柱的 V、H 面投影轮廓，补全三棱柱的 H、W 面投影。

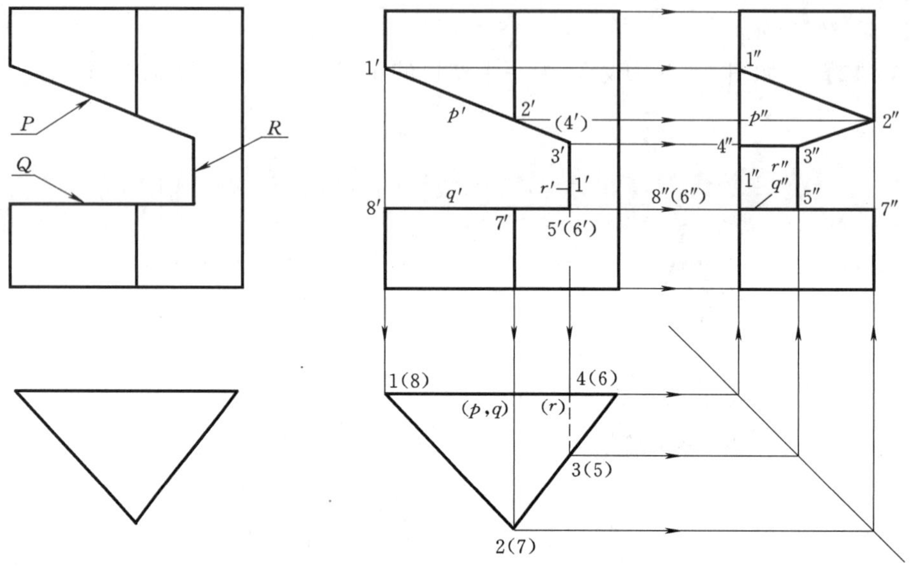

图 5－21 求带缺口的三棱柱的三面投影

（a）已知条件；（b）作图

分析：如图 5－21（b）所示。

截平面 P、Q、R 的正面投影都具有积聚性，三棱柱各棱面的水平投影都具有积聚性，利用此积聚性，截交线的 V 面投影可从图上直接求得，截交线上各定点的 H 面投影均积聚在三棱柱棱面的 H 面投影上（也就是三角形各边上）。

作图：

（1）将各截平面图形的顶点编号。P 平面截交线上各点为 1、2、3、4，R 平面截交线上各点为 3、4、5、6，Q 平面截交线上各点为 5、6、7、8。

（2）各交点向 H 面投影引投影连接线，得到各交点的 H 面投影。

（3）由 H、V 面投影向 W 面投影引投影连接线，得各交点的 W 面投影。

（4）判断可见性并连接各相关交点的同面投影。

【例 5－14】 如图 5－22 所示，绘制带方槽四棱台的三面投影图。

分析：四棱锥被平行于底面的截平面截切，截平面与底面之间的部分为四棱台。四棱台上部的方槽由两个侧平面和一个水平面切割而成，两侧平截面的正面和水平投影有积聚性；水平截面的正面和侧面投影有积聚性。

作图：

（1）首先做出四棱台的三面投影，如图 5－22（b）所示。

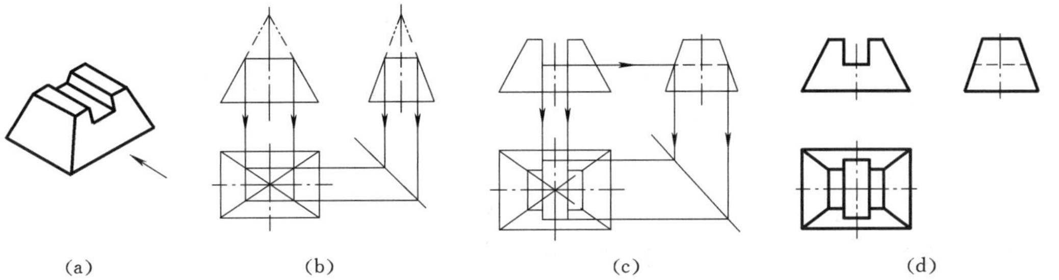

图 5－22 带方槽的四棱台三视图的作图

(2) 利用四个棱面及三个截平面在相应投影面上的积聚性作出槽口的三面投影，如图 5－22 (c) 所示。

(3) 整理轮廓线并描深，如图 5－22 (d) 所示。

二、平面与曲面立体相交

平面与曲面立体相交，一般情况下，截交线是由曲线围成，或者由曲线与直线围成，或者由直线段围成的封闭线框。截交线是截平面与曲面立体表面共有点的集合，在作图时，只需要作出截交线上直线段的端点和曲线段上若干点的投影，并连成直线和光滑曲线，便可得到截交线的投影。

为了比较准确地求得截交线的投影，一般要求作出截交线上特殊点的投影，如最高、最低点，最前、最后点，最左、最右点，可见与不可见的分界点，截交线本身固有的特殊点（如椭圆长、短轴的端点，抛物线的顶点等）。

截交线的共有点一般可用表面取点法求出。当曲表面不具有积聚性时，表面取点的方法主要采用两种：辅助素线法和辅助平面法。

1. 辅助素线法

此种方法适合于素线为直线的圆锥等回转体。在曲面立体表面上取若干素线，分别求出各素线与截平面的交点，即为截交线上的点。如图 5－23 (a) 所示，素线 SA、SB、SC 与截平面 P 的交点Ⅰ、Ⅱ、Ⅲ是锥面与截平面的共有点，所以是截交线上的点。

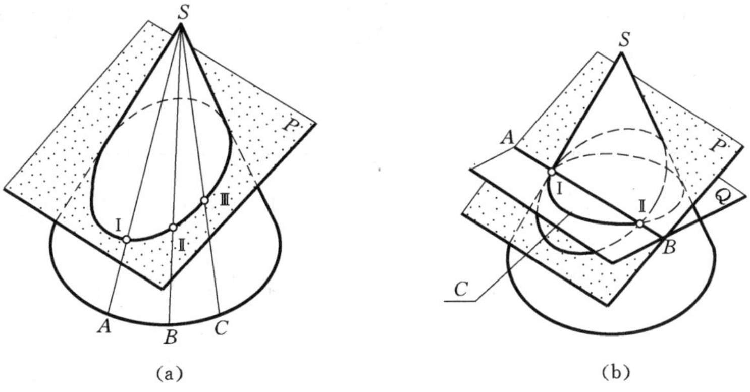

图 5－23

2. 辅助平面法（即纬圆法）

在曲面立体表面（一般为回转面）上作出若干平行于投影面的纬圆（各纬圆都应与截平面相交），分别求出各纬圆与截平面的交点，即为截交线上的点。如图 5－23（b）所示，辅助平面 Q 与圆锥面的交线 C 为一水平圆（水平纬圆），该纬圆与截平面 P 的交点Ⅰ和Ⅱ即为截交线上的点。

用光滑曲线连接各共有点并判断可见性即得到截交线。

下面介绍平面与常见回转体的相交问题。

（一）平面与圆柱体相交

根据截平面与圆柱轴线相对位置的不同，圆柱的截交线有三种情况，见表 5－1。

1. 截平面平行于圆柱轴线的截交线

如表 5－1 所示，当截平面平行于圆柱轴线时，平面与圆柱面的截交线为两平行直线，连同底面交线为一矩形。因截平面与正面平行，所以截交线的正面投影反映矩形的实形，截交线的水平投影积聚成水平方向直线，侧面投影积聚成铅垂方向直线。

截平面与圆柱轴线垂直的情况比较简单，可通过下面的例题来学习，这里不再单独讨论。

表 5－1　　　　**平面与圆柱面的交线**

截平面位置	平行于圆柱轴线	垂直于圆柱轴线	倾斜于圆柱轴线
轴测图	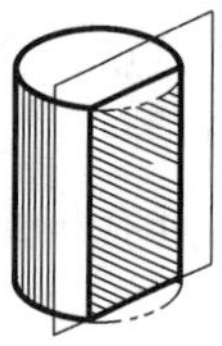	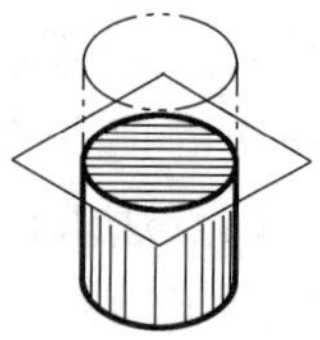	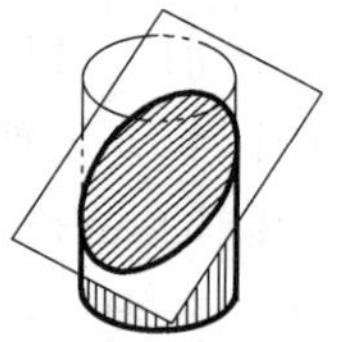
投影图	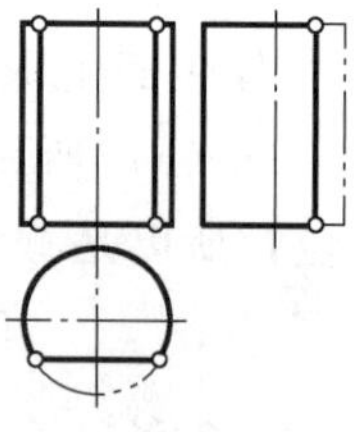	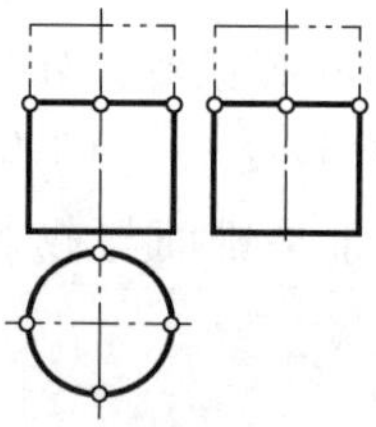	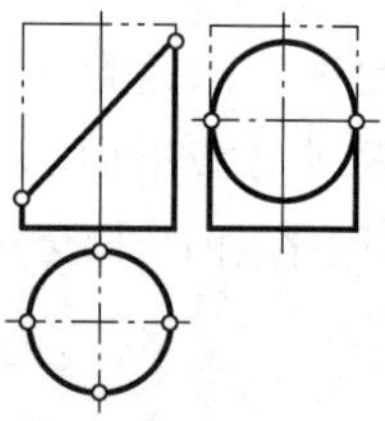
截交线	两平行直线	圆	椭圆
断面	矩形	圆	椭圆

【例 5－15】　如图 5－24 所示，已知圆柱上部有一槽口，并知其 V、H 面投影，试求 W 面投影。

分析：本例中，圆柱开槽实际上是由两个平行于轴线的侧平面和一个垂直于轴线的水平面截切形成。在正面投影中，槽口的投影积聚为三条直线；水平投影中，槽口两侧面的投影积聚为两条直线，槽底面为带两段圆弧的平面图形（反映槽地面的真实形状）；由于此截割体左、右对称，前、后也对称，本例仅绘制水平截断面 $BDEF$ 和处于右侧的侧平截断面 $ABCD$。

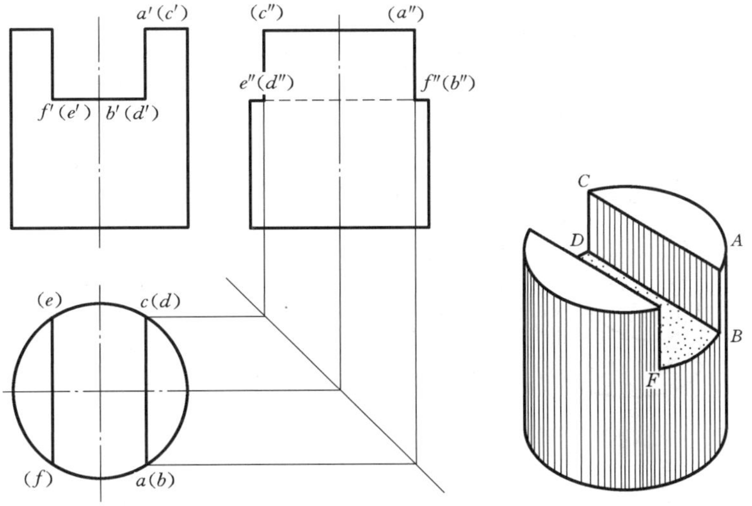

图 5-24 圆柱切槽部位的截交线

作图：如图 5-24 所示。

（1）由于侧平截断面 $ABCD$ 的正面投影、水平投影均是一条垂直的直线，易确定正面投影为 $a'b'$（d'）（c'），水平投影为 a（b）（d）c。

（2）根据点的投影规律，可求出侧面投影（a''）（b''）（d''）（c''）。

（3）同理可求出水平截断面 $BDEF$ 的正面投影为水平线 b'（d'）（e'）f'，水平投影为反映实形的平面图形（b）（d）（e）（f），侧面投影为直线（b''）（d''）$e''f''$。

（4）整理轮廓线。圆柱的 W 面转向轮廓线的槽口部分已被切掉，侧面投影中不能画出。

图 5-24 所示圆柱的切口不在正中，或者圆柱是空心圆柱等情况，读者可自行分析。

2. 截平面倾斜于圆柱轴线的截交线

如表 5-1 所示，当截平面倾斜于圆柱轴线时，截平面与圆柱面的截交线为椭圆。该椭圆的正面投影积聚为一倾斜直线，水平投影积聚在圆周上，只有侧面投影仍为椭圆（为截交线椭圆的类似形）。由于截交线椭圆有两个投影具有积聚性，即截交线有两个投影为已知，所以可求出截交线的第三面投影。

【例 5-16】 已知圆柱上部被一正垂面斜截，求截断体的投影，如图 5-25 所示。

分析：圆柱被正垂面截切，其截交线是一个椭圆。截交线的正面投影积聚为一倾斜直线；因截交线椭圆属于圆柱表面，所以其水平投影积聚在圆周上；只需求出截交线的侧面投影。本题利用积聚性原理，采用面上取点的方法进行求解。

作图：

（1）求特殊点。截交线的最低点Ⅰ、最高点Ⅴ、最前点Ⅲ和最后点Ⅶ均是椭圆的轴端点，它们的正面投影 $1'$、$5'$、$3'$、（$7'$）可直接求出，水平投影 1、5、3、7 和侧面投影 $1''$、$5''$、$3''$、$7''$按点从属于线的关系求出，如图 5-25（b）所示。

（2）求一般点。为使作图准确，取适当数量（本题为 4 个）的一般点Ⅱ、Ⅳ、Ⅵ、

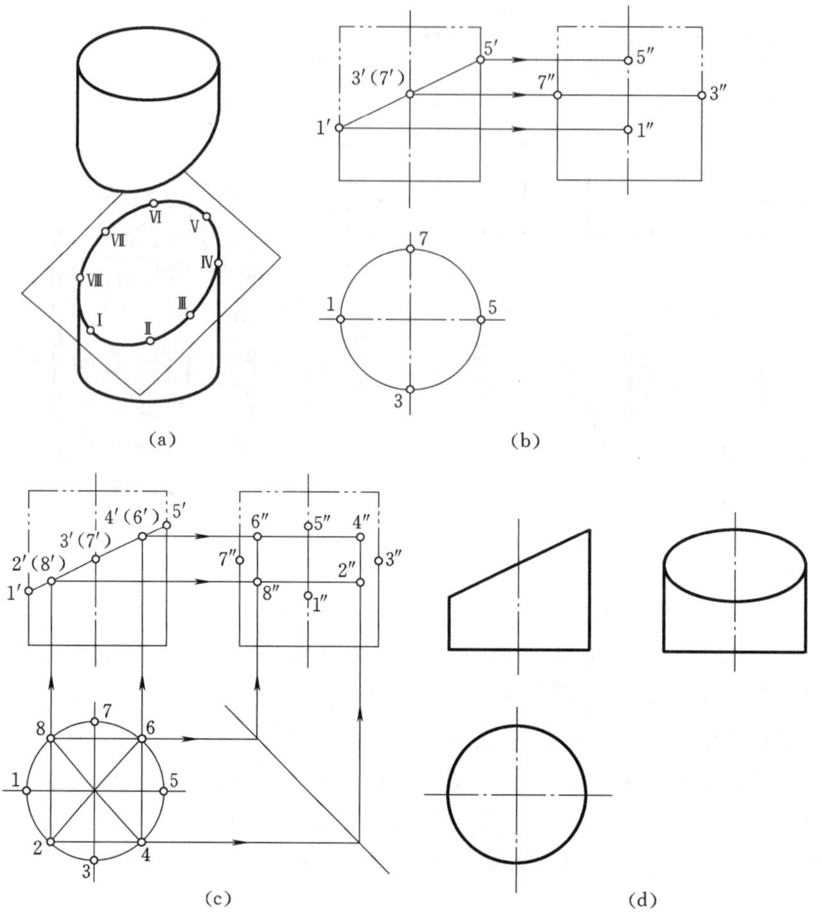

图 5-25　斜切圆柱的截交线

Ⅷ，可使此 4 点与已求 4 个特殊点将圆柱面的水平投影（圆周）8 等分，作出点的水平投影 2、4、6、8，再利用积聚性求出正面投影 2′、4′、(6′)、(8′)，最后得到侧面投影 2″、4″、6″、8″，如图 5-25（c）所示。

（3）判别可见性并用光滑曲线依次连接相应各点的侧面投影，如图 5-25（d）所示。

（4）整理轮廓线。

如果上题中的截平面与圆柱轴线的夹角为 45°，则圆柱表面的截交线侧面投影是一个圆（椭圆长轴与短轴相等）。

【例 5-17】　已知圆柱被截切后的正面投影，完成另外两面投影，如图 5-26 所示。

分析：圆柱分别被侧平面 P、水平面 N 及正垂面 M 截切，所产生的截交线在正面投影均积聚为直线；侧平面 P 和正垂面 M 截切圆柱产生的截交线侧面投影积聚在圆周上；水平面 N 截切圆柱产生的截交线侧面投影积聚为直线（图中虚线）。本题关键是作出截交线的水平投影。本题利用积聚性原理，采用面上取点的方法求解。

作图：

（1）求特殊点。分别求出最前点Ⅰ、最后点Ⅲ、最高点Ⅱ及最低点Ⅳ、Ⅴ的各面投影。

（2）求一般点。取一般位置点Ⅵ、Ⅶ，并求出其各投影。

（3）判别可见性，并用光滑曲线依次连接相应各点的同面投影。

（4）整理轮廓线。

注意：由于截平面 N 位置低于圆柱轴线，所以该处水平投影出现向圆柱轴线“收缩”的现象。

（二）平面与圆锥相交

平面截切圆锥时，根据截平面与圆锥轴线相对位置的不同，其截交线有圆、椭圆、抛物线、双曲线和直线等5种情况，如表5-2所示。

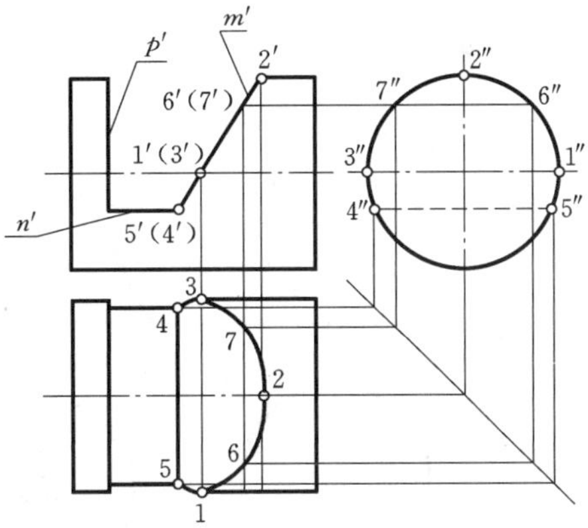

图5-26 圆柱切割体投影

表5-2 **平面与圆锥面的交线**

	垂直于圆锥轴线 $\theta=90$	倾斜于轴线，与所有素线相交 $\theta>\alpha$	倾斜于轴线，平行于一条素线 $\theta=\alpha$	平行于两条素线 （$\theta=0$ 或 $\theta<\alpha$）	通过锥顶
截平面位置	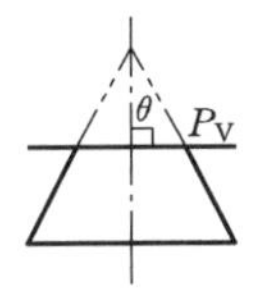	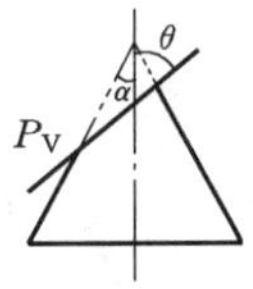	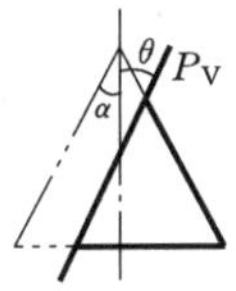	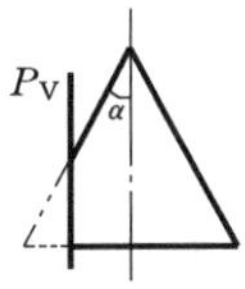	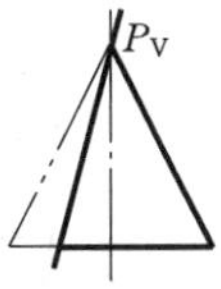
轴测图	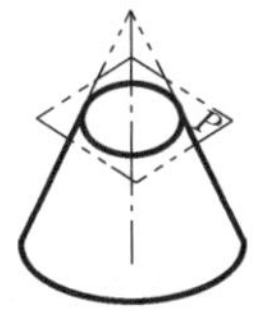	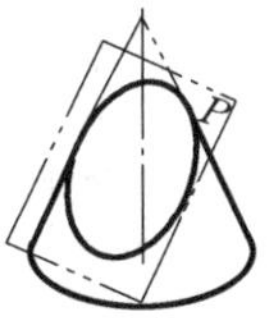	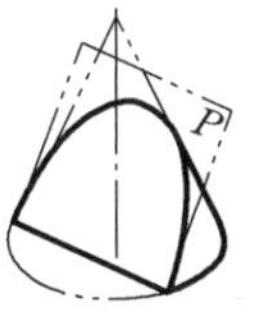	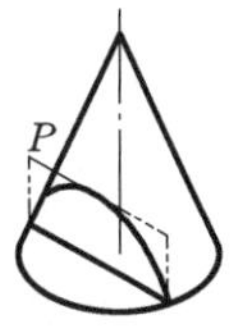	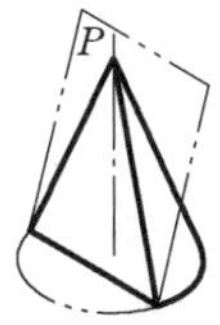
投影图	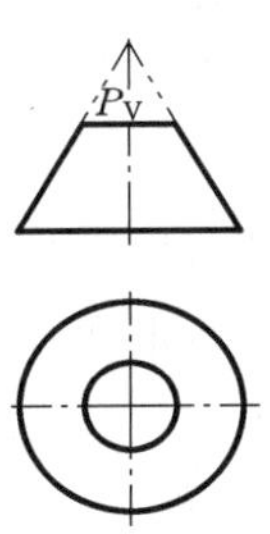	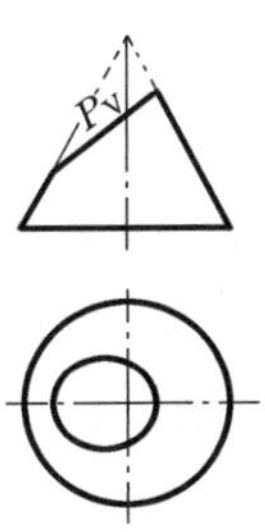	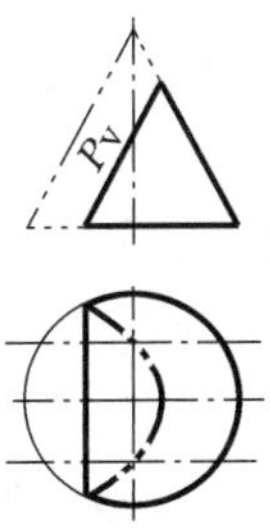	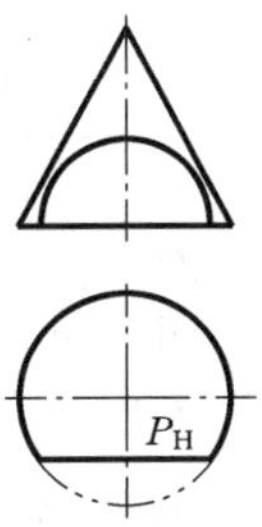	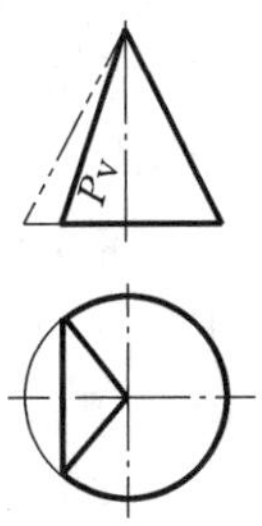
截交线	圆	椭圆	抛物线	双曲线	两条相交直线
断面	圆	椭圆	抛物线和直线组成的封闭的平面图形	双曲线和直线组成的封闭的平面图形	三角形

由于圆锥面在各个投影面上的投影均无积聚性，在求作截交线时，根据截平面与投影面或圆锥相对位置的不同，可采用在圆锥面上作辅助素线或辅助平面（纬圆）的方法进行

求解。

【例 5-18】　已知圆锥被截切后的正面投影，求其另外两面投影，如图 5-27 所示。

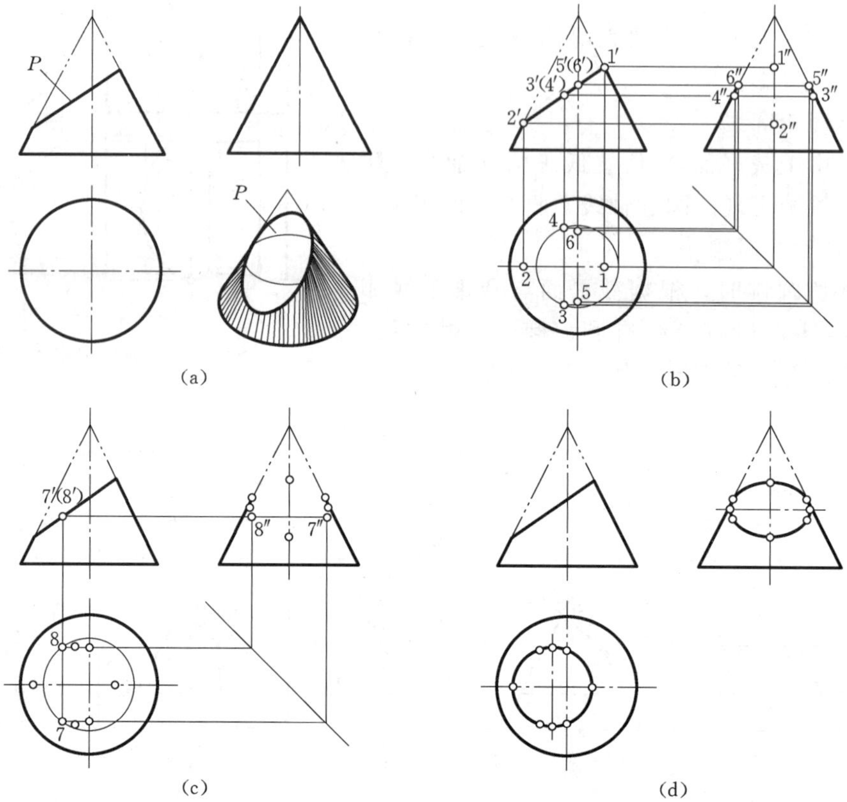

图 5-27　作圆锥截交线（椭圆）的投影

分析：由于截平面 P 与圆锥轴线斜交，且 $\theta>\alpha$，所以截交线为一椭圆。椭圆的长轴为Ⅰ—Ⅱ，短轴为Ⅲ—Ⅳ。又因 P 为正垂面，故截交线的正面投影积聚为一直线段。用圆锥面上取点的方法，可求出截交线的水平投影和侧面投影图，如图 5-27（b）所示。

作图：

（1）求特殊点。轮廓素线上的点Ⅰ、Ⅱ、Ⅴ、Ⅵ的正面投影、侧面投影和水平投影可直接求出。椭圆短轴的端点Ⅲ、Ⅳ的正面投影 $3'$（$4'$）在长轴Ⅰ—Ⅱ的正面投影 $1'$—$2'$的中点处，用辅助圆法可求出 3、4 和 $3''$、$4''$，如图 5-27（b）所示。

（2）求一般点。利用辅助圆法，作出椭圆上若干一般点，如 7、8 及 $7''$、$8''$，如图 5-27（c）所示。

（3）判别可见性，并用光滑曲线依次连接相应各点的同面投影。

（4）整理轮廓线。完成全图，如图 5-27（d）所示。

【例 5-19】　求作被正平面截切的圆锥的截交线，如图 5-28 所示。

分析：因截平面为正平面，与轴线平行，故截交线为双曲线。截交线的水平投影和侧面投影都积聚为直线，只需求出正面投影。

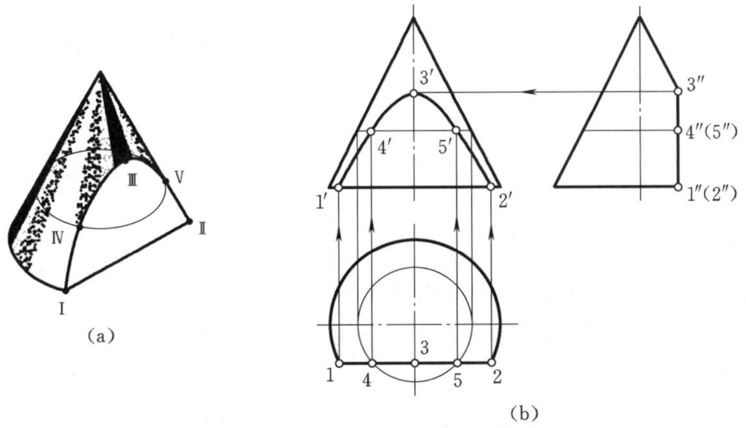

图 5-28 作圆锥截交线（双曲线）的投影

作图：

（1）求特殊点。点Ⅲ为最高点，是截平面与圆锥最前素线的交点，可由其侧面投影 3″直接作出正面投影 3′。点Ⅰ、Ⅱ为最低点且位于圆锥底圆上，可由水平投影 1、2 直接作出正面投影 1′、2′。

（2）求一般点。用辅助圆法，在点Ⅲ与点Ⅰ、Ⅱ间作一辅助圆，该圆与截平面的两个交点Ⅳ、Ⅴ必是截交线上的点。找到该两点的水平投影 4、5 与侧面投影 4″、5″，进而求出它们的正面投影 4′、5′。

（3）判别可见性，依次光滑连接 1′、4′、3′、5′、2′ 即得截交线的正面投影，如图 5-28（b）所示。

（三）平面与圆球相交

截平面与圆球相交，无论截平面与圆球的相对位置如何，截交线始终是圆。但由于截平面与投影面的相对位置不同，所得截交线（圆）的投影也不同。

当截平面为投影面平行面时，截交线在该投影面上的投影为圆的实形，其余两面投影积聚为直线。当截平面为投影面垂直面时，截交线在该投影面上的投影积聚为直线，其余两面投影为椭圆。

【例 5-20】 如图 5-29（a）所示，完成开槽半圆球的截交线。

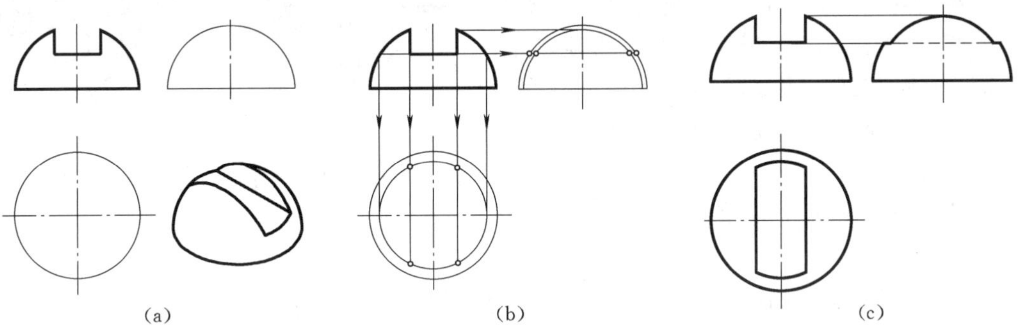

图 5-29 圆球切口的截交线

分析：球表面的凹槽由两个侧平面和一个水平面切割而成，两个侧平面和球的交线为两段平行于侧面的圆弧，水平面与球的交线为前后两段水平圆弧，截平面之间的交线为正垂线。

作图：如图 5－29（b）、（c）所示。

（1）画出完整半圆球的投影，根据槽宽和槽深尺寸作出槽的正面投影，如图 5－29（a）所示。

（2）用辅助圆法作出槽的水平投影，如图 5－29（b）所示。

（3）根据正面投影和水平投影作出侧面投影，如图 5－29（b）所示。

（4）判别可见性，整理轮廓线并加深，完成全图，如图 5－29（c）所示。

5.3　两 立 体 相 交

两立体相交可分为：平面立体与平面立体相交；平面立体与曲面立体相交；曲面立体与曲面立体相交三种情况。两个立体相交产生的表面交线，称为相贯线，如图 5－30 所示。

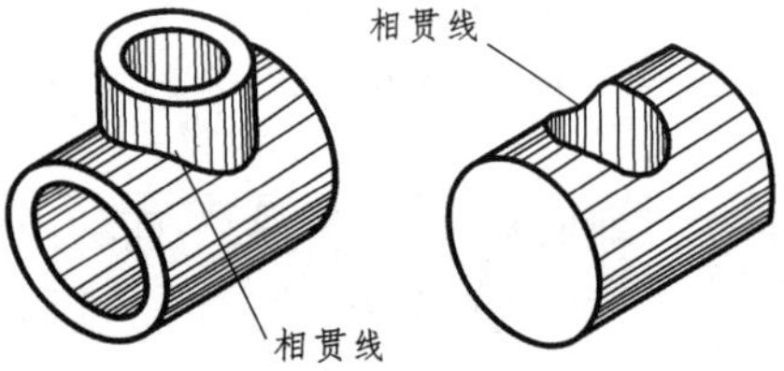

图 5－30　相贯线

相贯线的主要性质有：

（1）共有性——相贯线是两立体表面的共有线。

（2）分界性——相贯线是两立体表面的分界线。

（3）封闭性——相贯线一般是封闭的空间曲线，特殊情况下为平面曲线或直线。

一、平面立体与平面立体相交

两平面立体相交其相贯线是封闭的空间折线或平面多边形。求相贯线可归结为求两立体相应棱面的交线，或求一立体的棱线与另一立体表面的交点。由于两立体的相对位置不同，折线可能是一支，也可能是几支。

当一个平面立体的所有棱线全部穿过另一个平面立体时，所产生的交线是两支折线，称为全贯。当两个平面立体都只有部分棱线穿过另一个平面立体时，所产生的交线是一支折线，称为互贯。如图 5－31 所示。折线的顶点是一个平面立体的棱线与另一平面立体棱面（底面）的交点，折线的各线段是两平面立体棱面（底面）的交线。

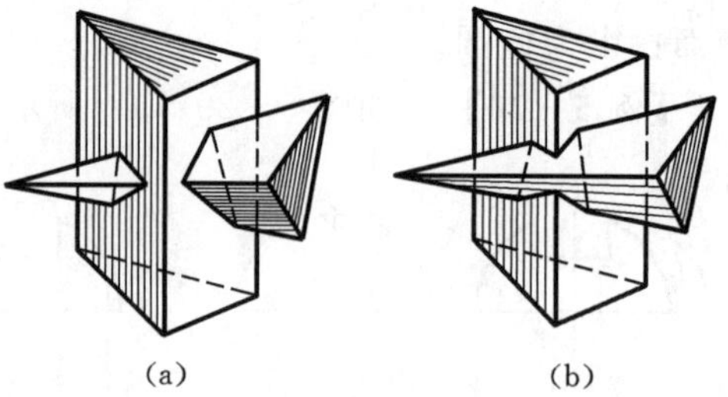

图 5－31　平面立体与平面立体相交

（a）全贯；（b）互贯

由此，求两平面立体表面交线的方法可以归结为：

（1）求各棱线与棱面（底面）的交点——棱线法（求直线与平面的交点问题）。

（2）求相应棱面（底面）的交线——棱面法（求两平面的交线问题）。

【例 5－21】 求作三棱锥与三棱柱的相贯线，如图 5－32 所示。

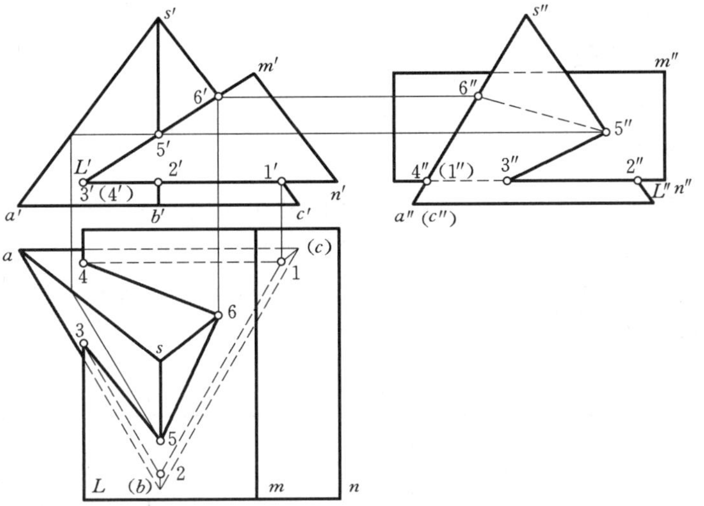

图 5－32 三棱锥与三棱柱相贯

分析：从 V 面投影和 H 面投影中可以看出，此题为棱锥与棱柱互贯，相贯线为一支封闭的折线，三棱锥的三个棱面和两条棱线 SB 和 SC 参与相交，三棱柱的两个棱面和一条棱线 L 参与相交。只需作出三棱柱的两个棱面 LM、LN 与棱锥各棱面的交线即可。

作图：

(1) 棱面 LN 平行于三棱锥底面 ABC，截交线平行于相应的底面各边。由 V 面 $1'$ 点作出其 H 面投影 1，过 1 顺次作底边相应的平行线，交棱线 SB 于 2，交棱线 L 于 3、4 两点，1234 就是棱面 LN 与三棱锥的截交线，再根据投影关系作出 W 面投影 $1''2''3''4''$。

(2) 棱面 LM 与三棱锥三个棱面均相交，交线为三段直线，直接作出 V 面投影中 $s'b'$，$s'c'$ 与 $L'm'$ 的交点 $5'$、$6'$，再作出其 H 投影 5、6 及 W 面投影 $5''$、$6''$，3564 就是棱面 LM 的与三棱锥截交线，至此完成整个相贯线的投影。

(3) 可见性判别：H 面投影中，相交棱面只有 LN 面不可见，其上交线也不可见，即 4123 线不可见；其次由于三棱锥的底边及棱线 sb、sc 的一部分位于三棱柱的下面，这部分也不可见。W 面投影中，相交棱面只有 $s''b''c''$ 不可见，其上交线 $5''6''$ 及 $1''2''$ 也不可见。由于当棱线贯穿于另一立体时，可看成与立体融为一体，这部分不必画出，所以在 H 面投影中，3 与 4、2 与 5、1 与 6 之间的线段投影不需画出，在 W 面投影中，$3''4''$ 也不需绘制，其中的虚线连线为 $1''2''$ 中的部分线段投影，$1''2''$ 为不可见，但其中 $3''2''$ 部分与 L 棱线重影，所以为实线。

二、平面立体与曲面立体相交

平面立体与曲面立体相交，其相贯线一般是由若干段平面曲线或由平面曲线和直线所组成的空间封闭图形。每一段平面曲线（或直线）是平面立体上一个棱面与曲面立体的截交线；相邻两段平面曲线或曲线与直线的交点，是平面立体的棱线与曲面立体的贯穿点。

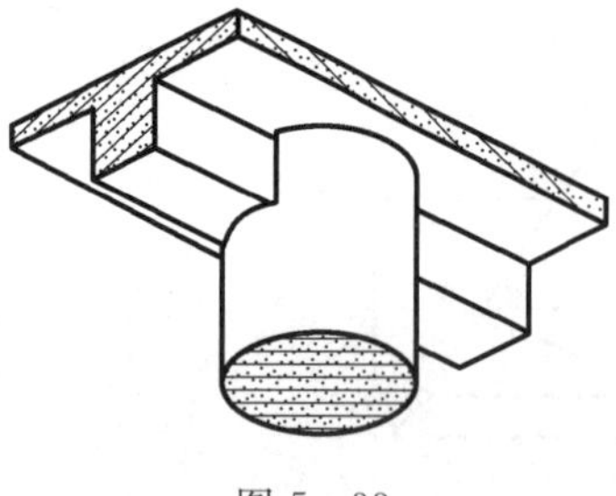

图 5－33

因此求作平面立体与曲面立体的相贯线可归结为求作截交线和贯穿点。

如图 5－33 所示是建筑物上常见构件柱、梁、板连接的直观图。

【例 5－22】　求作方梁与圆柱的相贯线，如图 5－34 所示。

分析：圆柱轴线为铅垂线，柱面的水平投影积聚为圆，相贯线的水平投影在此圆上。方梁的四个棱面中两个为正平面，两个为水平面。相贯线的侧面投影在各棱面的侧面积聚投影上；相贯线的正面投影可用表面取点的方法求得。

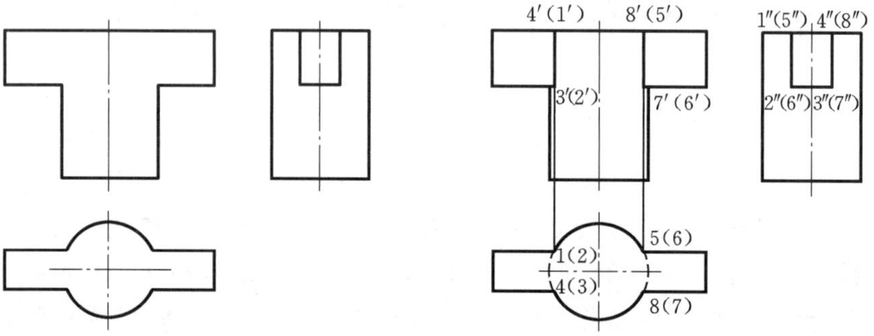

(a)　　(b)

图 5－34　方梁与圆柱相贯

(a) 已知条件；(b) 投影作图

作图：

(1) 根据 H、W 积聚投影，直接标注出相贯线上折点的水平投影 1、2、3、4、5、6、7、8 和侧面投影 $1''$、$2''$、$3''$、$4''$、$5''$、$6''$、$7''$、$8''$。

(2) 利用点的投影规律求出相贯线的正面投影 $1'$、$2'$、$3'$、$4'$、$5'$、$6'$、$7'$、$8'$。

【例 5－23】　求作四棱柱与圆锥的相贯线，如图 5－35 所示。

分析：四棱柱的四个棱面均平行于圆锥轴线，它们与圆锥表面的交线为四段双曲线。四段双曲线的连接点就是四棱柱四条棱线与锥面的交点。由于四棱柱的四个棱面均垂直于 H 面，所以交线的水平投影与四棱柱的水平投影重合。

作图：

(1) 求特殊点。先求相贯线的转折点，即四条双曲线的连接点 A、B、M、G，可根据已知的四个点的 H 面投影 a、b、m、g，用素线法求出其他投影。再根据从属性求得前面和左面两双曲线最高点 C、D 的各面投影；

(2) 求一般点。用辅助素线法（或纬圆法）求出两个对称的一般点 E、F 的 V 面投影 e'、f' 和一般点Ⅰ、Ⅱ的 W 面投影 $1''$、$2''$；

(3) 连点。V 面投影按顺序连接 a'—e'—c'—f'—b'，W 面投影按顺序连接 a''—$1''$—d''—$2''$—g''；

(4) 判别可见性。相贯线的 V、W 面投影都可见。相贯线的后面和右面部分的投影，

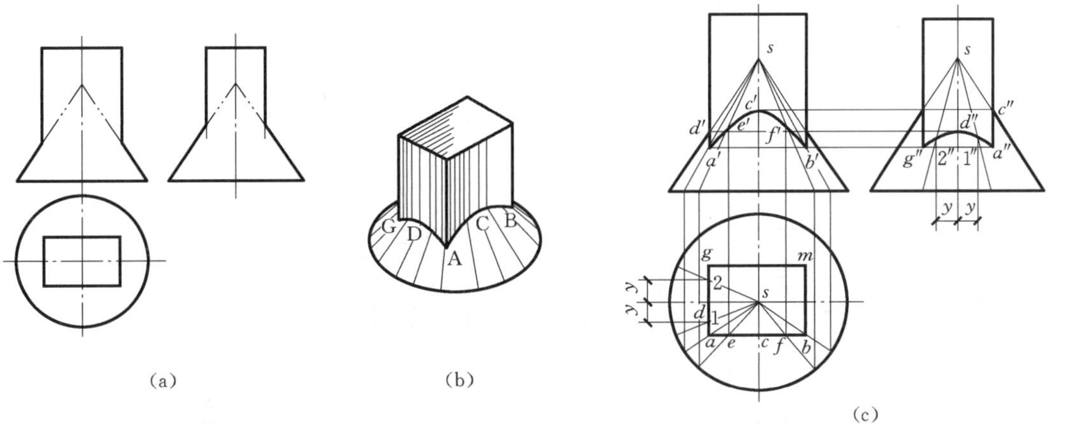

图 5-35 四棱柱与圆锥相贯

(a) 已知条件；(b) 直观图；(c) 投影作图

分别与前面和左面部分重影。

三、曲面立体与曲面立体相交

两曲面立体相交，其相贯线一般来说是封闭的空间曲线，特殊情形下可能是平面曲线或直线。求作相贯线，一般通过求出两曲面体表面上一系列的共有点，并判别其可见与不可见部分，再使用正确的线型将所求各点连成光滑曲线，即得相贯线。

求相贯线的基本问题是求两立体表面共有点的问题，根据两曲面立体的表面形状、曲面立体与投影面的相对位置和曲面立体之间的相对位置，求相贯线上点的常用作图方法有：表面取点法、辅助平面法、辅助球面法（本节只介绍前两种方法）。

(一) 表面取点法

如果有两个投影有积聚性，即相贯线的两个投影已知，则可利用已知点的投影求第三投影的方法，求出相贯线上的点的第三投影。

【例 5-24】 求作两圆柱的相贯线，如图 5-36 所示。

作图：

(1) 求特殊点。相贯线的特殊点指相贯线上的最高、最低、最前、最后、最左、最右点以及可见性的分界点等。这些特殊点一般为一曲面立体的特殊素线与另一曲面立体的交点。

(2) 求一般点。根据作图的需要，可求出适当数量的一般点。

(3) 连点。依次用光滑曲线连接各点即得相贯线的投影。

注意：在圆柱上开孔或两圆柱孔相交的相贯线求作方法与上述方法相同。

两圆柱正交有三种情况：①两外圆柱面相交；②外圆柱面与内圆柱面相交；③两内圆柱面相交。这三种情况的相交形式虽然不同，但相贯线的性质和形状一样，求法也是一样的，如图 5-37 所示。

(二) 辅助平面法

在两相贯曲面立体表面之一或两相贯曲面立体表面都没有积聚投影的情况下，一般利

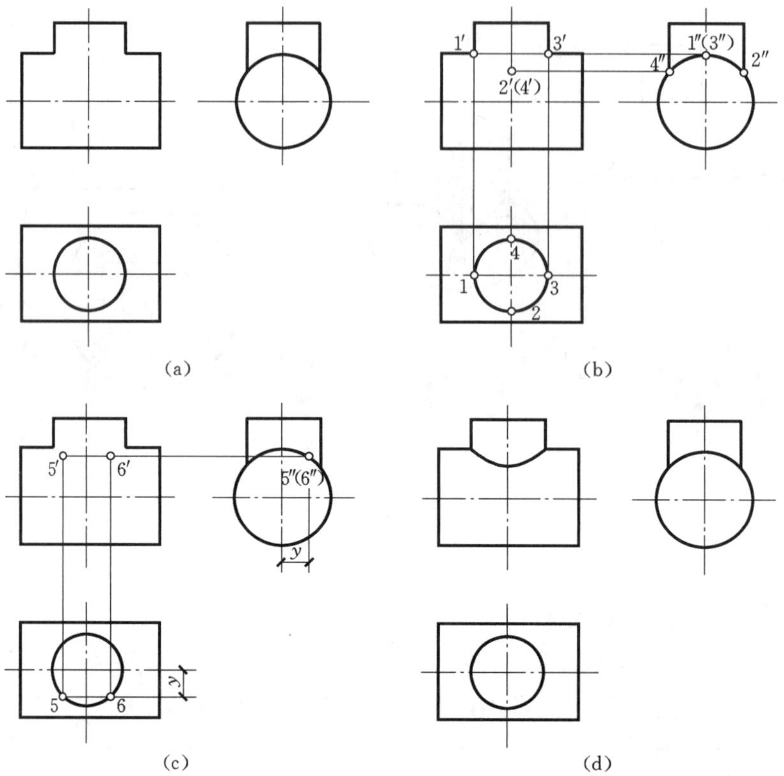

图 5－36　两圆柱相贯

(a) 两圆柱相交；(b) 求特殊点；(c) 求一般点；(d) 连点

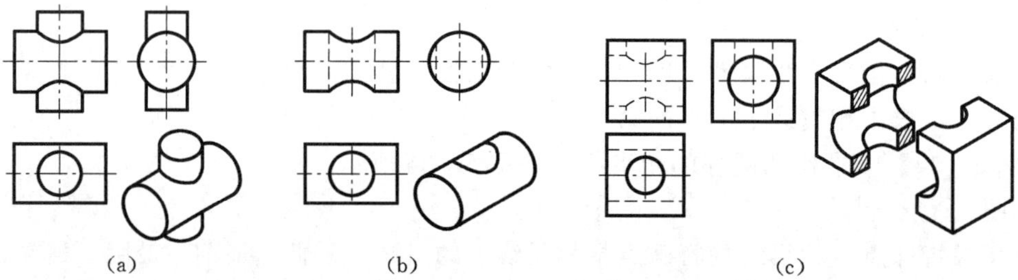

图 5－37　两圆柱正交相交的三种情况

(a) 两外圆柱面相交；(b) 外圆柱面与内圆柱面相交；(c) 两内圆柱面相交

用基于三面共点原理的辅助平面法求相贯线。辅助平面法的作图步骤如下：

（1）作假想的辅助平面（用迹线表示）与两曲面立体的相交。

（2）分别作出辅助平面与两曲面立体的截交线。

（3）求出两截交线的交点，即两曲面立体的共有点，光滑连接即得立体的相贯线。

如图 5－38 所示，作辅助平面 P（水平面）与圆柱和圆锥相交，P 面与圆锥的交线为一水平圆，与圆柱的交线为两条侧垂线，此两组交线的交点即相贯线上的点，同样方法可求得相贯线上一系列的点。依次光滑的连接各点即得所求相贯线。

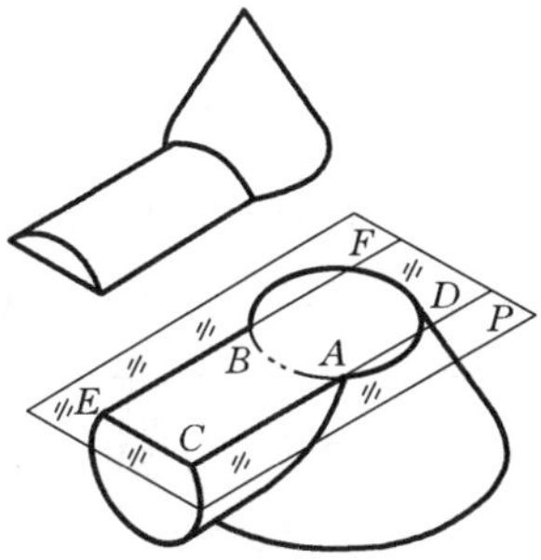

图 5－38 用辅助平面法求相贯线的原理

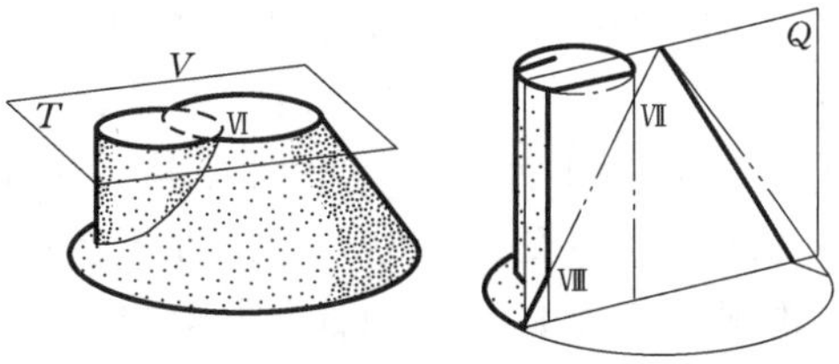

图 5－39 辅助平面的选择

注意：辅助平面的选择必须考虑两相贯立体的形体特点以及它们之间的相对位置，也要考虑两相贯立体与投影面的相对位置等因素。为了便于作图，辅助平面应为特殊位置平面并位于两回转面的相交范围内，同时应使辅助平面与两回转面的截交线的投影都是简单易画的图形（如圆或多边形），如图 5－39 所示。

【例 5－25】 求作轴线正交的圆柱与圆锥的相贯线，如图 5－40（a）所示。

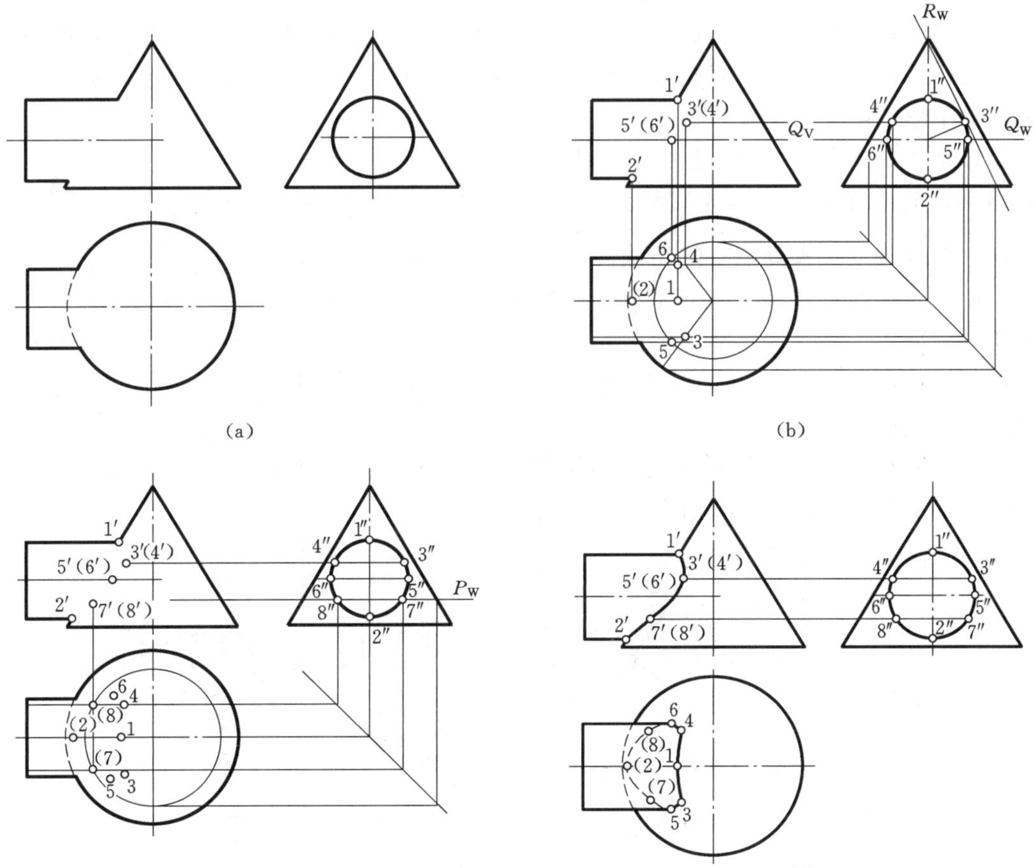

图 5－40 圆柱与圆锥的相贯线

(1) 求特殊点。如图5-40 (b) 所示，从V面投影可以看出，圆柱的最上、最下素线与圆锥的最左素线彼此相交，其交点的V面投影$1'$、$2'$就是相贯线的最高点和最低点的V面投影，进而求出H面投影1、2和W面投影$1''$、$2''$。

由W面投影可知，相贯线上的最前、最后点分别位于圆柱的最前、最后素线上，其侧面投影为$5''$、$6''$。另外两个投影可通过$5''$、$6''$作一水平辅助平面Q，平面Q与圆锥面的截交线的H面投影为一圆；平面Q与圆柱面的截交线的H面投影为圆柱的最前、最后素线；圆与两素线的交点即为5、6，由5、6向上作图，可求出V面投影$5'$、($6'$)。

过锥顶作侧垂面R与圆柱相切，切点为相贯线上的点，其侧面投影为$3''$、$4''$，H面投影3、4分别位于过锥顶的两直线上，由H面投影3、4和W面投影$3''$、$4''$可求出$3'$、($4'$)。

(2) 求一般点。如图5-40 (c) 所示，在特殊点之间的适当位置上作一水平辅助平面P。在W面上，由P_W和圆柱侧面投影圆的交点定出一般点的W面投影$7''$、$8''$。在H面上，平面P与圆锥、圆柱面的交线分别为圆和两条直线，它们的交点是一般点的H面投影 (7)、(8)；进而可求出$7'$、$8'$。

(3) 判断可见性，依次光滑连接各点。如图5-40 (d) 所示，判别可见性的原则是：只有当相贯线同时位于相交两立体的可见表面时，其相应的投影才属可见。按照此原则，由于相贯线前后对称，在V面投影中，只需按顺序光滑连接前面可见部分各点的投影。相贯线的H面投影以5、6两点为分界点，分界点的上段可见，用粗实线依次光滑连接；分界点的下段不可见，用虚线依次光滑连接。

(4) 整理轮廓线。H面投影中，圆柱的特殊素线（转向轮廓线）应画到相贯线为止。

四、两曲面立体表面相交的特殊情况

两曲面立体的相贯线一般为封闭的空间曲线，但在下列情况下，相贯线可能是平面曲线或直线。

(1) 当两曲面立体相贯且同轴时，相贯线为垂直于该轴的圆，如图5-41所示。

(2) 当两相贯曲面立体具有公共的内切球时，其相贯线为椭圆，如图5-42所示。

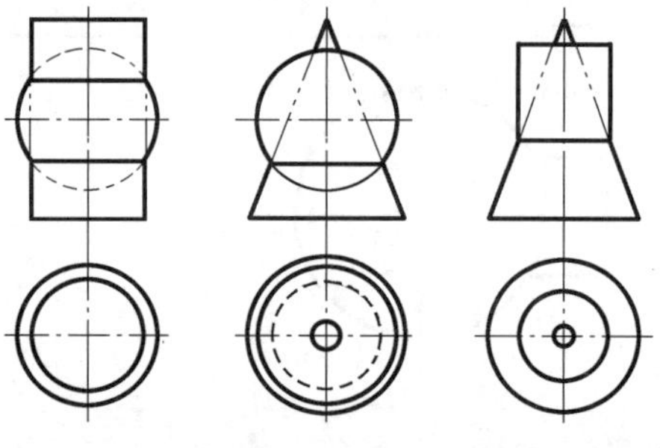

图5-41　两共轴相交曲面立体的相贯线

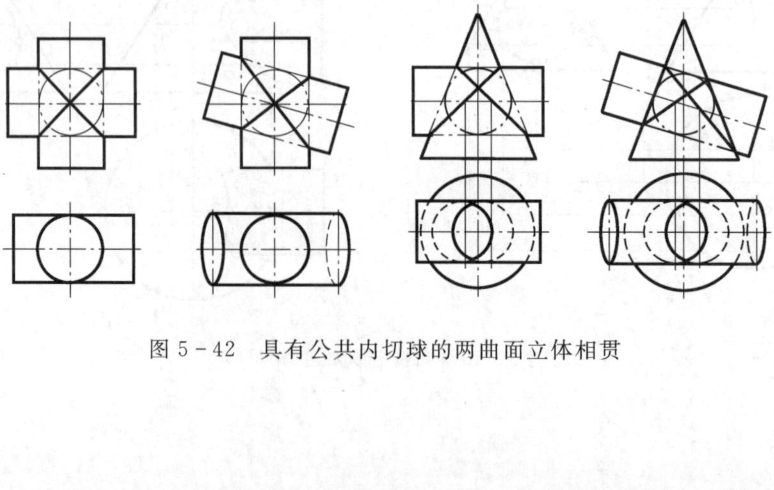

图5-42　具有公共内切球的两曲面立体相贯

1）两等径圆柱正交时，交线为两个大小相等的椭圆。

2）两等径圆柱斜交时，其相贯线为两个长轴不等、短轴相等的椭圆。

3）圆柱与圆锥轴线相交且具有公共内切球时，其相贯线也是一对椭圆。

（3）当两圆柱面的轴线平行或两圆锥面共锥顶时，其相贯线为直线，如图 5－43 所示。

实际工程中常见的曲面相交情况如图 5－44 和图 5－45 所示。

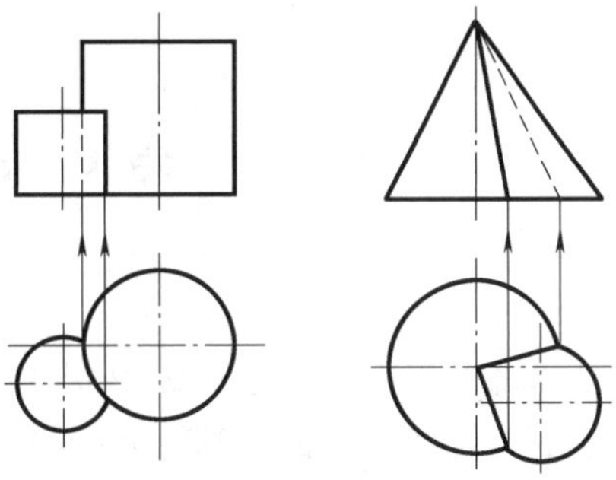

图 5－43 交线为直线的两曲面立体

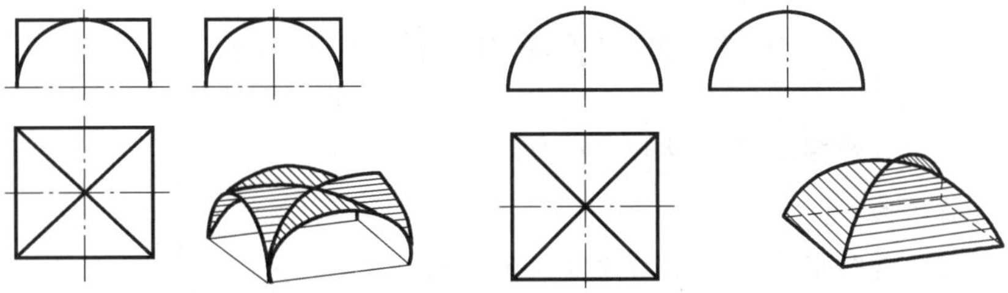

图 5－44 圆柱面组成的屋顶交线

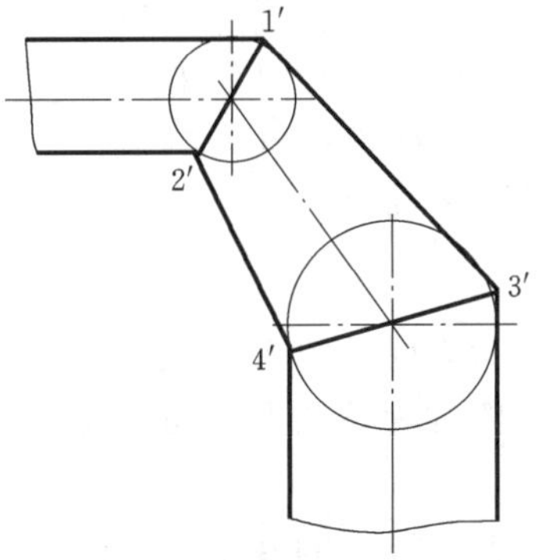

图 5－45 导管连接

第 6 章　组　　合　　体

建筑工程中的工程形体形状及结构虽然比较复杂，但都可以把它们看成是由一些简单的基本几何体构成的。这种由两个或两个以上的基本几何体构成的复杂形体，称为组合体。本章主要介绍组合体的构成、组合体视图的画法、尺寸标注及阅读组合体视图的方法。

6.1　组合体的形体构成

形体分析法是分析组合体构成的基本方法。

一、形体分析法

形体分析法是观察形体、认识形体的一种思维方法。所谓形体分析就是将复杂的工程形体假想分解成为若干简单形体，并分析其组合方式、各部分之间的相对位置及相邻表面的连接关系，从而将一个复杂形体转化为若干个简单基本形体来处理，这种分析方法称为形体分析法。如图 6-1 所示的形体，可看成是由简单形体经叠加、切割等方式组合而成。

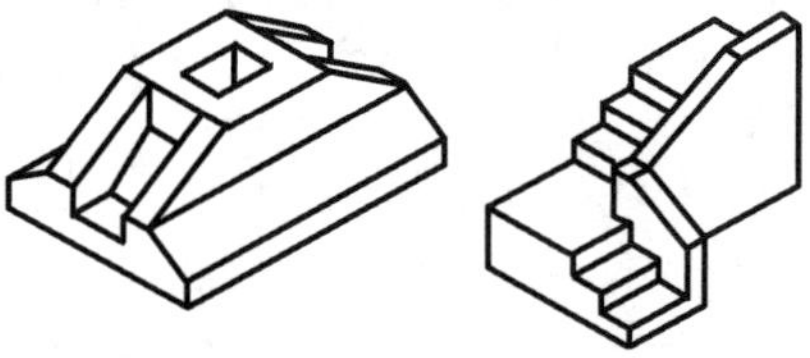

(a)　(b)

图 6-1　组合体

(a) 基础；(b) 楼梯

二、组合体的形体构成

组合体的形体构成主要表现为不同的组合方式，组合体的组合方式可以分为叠加式、切割式和综合式三种，因此组合体分为叠加类、切割类和综合类。

1. 叠加类

叠加类组合体是指由两个或两个以上的基本几何体按一定的相对位置叠加在一起而形成。如图 6-2 所示的形体，由一个四棱柱的底板Ⅰ、两个四棱柱的直墙Ⅱ和四个四棱柱Ⅲ的肋板所组成的。

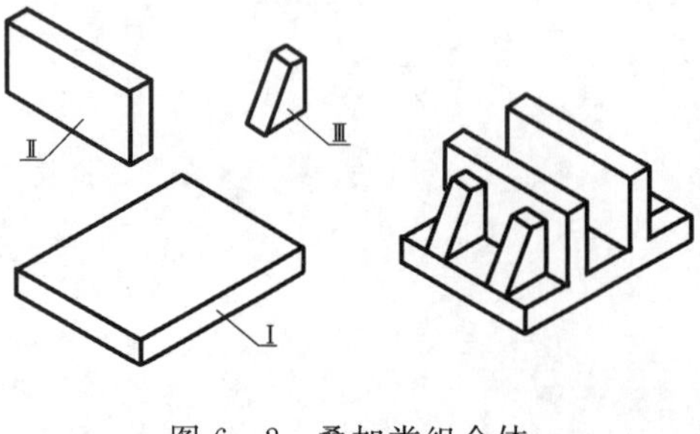

图 6-2　叠加类组合体

2. 切割类

切割类组合体是指基本几何体被平面或曲面截去若干基本形体而形成。如图 6-3 所示的形体，由一个 L 形棱柱切割去一个三棱柱和一个四棱柱，再进行圆柱穿孔而成。形体Ⅰ为三棱柱、形体Ⅱ为四棱柱、形体Ⅲ为圆柱。

3. 综合类

综合类组合体是指形体的组合形式同时包

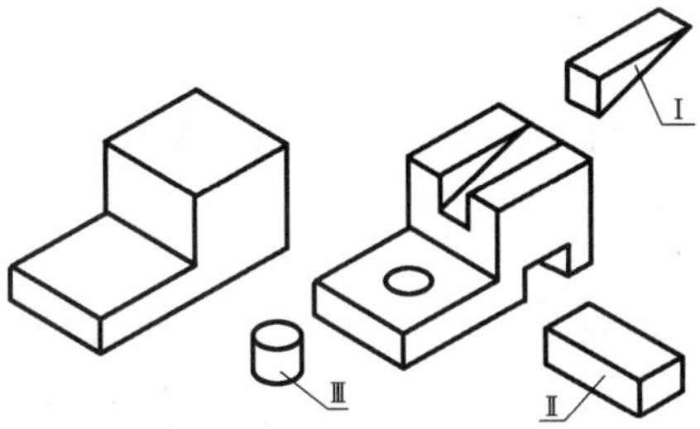

图 6-3 切割类组合体

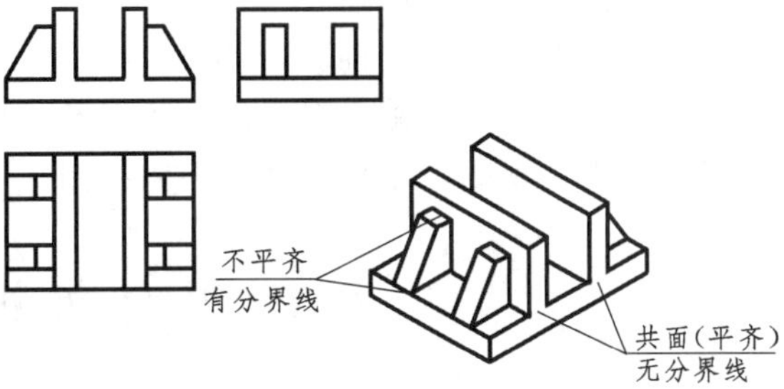

图 6-4 叠合、共面的画法

括叠加和切割，如图 6-1 所示。

三、表面连接方式

形体由叠加方式构成时，由于组合情况及各部分间相对位置的不同，其相邻表面的连接方式又分为叠合、共面、相切、相交等。

1. 叠合

两个形体以平面方式（面与面相互贴合）相互连接，形体之间有一互相贴合的面，其他表面是相交或错开的（即两表面不平齐），如图 6-4 中所示，在肋板与底板、肋板与直墙的结合处。在其结合处会产生一定数量的分界线，画图时注意不要漏画这些分界线。

2. 共面

两个形体表面位于同一平面时，在它们之间无分界线，也可理解为两表面平齐，如图 6-4 所示，直墙与底板的前端面位于同一个平面上。画图时，可分别画出各基本体的视图后，再去掉共面的两面间不存在的分界线，便得到组合体的视图。

注意：形体分析法仅是一种分析方法，形体上不存在的轮廓线在成图后一定要去掉。在熟练掌握绘图方法之后，可直接按组合结果绘制。

3. 相切

当两个形体表面以相切方式连接时，结合处的表面呈光滑过渡，不存在分界线，如图 6-5 所示，底板的两个侧面与圆筒相切。画图时相切处不应绘制分界线。

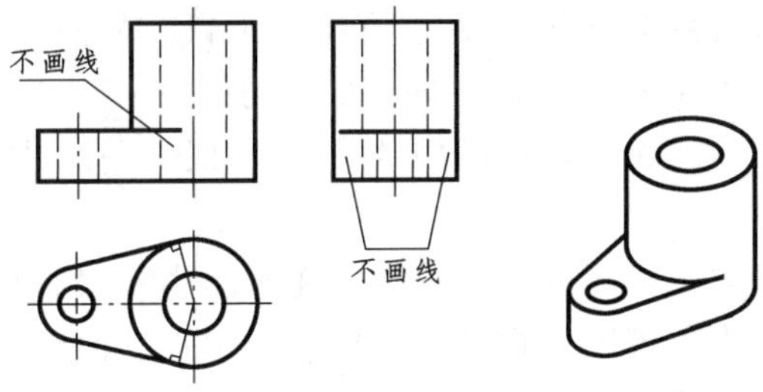

图 6-5 表面相切的画法

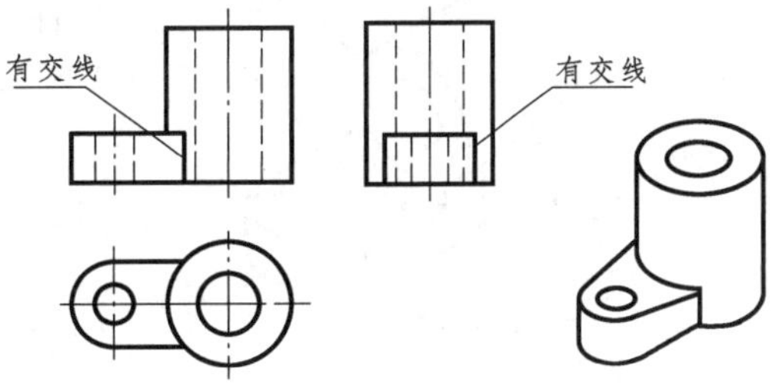

图 6-6 表面相交的画法

4. 相交

当相邻的两个形体表面彼此相交时，在相交的表面将产生交线，如截交线、相贯线等。画图时必须画出这些交线，如图 6-6 所示。

四、视图与三面投影图

在学习组合体内容之前，形体在 H、V、W 三个投影面上的投影分别被称为水平投影、正面投影、侧面投影；对于组合体以及工程形体，习惯上将投影图称为视图。一般将正面投影称为主视图，水平投影称为俯视图，侧面投影称为左视图。

6.2 组合体视图的画法

画组合体视图，就是将组合体用视图清晰、完整地表达出来。组合体视图一般按照形体分析、视图选择、画图三个基本步骤绘制。

一、形体分析

用形体分析法对组合体进行形体分析，将形体合理地分解为若干个简单形体，达到化繁为简，化难为易的目的。确定简单形体的相对位置及其表面连接关系，逐步作图。

二、视图选择

视图选择的目的是确定形体的表达方案，尽可能用较少的视图把形体完整、清晰地表达出来。

1. 确定形体的放置位置

形体的主要平面或轴线平行或垂直于主要的投影面，形体应摆正放平。

(1) 形体按正常工作位置放置，便于阅读和施工，如土建形体。

(2) 按制作或加工位置放置，便于生产和测量，如由车床加工的轴类零件、预制混凝土桩等，通常按加工位置水平放置。

(3) 对一些无确定的工作位置，又没有固定的加工制作方式的形体，可考虑其自然稳定性，确定放置位置。

2. 选择主视图

主视图是表达形体形状、结构的主要视图，选择主视图就是确定主视图的投射方向。该方向确定后，其他视图的投射方向也随之确定，如图 6-7 所示。

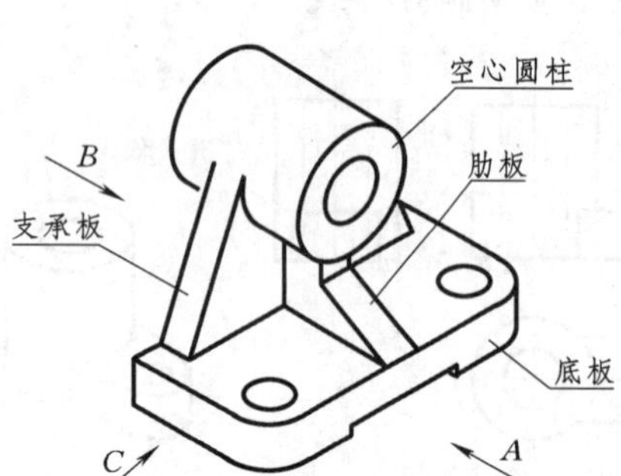

图 6-7 主视图的选择

(1) 使主视图尽量反映组合体的主要部分的形状特征、各组成部分的组合关系及相对位置。如图 6-7 所示，显然 A 方向较 B 方向、C 方向好。

(2) 尽可能减少各视图中的虚线，如图 6-7 中，舍去 B 方向。

(3) 考虑工程图的表达习惯。建筑图中一般将房屋的正面选为主视图，也就是后面要介绍正立面图。

3. 视图数量的选择

通常情况下，形体需用三个视图表达。有些形状简单的物体用两个视图就能表达清楚；有些回转体，标上尺寸后，只需一个视图就可表达清楚，如图 6-8 所示。

表达一个组合体应在主视图确定后，考虑形体的复杂程度，来确定还需要用几个视图

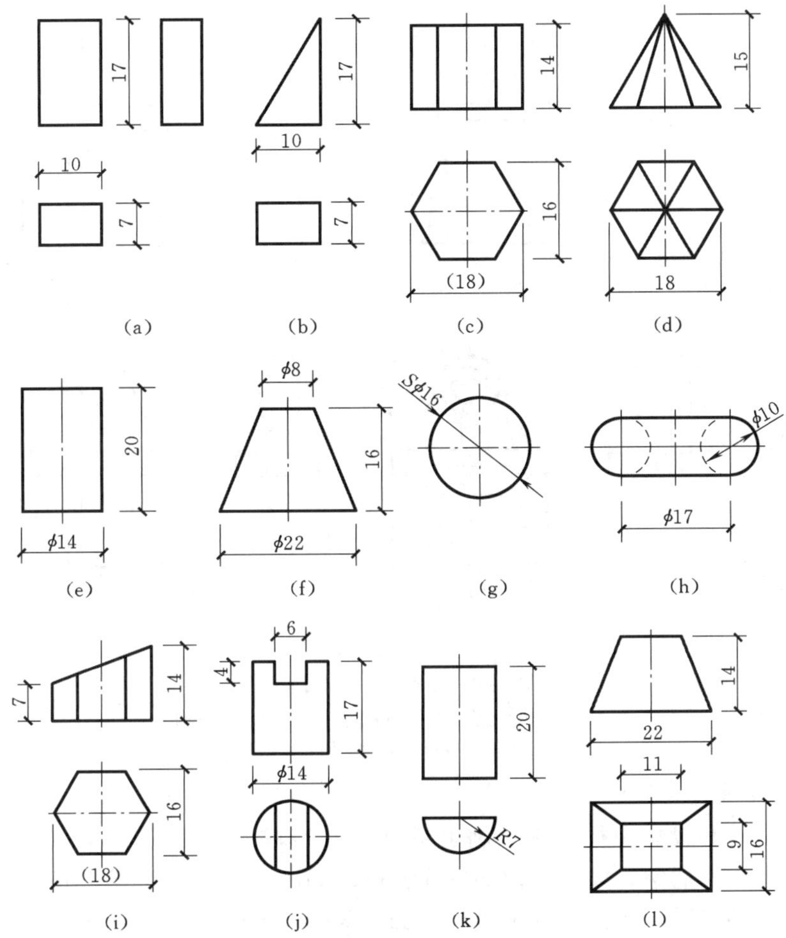

图 6-8 简单形体的视图表达

(a) 形体一；(b) 形体二；(c) 形体三；(d) 形体四；(e) 形体五；(f) 形体六；(g) 形体七；(h) 形体八；(i) 形体九；(j) 形体十；(k) 形体十一；(l) 形体十二

进行补充表达。如图 6-7 所示轴承座，属于叠加类组合体，考虑各部分上下、前后的位置关系，表面的连接关系等，应采用主视图、俯视图、左视图三个视图才能完整、清晰地表达。

注意：为了便于掌握三视图间的各种对应关系，建议采用三个视图来表达组合体。

三、组合体视图的画法

经形体分析和视图选择后，依据投影规律画组合体视图。

1. 选比例、定图幅、画基准线

根据组合体的形状、大小及复杂程度选定画图比例和图纸幅面。画出各视图的主要定位基准线，以确定各视图在图面上的准确位置。同时考虑所占的面积、各视图之间标注尺寸所需的位置。定位基线主要选取形体的对称线，中心线、底面或相关端面的轮廓线等，如图 6-9 (a) 所示。

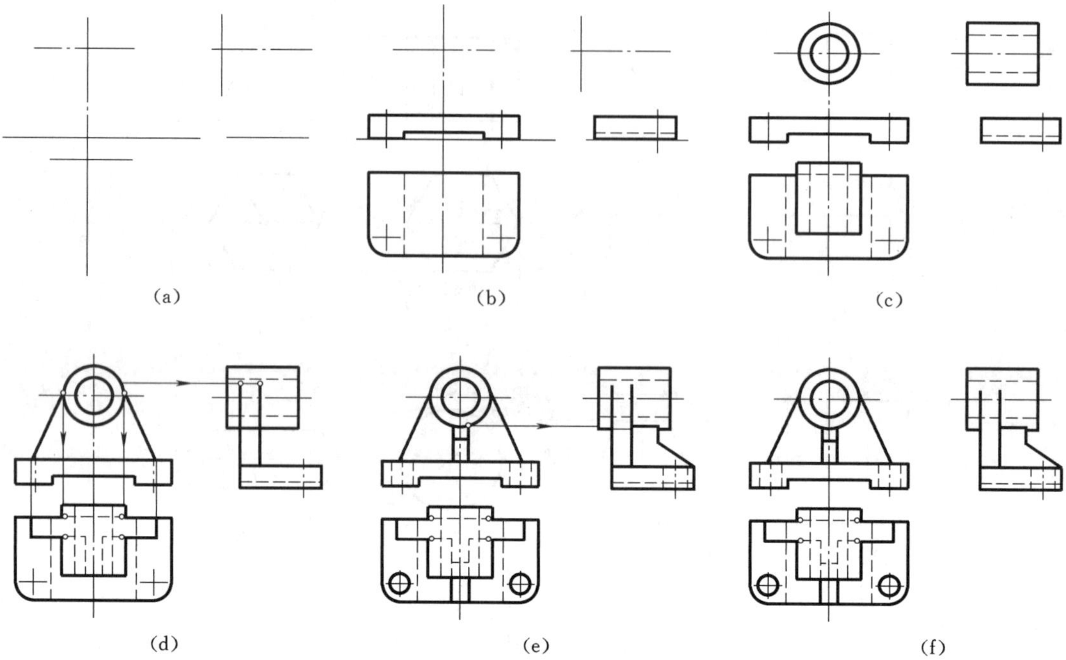

图6-9　组合体的画图步骤

(a) 布图、画基准线；(b) 画底板；(c) 画空心圆柱；

(d) 画支撑板；(e) 画肋板；(f) 检查、描深

2. 画出各视图的底稿

根据形体分析和投影规律，逐一画出组合体中各基本立体的投影。一般是按先主后次，先大后小，先实后空，先外后内的顺序作图。同时要几个视图联系起来画，先画出最能反映形状特征的投影，再画出其他投影。如图6-9（b）～（f）所示。

3. 整理、检查和描深

组合体形体分析后的分解是假想的，要注意各表面之间有无交线或分界线，区分图线的可见性，对图线的有无、虚实进行修正。检查无误后按规定的线型将视图加深。对于对称物体，要画出对称线，对于回转体要画出轴线，对于圆要画出中心线，如图6-9所示。

【例6-1】　画出图6-3所示形体的视图。

已知该形体是由一个L形棱柱切割去一个三棱柱和一个四棱柱，再进行圆柱通孔所形成的切割类组合体。根据形体分析，此形体用三个视图表达。

绘制切割类组合体视图时，先画出未切割前的完整的基本形体的投影，然后画出被切去的形体。被切去的形体通常应从反映其形状特征的视图开始画起，再画出其他视图。作图过程如图6-10所示。

（1）画出切割前的完整的基本形体的投影，该形体是L形棱柱。

（2）画被切去的形体Ⅰ的投影，该形体为三棱柱。

（3）画被切去的形体Ⅱ的投影，该形体为四棱柱。

（4）画被切去的形体Ⅲ的投影，该形体为圆柱。

（5）检查、整理、擦去多余的图线，描深。

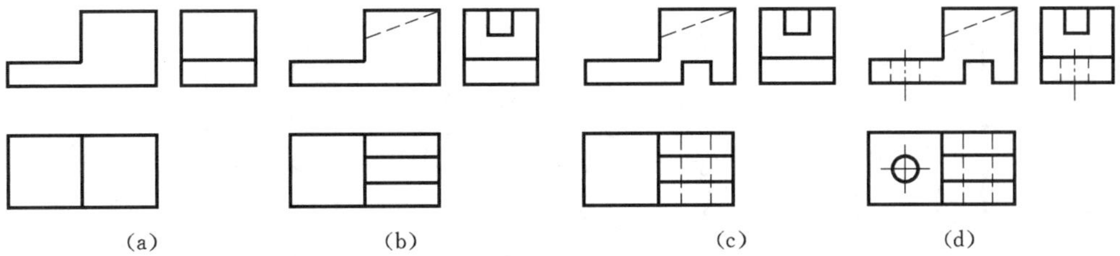

图 6-10 切割类组合体的画图步骤

(a) 画 L 形棱柱；(b) 画三棱柱；(c) 画四棱柱；(d) 画圆柱并检查、描深

6.3 组合体的尺寸标注

视图只能表示组合体的形状，而组合体的大小以及各组成部分间的相互位置是根据视图上标注的尺寸来确定的。组合体是由基本立体通过叠加、切割等方式形成的。因此对组合体进行尺寸标注采用的基本方法也是形体分析法；对组合体进行尺寸标注的基础是基本几何体和常见简单形体的尺寸注法。

一、基本体的尺寸标注

1. 基本几何体的尺寸注法

基本体是由单一形体构成，所以只需要标注定形尺寸（确定形体大小的尺寸）。一个形体有长、宽、高三个方向，因此标注的尺寸要能够表达这三个方向的定形尺寸即可。具体标注的尺寸应根据形体特点来确定，如图 6-8 所示。标注直径尺寸要加注“ϕ”，半径尺寸要加注“R”，圆球体要在直径或半径符号前加注“S”。

2. 简单形体的尺寸标注

形体分析时，简单形体也是构成组合体的基本单元。简单形体是由单一基本几何体的挖切或简单叠加而构成。标注尺寸时，首先要进行形体分析，如分析某切割体的原体是什么，如何切割的，或切去形体的形状特点；然后确定尺寸基准，再依次标注原体的定形尺寸、被切去或叠加形体的定形尺寸、定位尺寸（确定各基本几何体之间相对位置的尺寸）或截平面的定位尺寸，如图 6-11 所示。

二、组合体尺寸标注的要求

尺寸是表达工程形体的重要数据，是施工、生产制作等的重要依据。因此，标注的尺寸应做到正确、完整、清晰、合理。

(1) 尺寸标注正确。指尺寸数值符合设计要求，没有错误；尺寸标注的方法应符合国家标准中的相关规定。

(2) 尺寸标注完整。指所注尺寸能够完全确定组合体的大小及各组成部分的相对位置，即定形尺寸、定位尺寸、总体尺寸要注齐全，不能遗漏也不要重复标注。

(3) 尺寸标注清晰。指所注尺寸要排列整齐，方便读图和查找尺寸。表示同一部分的尺寸尽量集中在一个或两个视图上。与两视图有关的尺寸，应尽量标注在两视图之间。尺

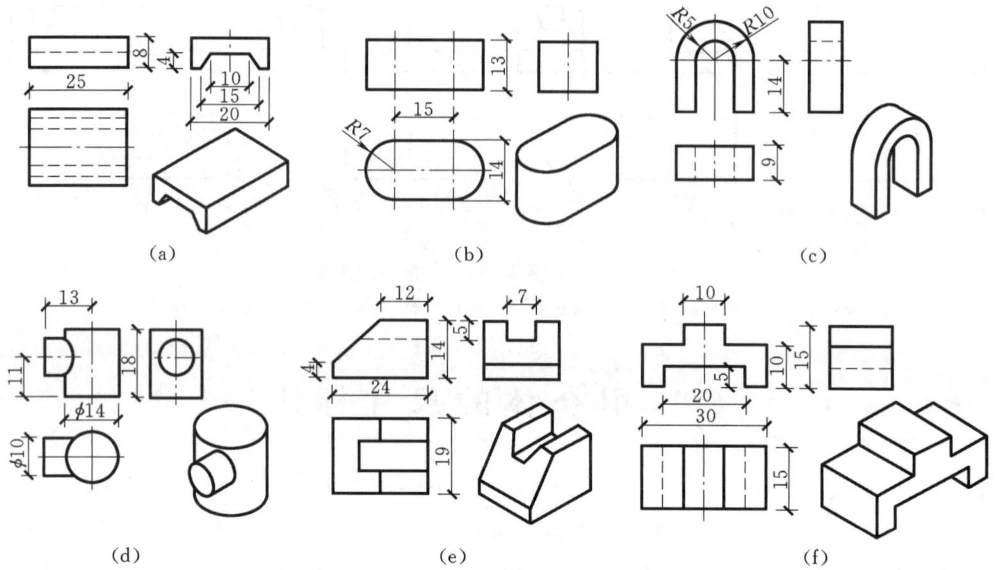

图 6-11　简单形体的尺寸标注

(a) 形体一；(b) 形体二；(c) 形体三；(d) 形体四；(e) 形体五；(f) 形体六

寸标注尽量放在视图之外，并靠近所需标注的部位。尽量避免将尺寸标注在虚线上。

(4) 尺寸标注合理。指所注尺寸即能满足设计要求，又方便施工、测量、加工制作等。

三、组合体尺寸标注的方法

1. 组合体尺寸标注的种类

组合体的尺寸分为定形尺寸、定位尺寸、总体尺寸。

(1) 定形尺寸是确定组合体中各基本体的形状大小的尺寸。对于一般形体应包括长度、宽度和高度三个方向的尺寸；对于回转体一般包括径向尺寸和轴向尺寸，如图 6-8 所示。

(2) 定位尺寸是确定组合体中各基本体之间相对位置的尺寸。在标注定位尺寸时要确定度量尺寸的基点即尺寸基准，物体在长、宽、高三个方向上均应有尺寸基准。各组成部分的位置应尽量从同一基准注出。通常用作尺寸基准的有：组合体的底面、端面、对称面、轴线等，如图 6-12 所示。

(3) 总体尺寸是确定组合体外形的总长、总宽、总高的尺寸。总体尺寸和组合体各部分的组成有一定的关系，在标注时要去掉不必要的重复尺寸，如图 6-11 (b) 所示图形的总长尺寸，是通过中心距尺寸 15 和两个 $R7$ 尺寸标注的，不必再标注总长 29 (15+7+7)。

2. 尺寸的标注

标注组合体尺寸，要进行形体分析，确定尺寸基准，将需要标注的尺寸逐类确定下来。先确定组合体中各基本体的定形尺寸、定位尺寸，再确定总体尺寸。

【例 6-2】　分析如图 6-13 所示形体的尺寸标注。

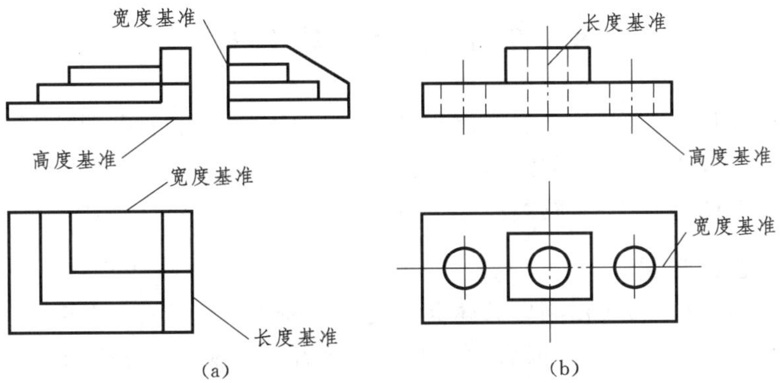

图 6-12　组合体的定位尺寸
(a) 形体不对称；(b) 形体对称

形体分析可以看出，该组合体由三部分组成：一个倒置的槽型棱柱的底板，两个三棱柱的肋板，一个带有半圆柱孔的四棱柱。

各部分的定形尺寸为：底板的长 120、宽 75、高 30，槽为 90×15。

肋板的长 30 [(120－60) /2]、宽 23、高 45 (75－30)。

带半圆柱孔四棱柱的长 60、宽 53、高 45，孔的半径 16。

定位尺寸有：形体左右是对称的，以对称线为长度方向定位基准；形体前后不对称，形体的后表面共面，以该端面作为宽度方向的定位基准，肋板到形体后表面的定位尺寸是 15；高度方向的定位基准是底板的底面。

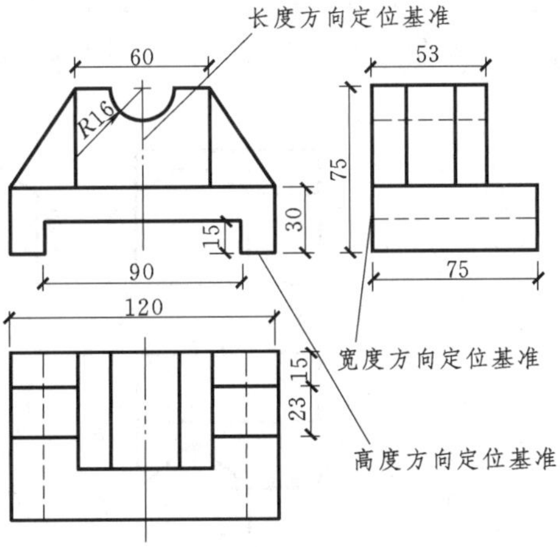

图 6-13　组合体的尺寸标注

总体尺寸：长 120、宽 75、高 75。

在具体标注时省略了肋板的长 30、肋板的高 45，带半圆柱孔的四棱柱的高 45。

3. 尺寸标注其他应注意的问题

(1) 回转体的定位尺寸必须直接确定其轴线的位置。所以当组合体的一端为回转体时，一般不直接注出该方向的总体尺寸，如图 6-11 (b) 所示。

(2) 组合体上各组成部分相同的定形尺寸或定位尺寸只需标注一次，不应重复标注。当形体在叠合、平齐、对称的情况下，在相应方向不需标注定位尺寸，如图 6-12 所示肋板长度和高度方向均不需标注定位尺寸。

(3) 以对称线为基准的定位尺寸，一般不从对称线注起，而是直接标注互相对称的两要素之间的距离，如图 6-12 所示底板中的槽宽尺寸 90。

(4) 对于截交线或相贯线不单独进行尺寸标注，因为截交线或相贯线是自然产生的，通过作图可确定其形状、大小、位置，如图 6　11 (d) 所示。

6.4 组合体视图的阅读

画图是将空间形体的形状，运用投影规律画出物体的一组视图。读图则是根据已画出的一组视图，依据投影规律和形体分析，想象出形体的空间形状、大小及其各组成部分的相对位置。因此读图是画图的逆过程。

一、读图的基础知识

1. 掌握投影规律，由视图判断物体长、宽、高和各方位的对应关系

每个物体都有上下、左右、前后六个方位。视图与物体六个方位的对应关系，视图与物体长、宽、高的对应关系，即投影规律所反映的长对正、高平齐、宽相等。如图 6－14（a）所示的形体，从投影规律分析可知，该形体由两部分构成，为两个端面为五边形的棱柱Ⅰ和Ⅱ。由视图的表达可看出：表示棱柱Ⅱ的线框位于组合体的下、右、前方。因此棱柱Ⅱ在棱柱Ⅰ的右前方，并且低于棱柱Ⅰ；两个棱柱底面和右侧面共面。对照投影图想象出该物体的形状，如图 6－14（b）所示。

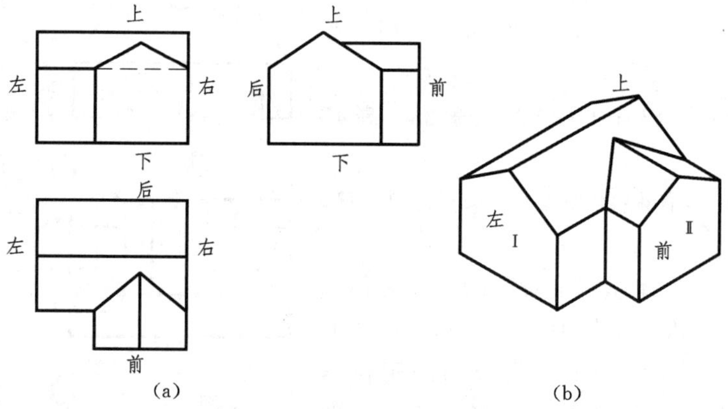

图 6－14 分析形体的相对位置

（a）投影图；（b）直观图

2. 掌握基本立体、简单形体的投影

组合体是通过基本立体的叠加、切割而成的。因此要熟练掌握基本立体的投影图，同时也要熟悉简单形体的投影图，以便快速想象出组合体是由那些基本立体及简单形体构成的，如图 6－8 和图 6－11 所示。

3. 一组视图联系起来阅读

由于各投影图是同一形体向不同的投影面作正投影所得，因此物体的一个投影通常不能确定它的空间形状。每一个投影只反映形体的某一侧面的特征，读图时应将几个视图联系起来，想象出形体的空间形状。

如图 6－15（a）、（b）、（c）所示的主视图均为梯形，由于俯视图不同，它们的形状分别为四棱台、截角三棱柱、圆台。同样，如图 6－15（c）、（d）、（e）所示的俯视图相同，但主视图各不相同，它们的形状分别为圆台、被截球与圆柱的组合、空心圆柱。如图

6－16（a）、（b）、（c）所示它们的主视图、左视图相同，但俯视图不同，它们分别属于三个不同形体。图 6－17（a）、（b）、（c）所示它们的主视图、俯视图相同，但左视图不同，它们分别属于三个不同形体。

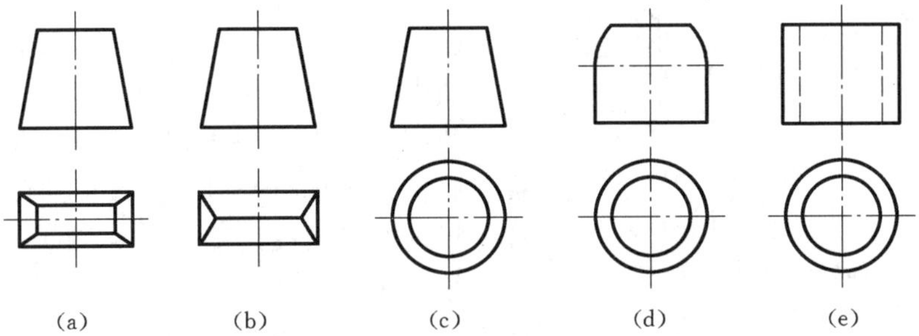

图 6－15 一面投影相同而形状不同的形体

（a）形体一；（b）形体二；（c）形体三；（d）形体四；（e）形体五

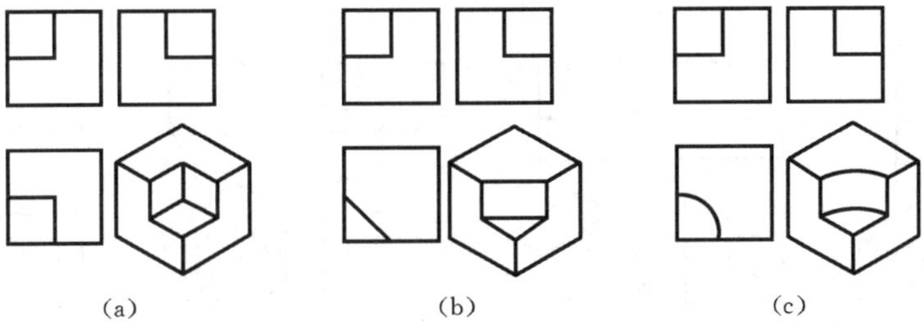

图 6－16 主视图、左视图相同而形状不同的形体

（a）形体一；（b）形体二；（c）形体三

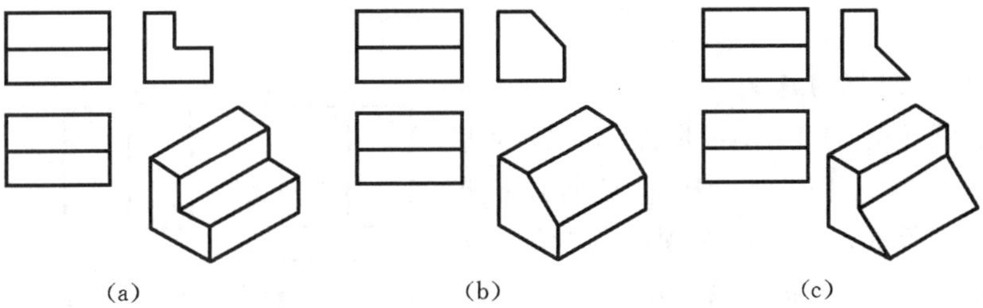

图 6－17 主视图、俯视图相同而形状不同的形体

（a）形体一；（b）形体二；（c）形体三

4. 抓住形体特征视图

在物体的一组视图中，首先找出最能反映物体形状特征的视图，重点阅读。如柱状物体，一个投影反映端面实形。如图 6－11（a）、（b）、（c）等所示的形体，只要将特征线框逆着投射方向拉伸出来，就可想象出物体的空间形状。

组合体各部分按一定的位置关系组合，根据反映各组成部分之间组合方式的位置特征视图来想象物体各部分的相对位置。如图 6－18（a）所示的主视图，形体有一个投影在另一形体同面投影之外，组合方式为叠加。如图 6－18（b）所示的形体为挖切。

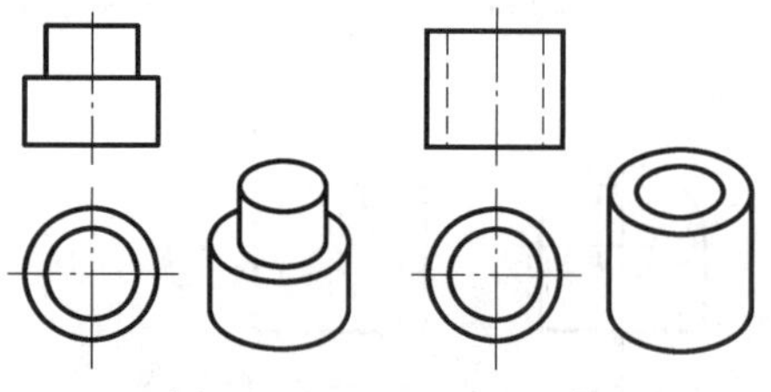

(a)　　(b)

图 6－18　从位置特征视图想象物体各部分的相对位置

（a）形体一；（b）形体二

5．清楚图线的虚实变化

在视图中用粗实线表示形体的可见轮廓，虚线表示不可见轮廓，可能是形体内部的孔、槽、洞等。如图 6－19（a）、（b）所示两个形体，只是主视图中有虚线与粗实线的区别。图 6－19（a）所示的挡土墙为底板上居中放置一块三棱柱支撑板。底板、竖板组合后与支撑板的前表面不平齐，故分界处有粗实线。图 6－19（b）所示的挡土墙为底板上前后各放置一块三棱柱支撑板。底板、竖板组合后与两支撑板的前或后表面平齐，故分界处无线，虚线表示的是中空部分的投影。如图 6－19（c）、（d）所示的两个形体，根据主视图中虚线和粗实线，可判断出图 6－19（c）所示的形体应前面挖方孔，后面挖半圆孔。而图 6－19（d）所示的形体应正好相反。

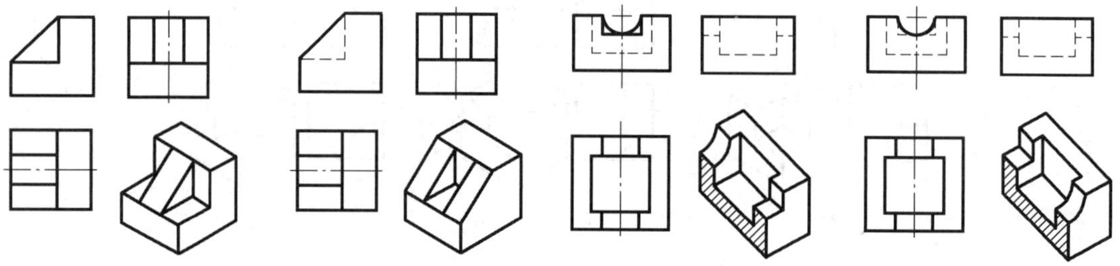

(a)　　(b)　　(c)　　(d)

图 6－19　从虚实线的变化想象物体各部分的相对位置

（a）形体一；（b）形体二；（c）形体三；（d）形体四

6．投影图中线框的意义

视图中的线框通常表示的是面，可能是形体上的平面、曲面、平曲组合面或是通孔的投影。如图 6－20 所示，对照各个视图的投影，若线框对应直线，表示平面，A、B、C 为平面；对应曲线，表示曲面，D 为曲面；对应直线与圆弧相切，表示平曲组合面，E 为平曲组合面。

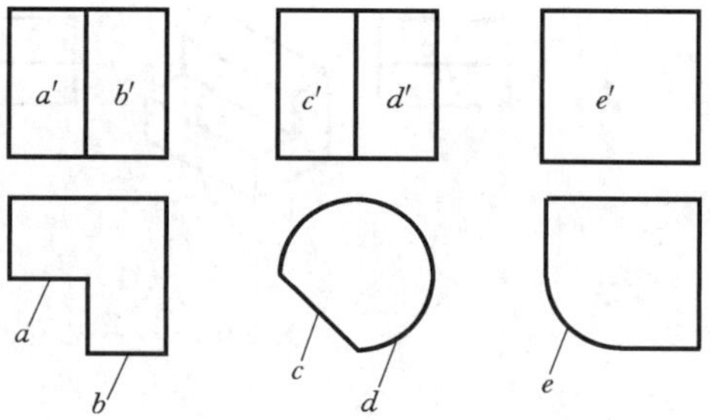

(a)　　(b)　　(c)

图 6－20　线框的意义

（a）形体一；（b）形体二；（c）形体三

二、读图的基本方法

1．形体分析法

读图时，常以形体分析法为主。该方法读图的思路基本上是将视图分解、运用投影规律识读，综合起来想象组合体。

一般采用下列步骤进行读图：以基本立体为读图单元，将视图中的线框看作表示形体的投影；通过各视图之间的投影关系，将视图中的线框分解成几个部分，然后分别想象出它们的形状、相对位置以及组合形式；最后综合想象出组合体的整体形状。

注意：读图基础知识是读图的关键。

下面以如图6－21（a）所示为例说明形体分析法的具体读图步骤。

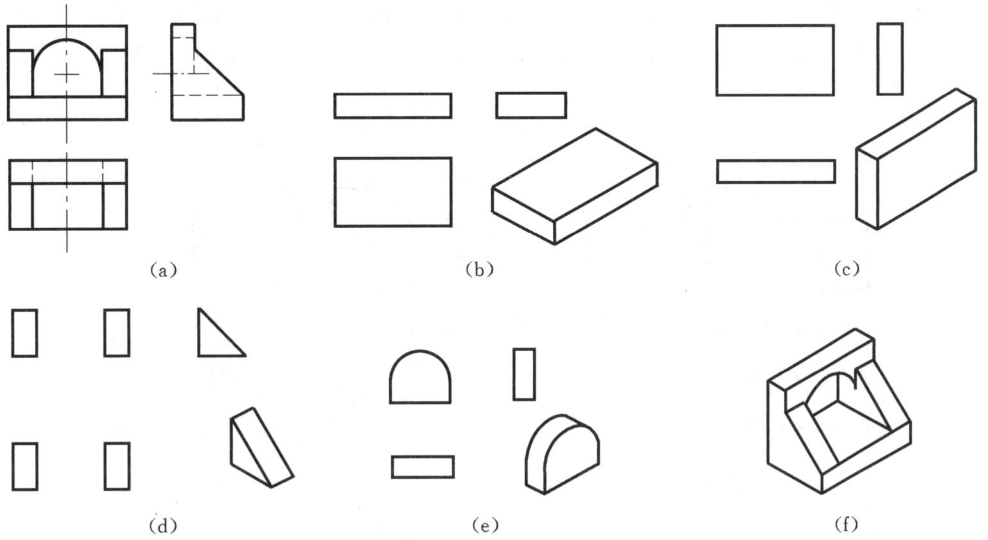

图6－21 形体的读图过程

（a）投影图；（b）底板；（c）直墙；（d）翼墙；（e）“∩”形柱；（f）形体直观图

（1）分析视图、分解视图。从形状特征线框开始，按投影关系找出表达构成组合体的各个部分，将找出的视图分解为封闭线框。

（2）对投影、逐块想形状。按投影关系找出各块对应的投影，逐块分析、想象。底板为矩形板，如图6－21（b）所示。直墙为矩形板，如图6－21（c）所示。直墙中间挖切掉的“∩”形柱，如图6－21（e）所示。翼墙为三棱柱，如图6－21（d）所示，左右各有一个。

（3）综合起来想整体。各部分的形状和位置关系、组合形式及各表面的连接方式确定后，进行组合，想象出组合体的整体形状。直墙叠合在底板上面，后端面平齐。两个三棱柱叠加在底板的上面，左或右端面与底板、直墙平齐，后端面与直墙贴合，叠加在直墙前面。物体的总体形状如图6－21（f）所示。

2. 线面分析法

将形体看成是由若干面包围而成。把视图中的线框看作表示形体上的表面，把线看作是表示形体上的线或面。线面分析法就是根据各视图上的图线和线框，分析所表达形体的线、面的空间形状及其相对位置，综合起来想象物体的形状。线面分析法读图不容易有形体的概念，一般作为辅助读图方法。通常在下述情况下应用：①形体或其局部形状与常见形体差异较大，用形体分析法难于看懂；②分析形体被切割后形成的某些表面；③形体的投影关系重合，不能依靠“三等”关系来分清各自的对应投影。

（1）线面分析法的基础知识。在用线面分析法读图时，首先在视图中找出代表各表面投影的线或线框。点、线、面（包括曲面）的投影规律是读图的基础，此外还应掌握一些由此而派生出来的规律性的结论，以提高投影分析、空间思维的速度。

1）视图中的线。读图时，应与其他视图投影对照，识别、确定视图中的线是表示体上的线还是面。如果表示直线，其他两面投影应分别为线、点或线、线；如果表示平面，则必为投影面垂直面，三面投影的关系应是斜线对应两个封闭线框或两特殊位置线对应一个线框。如图 6－22（a）中的线Ⅰ、线Ⅱ，线Ⅰ应为 P 面的投影，线Ⅱ应为 P 面与 Q 面的交线。

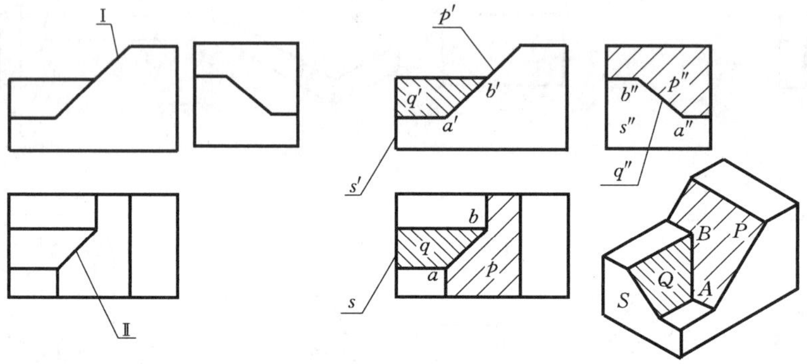

图 6－22　视图中图线、线框的含义
（a）分析图线；（b）分析线框

2）视图中相邻的线框。当形体为平面体时，视图中两相邻线框表示两个不同的平面。它们的相互位置或者相交，或者有高低、平斜、前后、左右之分，需对照其他视图才能判断。如图 6－23 所示，主视图上左低右高的梯形线框，在俯视图上必与最前的直线相对应，从而确定该面必位于最前面，且为正平面；俯视图上相邻的三个矩形线框，必分别与主视图上不同的直线相对应，代表体上的三个表面，从而确定它们的相对位置，帮助想象物体的形状。想一想，图 6－23（b）所示形体还有可能是其他形状吗？

3）视图之间找线框对应投影。除了“三等”关系外，对于平面的投影有“不类似必积聚”的关系存在。在视图之间找不到类似图形时，必有积聚性线段相对应，如图 6－22（b）中的 Q 面、S 面。

图 6－23　判断形体上各面的相对位置
（a）形体一；（b）形体二；（c）形体三

判断类似图形注意：n 边形对应 n 边形；平行边对应平行边，平行边的边长之比相等；两可见线框对应顶点的排序应有同向性。如图 6－22（b）所示的 Q 面，由主视图的梯形线框，“长对正”与俯视图对照，有一个矩形线框和一个梯形线框与之长对正，根据类似图形法则，显然应与梯形线框对应。

判断积聚性投影的法则是：视图上的可见线框，不会积聚成物体的后端面、右端面、下端面；视图上两相邻线框，不会积聚为同一条

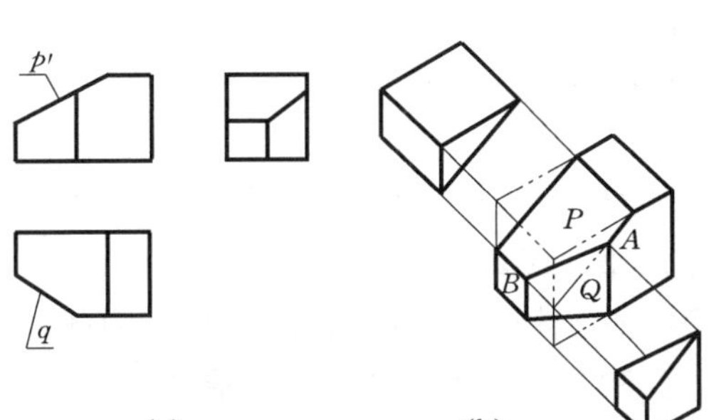

(a)　　(b)

图 6-24　线面分析法读图

(a) 投影图；(b) 形体直观图

直线。

下面以图 6-24（a）为例，说明线面分析法读图的步骤。

通过三个视图，看到左上角和左前角被切去，应为平面切割体，其形状特点与基本体相差较大。可以先将其想象为一长方体，经切割后形成。然后分析被什么平面所截，切割后形成的截断面的形状，从而想出该形体的形状。根据投影关系，可以看出该形体是由长方体经正垂面 P 和铅垂面 Q 的截切而形成。平面 P 面切割后的截断面为五边形，平面 Q 面切割后的截断面为四边形，它们的交线 AB 是一般位置直线，由此想象出该形体的形状如图 6-24（b）所示。因此，线面分析法读图的基本步骤是：分线框，找投影；想形状，定位置；综合起来想整体。

三、读图举例

阅读三个视图、根据给出的两个视图补画第三视图、读图补漏线等是培养空间想象能力的常用方法。

【例 6-3】　如图 6-25 所示台阶的投影图，试读出台阶的形状。

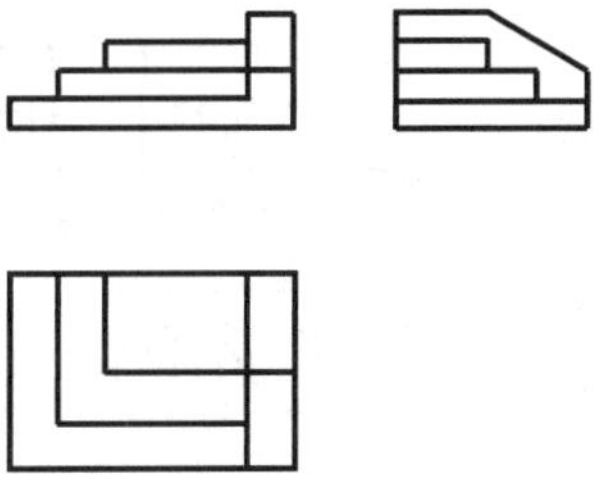

图 6-25　台阶的投影图

(1) 分析视图、分解视图。根据投影图将形体分为左右两部分。可以判断左侧由三个基本立体组成，右侧只有一个基本立体，如图 6-25 所示。

(2) 对照投影想象形状。右侧是一个五棱柱；左侧是三个四棱柱，如图 6-26（a）所示。

(3) 综合起来想整体。左侧的三个四棱柱叠合起来，后端面平齐，右端面平齐。左侧部分和右侧部分叠合，下方平齐，后端面平齐。物体的总体形状如图 6-26（b）所示。

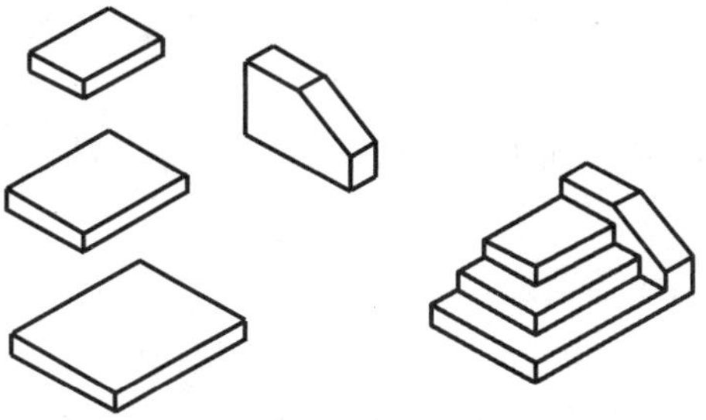

(a)　　(b)

图 6-26　台阶的读图

(a) 分解图形；(b) 整体形状

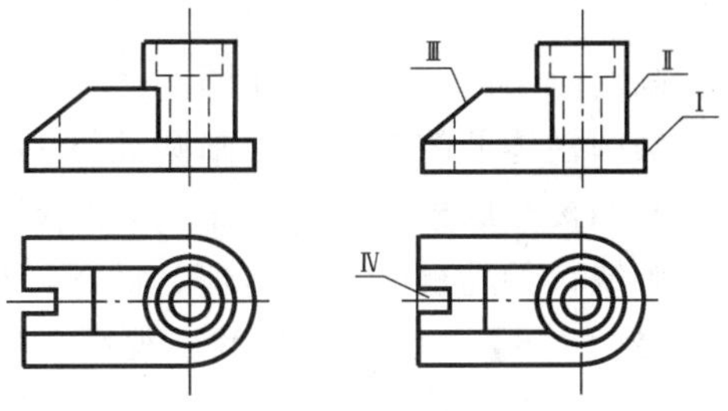

(a)　　(b)

图 6-27　物体的主、俯视图及形体分析

(a) 投影图；(b) 形体分析

【例 6-4】　已知物体的主视图、俯视图，如图 6-27（a）所示，补画左视图。

（1）读图。用形体分析法，从形状特征线框开始，分解视图，把物体分为几个部分。

按主视图封闭线框，对应俯视图，可以把形体主要分为三部分。Ⅰ底板、Ⅱ圆柱体、Ⅲ四棱柱肋板。如图 6－27（b）所示。

进一步分析细节。主视图上左侧的虚线通过投影和俯视图上的矩形缺口对应，说明该部分上下挖通。主视图上右侧的虚线表示直径不同的圆柱孔。

在形体分析的基础上，判断各部分的相对位置。圆柱体Ⅱ、四棱柱肋板Ⅲ在底板Ⅰ的上方与Ⅰ叠合，同时圆柱体Ⅱ、四棱柱肋板Ⅲ相贯。在四棱柱肋板Ⅲ上切去形体Ⅳ形成缺口。

形体被分成四个部分，再按投影图上表达的位置关系组装起来，就可想象出物体的空间形状。如图 6－28（e）所示。

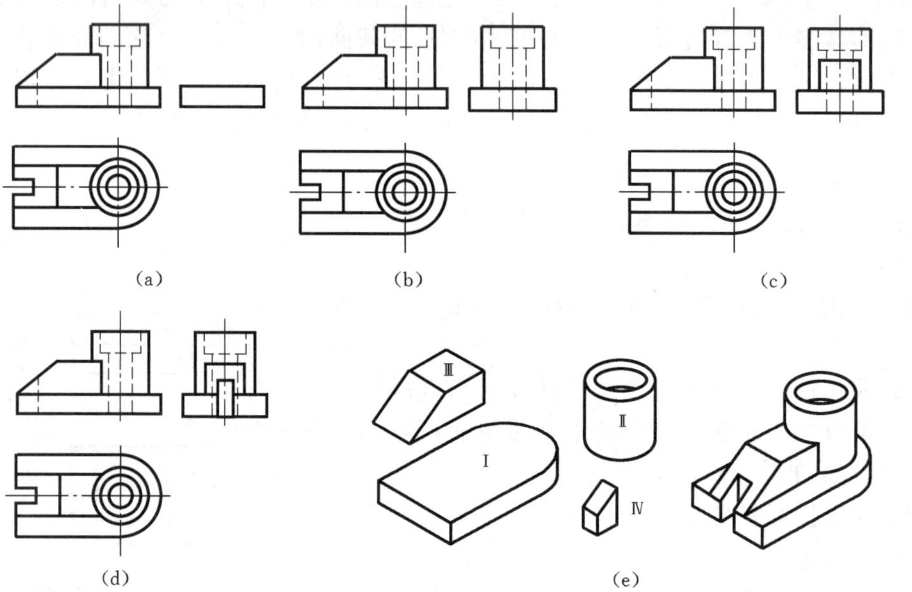

图 6－28　补画形体左视图的过程

（a）画形体Ⅰ；（b）画形体Ⅱ；（c）画形体Ⅲ；（d）画形体Ⅳ、描深；（e）形体直观图

（2）画图。按形体分析法补画左视图的过程，如图 6－28 所示。图 6－28（d）为完成的左视图。

画底板Ⅰ的左视图，如图 6－28（a）所示。

画圆柱体Ⅱ的左视图，画圆柱体上圆柱孔的左视图，如图 6－28（b）所示。

画四棱柱肋板Ⅲ的左视图，如图 6－28（c）所示。

画缺口的左视图，并整理、描深，如图 6－28（d）所示。

【例 6－5】　已知物体的主视图、俯视图，如图 6－29（a）所示，补画左视图。

（1）读图。该图按形体分析法不容易看出所表达形体的形状，需要利用线面分析法进行分析。

按主视图封闭线框，可分为 1′、2′两个线框。

线框 1′按长对正关系，在俯视图中找到类似图形 1；在 1′和 1 中包含两条侧垂线，因此平面Ⅰ为侧垂面。平面 2′在俯视图中找不到类似图形，根据“不类似必积聚”，因此平

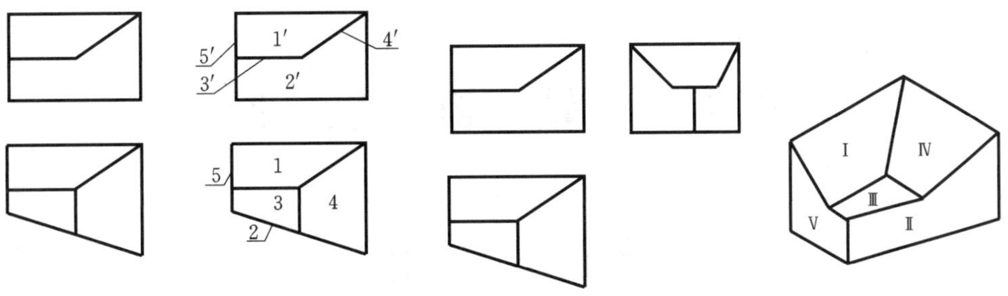

(a)　(b)　(c)　(d)

图 6-29　视图阅读分析

(a) 已知；(b) 线面分析；(c) 补画视图；(d) 直观图

面Ⅱ在俯视图中的投影积聚为一直线，其位置为 2，可以判断平面Ⅱ为铅垂面。

在俯视图还有 3、4 两个线框。3 在主视图上无类似图形，其积聚投影为直线 3′，平面Ⅲ为水平面。同样分析，平面Ⅳ为正垂面。

根据以上分析确定各平面的相互位置，想象该形体的形状，如图 6-29（d）所示。

（2）画图。按线面分析法补画左视图。图 6-29（c）为完成的左视图。

【例 6-6】　补画图 6-30 中所缺的漏线。

分析：由三视图可以看出此物体由三部分构成，下部为 T 形柱，中部为一个四棱柱上方带有半圆柱孔的 U 形柱，上部为半个空心圆柱。中部 U 形柱上半个圆柱的轴线与上部半个圆柱孔的轴线为同一直线，且半径相等，形成一个圆柱孔；下部 T 形柱的左右两侧挖切有半圆柱通槽，物体的形状如图 6-31（a）所示。

补漏线：①圆柱孔的投影漏画（左视图、俯视图）；②T 形柱的投影漏画（俯视图）；③“T”形柱上两侧半圆柱通槽的投影漏画（主视图、左视图）。

补画后的形体三视图如图 6-31（b）所示。注意：相切的表面不应画出分界线。

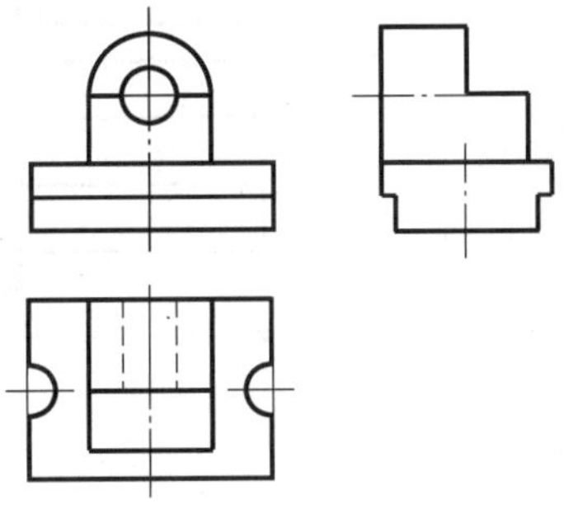

图 6-30　读图补漏线

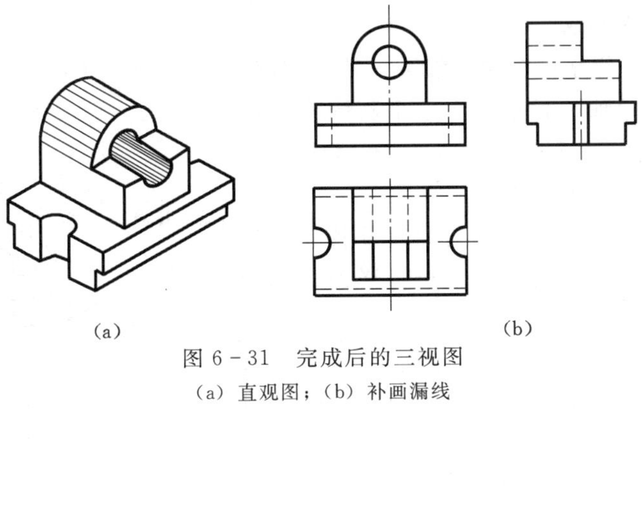

(a)　(b)

图 6-31　完成后的三视图

(a) 直观图；(b) 补画漏线

第7章 轴 测 投 影

7.1 概 述

轴测投影图是一种立体图，简称轴测图。

前面几章所介绍的正投影图是用水平投影、正面投影、侧面投影三个图形共同反映一个物体的形状，需具备一定的专业读图知识和能力方可读懂。而轴测图则是用一个图形直接表示物体的立体形状，有立体感，比较容易看懂。前面几章插图中的立体图就是轴测图，轴测投影能将一个形体长、宽、高三个方向的尺寸，同时反映在一个图形上，图形比较直观，如图 7-1 所示。从图中发现，轴测图虽然直观性较强，但物体表面发生变形，测量尺寸不方便，绘图也比较复杂，因此在工程图样中，轴测图仅作为辅助图样。

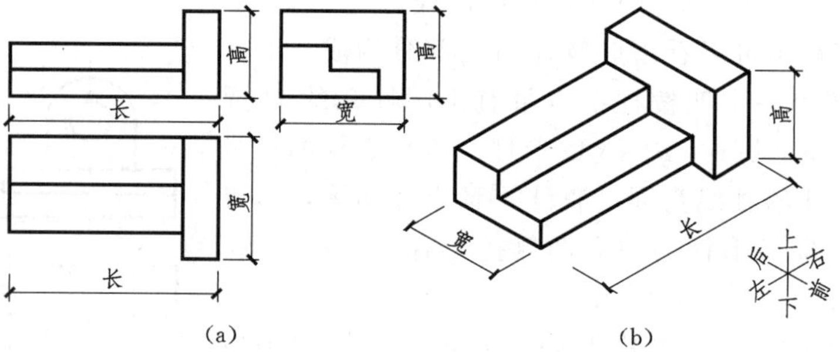

图 7-1 正轴测图与投影图

(a) 正投影图；(b) 轴测投影图

通过从正投影图（二维）到轴测图（三维）正向和逆向的思维训练，可以帮助我们进一步加强形体的空间想象力和图形的表达能力，建立形体的空间感。

一、轴测投影的形成

轴测投影是用一组平行投影线按某一特定方向，将形体连同三个坐标轴一起投射在一个新的投影面上形成的投影，如图 7-2 所示。

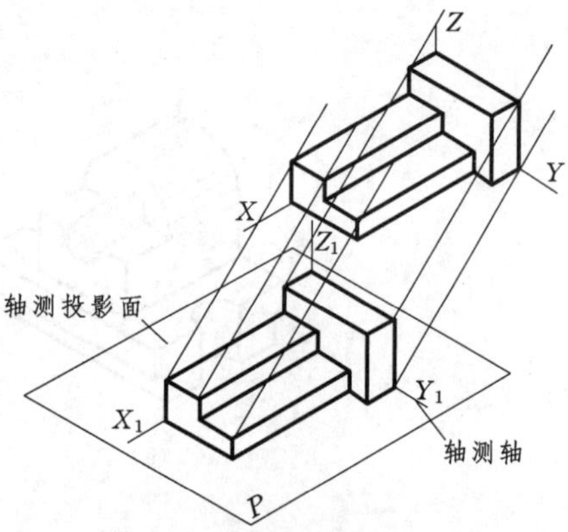

图 7-2 轴测投影的形成

轴测投影的形成有两种方法：

第一种方法是将物体三个方向的面及其三个坐标轴均与投影面倾斜，投射线垂直于投影面，称为正轴测投影，简称正轴测。

第二种方法是将物体一个方向的面及其两个坐标轴与投影面平行，投射线与投影面斜交，称为斜轴测投影，简称斜轴测。

这两种方法都只用一个投影面，称为轴测投影面。三个坐标轴在轴测投影面上的投影称为轴测轴。三个轴测轴之间的夹角称为轴间角。轴测轴上的单位长度与相应坐标轴上的单位长度的比值称为轴向伸缩系数；OX、OY、OZ 轴的轴向伸缩系数分别表示为：$p_1=O_1X_1/OX$，$q_1=O_1Y_1/OY$，$r_1=O_1Z_1/OZ$。

轴间角和轴向伸缩系数是轴测投影中两个最基本的要素，不同类型的轴测图表现为不同的轴间角和轴向伸缩系数。

二、轴测投影的分类

轴测投影分为正轴测投影和斜轴测投影两大类。

（1）正轴测投影：投射线与投影面垂直，形体的长、宽、高三个坐标轴与投影面倾斜所形成的投影。

（2）斜轴测投影：投射线与投影面倾斜，形体的长、宽、高三个坐标轴有两个与投影面平行所形成的投影。

用轴测投影方法画成的图，简称轴测图。

如前所述轴测投影分为正轴测投影和斜轴测投影两大类。每一类又根据轴间角和轴向伸缩系数的不同分为三种：

（1）正（或斜）等测投影：三个轴向伸缩系数均相等，即 $p_1=q_1=r_1$。

（2）正（或斜）二测投影：仅有两个轴向伸缩系数相等，如 $p_1=r_1\neq q_1$。

（3）正（或斜）三测投影：三个轴向伸缩系数均不相等，即 $p_1\neq q_1\neq r_1$。

三、轴测投影图的特点

（1）在正轴测投影中，由于物体各面对轴测投影面的倾斜角度不同；或在斜轴测投影中，投射线与轴测投影面的倾斜角度不同，同一物体可以画出多个不同的轴测图。不同的轴测图，它们的三个轴测轴的方向及轴间角都不同。

（2）在轴测投影中，直线的投影仍为直线，空间平行直线的轴测投影仍然互相平行。所以与坐标轴平行的线段，其轴测投影也平行于相应的轴测轴。直线的分段比例在轴测投影中比例仍不变。

（3）任何轴测图，凡物体上与三个坐标轴平行的直线尺寸，在轴测图中均可沿轴测轴的方向量取；与坐标轴不平行的直线，其投影可能伸长或缩短，不能在图上直接量取尺寸，而要先定出该直线两端点的位置，再连接得到该直线的轴测投影。

7.2 正 轴 测 图

根据轴测投影的特点，同一形体可以作出不同的正轴测投影，常用的正轴测投影为正等轴测图和正二等轴测图，现在分别介绍如下：

一、正等轴测图

正等轴测图，简称正等测，绘制正等测图时，应首先确定轴测轴。可画一条水平线并确定其中一点为 O_1 点，过 O_1 点分别沿左下和右下两方向作与水平线成 30°夹角的线，即

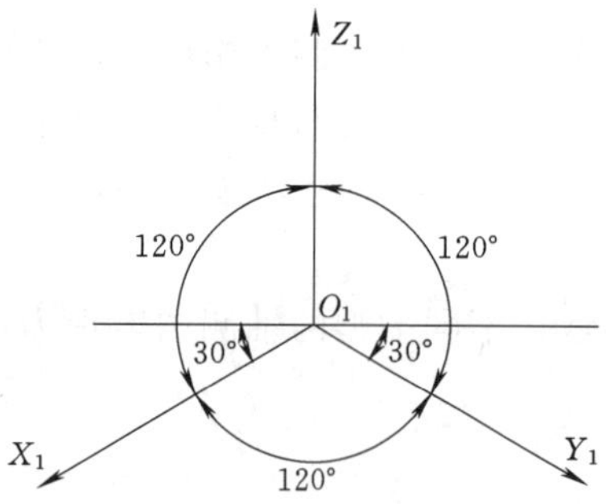

图 7-3　正等测轴的确定

为 X_1 与 Y_1 轴，过 O_1 点再作一条竖直线，即为 Z_1 轴，如图 7-3 所示。

可以证明正等测投影的三个轴向伸缩系数相等，即 $p=q=r=0.82$，为作图方便，习惯上简化为 1，也就是说可以直接按实际尺寸作图。

根据形体特点，通过形体分析可选择各种不同的作图方法，绘制轴测图常用的方法主要包括叠加法、切割法和坐标法等。

1. 坐标法

坐标法是根据物体表面上各点的坐标，画出各点的轴测图，然后依次连接各点，即得该物体的轴测图。

【例 7-1】　用坐标法作长方体的正等测图，如图 7-4 所示。

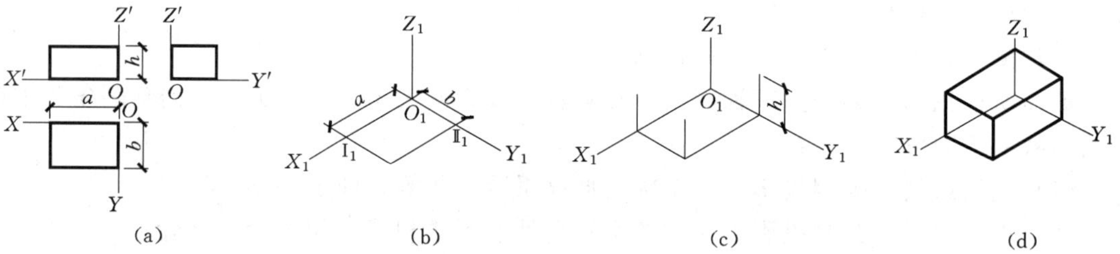

图 7-4　用坐标法画长方体正等测图

(a) 形体投影和标注坐标；(b) 画出长方体底面的轴测图；(c) 量长方体的高度；(d) 连接各点加深图线

【例 7-2】　根据形体正投影图画出其正等测图，如图 7-5 所示。

解： 此形体由两个棱柱体叠加而成。作图步骤如下：

(1) 先画下方棱柱体的轴测图。

确定正等测轴，画出棱柱底面轴测图，从底面各个顶点引竖直线截取棱柱高，即得棱柱的正等测如图 7-5 (b) 所示。

(2) 再画上方棱柱体的轴测图。

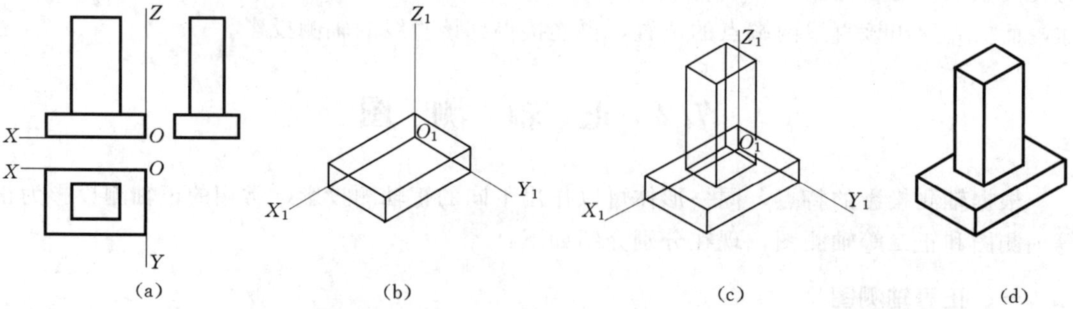

图 7-5　正等测的作图方法

(a) 已知形体投影图；(b) 画出下部形体的轴测图；(c) 画出上部形体的轴测图；(d) 加深加粗图线

在已画好的棱柱体上表面确定正等测轴，画出棱柱底面轴测图，从底面各个顶点引竖直线截取棱柱高，即得上方棱柱体的正等测图，如图 7-5（c）所示。

（3）按照形体的空间关系，将可见部分的线条加深，即得到该形体的正等测图，如图 7-5（d）所示。

【例 7-3】 已知基础的投影图如图 7-6（a）所示。求作它的正等测图。

解： 作图步骤如下：

（1）先画轴测轴，然后画出棱柱底面轴测图如图 7-6（b）所示。

（2）从底面各个顶点引竖直线截取棱柱高，即得棱柱的正等测如图 7-6（c）所示。

（3）棱台下底面与棱柱顶面重合。

（4）画侧棱可先定出它的两个端点，然后连成斜线如图 7-6（d）、（e）、（f）所示。

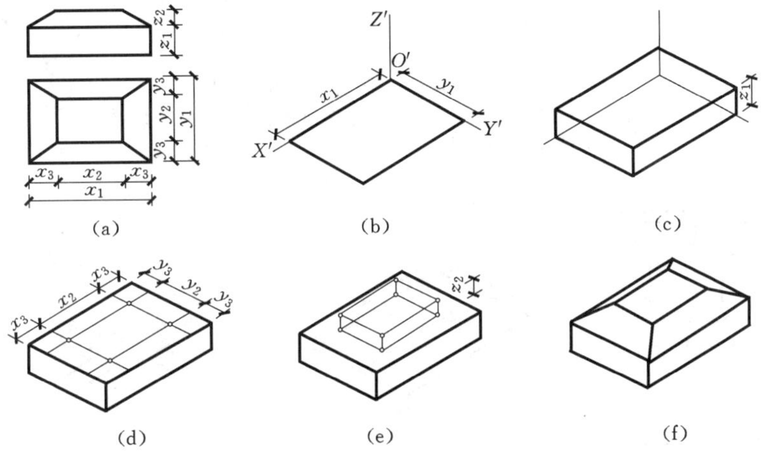

图 7-6 基础的正等测画法

（a）已知形体投影图；（b）画棱柱底面；（c）画棱柱顶面；（d）、（e）棱台定点；（f）连线形成整体

2. 叠加法

【例 7-4】 用叠加法画出如图 7-7（a）所示形体的正等轴测图。

【例 7-5】 根据柱顶节点的投影图，如图 7-8（a）所示。作出它的正等测图。

解： 应选择从下向上的投影方向，才能把柱顶节点表达清楚不被遮挡。

（1）从左、前、下方向右、后、上方投射的方向，画出楼板的正等测图，如图 7-8（b）所示。

（2）在楼板底面上画出柱、主梁和次梁的投影位置，如图 7-8（c）所示。

（3）作柱的正等测图，如图 7-8（d）所示。

（4）根据主梁的位置及高度作出主梁的正等测图，如图 7-8（e）所示。

（5）再作次梁的正等测图。最后擦去不可见线条，画出截面处的材料图例（该步可在学习第 8 章后完成），得到节点正等测图，如图 7-8（f）所示。

3. 切割法

【例 7-6】 用切割法画出如图 7-9（a）所示形体的正等轴测图。

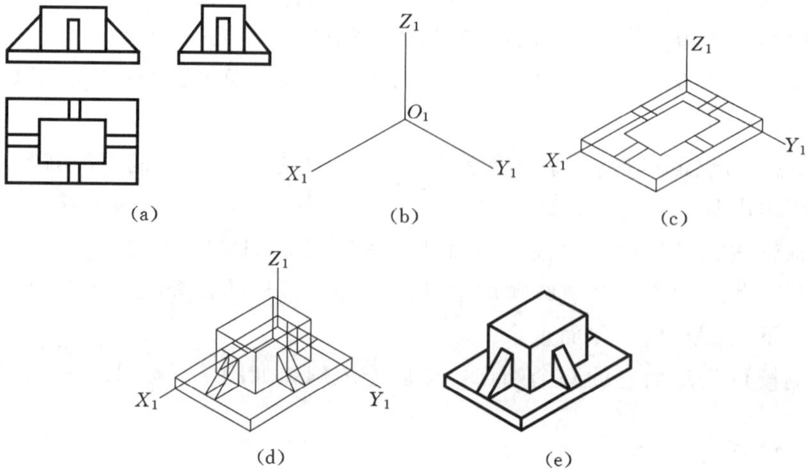

图 7-7　用叠加法画形体的正等测图

(a) 已知形体投影图；(b) 画正等轴测轴；(c) 画底板；
(d) 叠加画长方体和三棱柱体；(e) 加深加粗图线

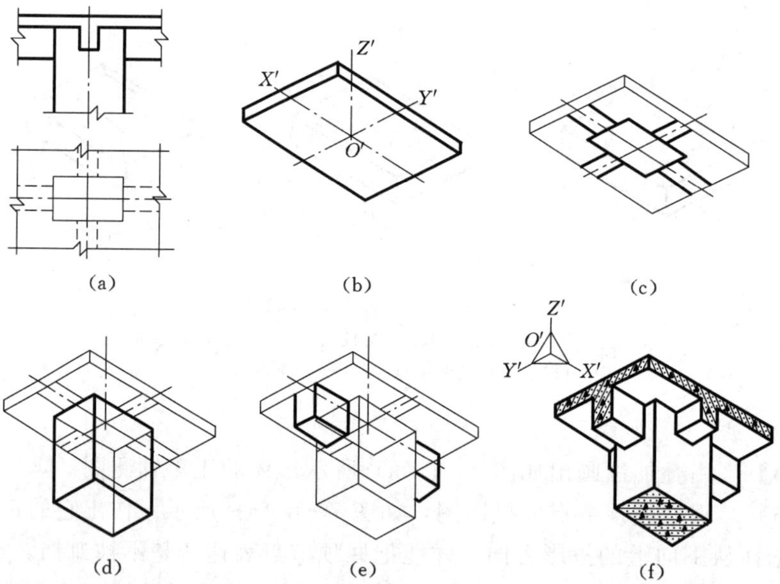

图 7-8　柱顶节点正等测

(a) 已知形体投影图；(b) 选投射方向，先画楼板；(c) 再画柱、梁位置；
(d) 画柱子；(e) 画主梁；(f) 完成整体

二、正二等轴测图

正二等轴测图，简称正二测，正二测与正等测的不同之处在于三个坐标轴中只有两个与轴测投影面的倾角相等，因此，这两个轴的轴向伸缩系数一样，三个轴的轴间角也只有两个相等。

正二测的轴测轴画法如图 7-10 所示。

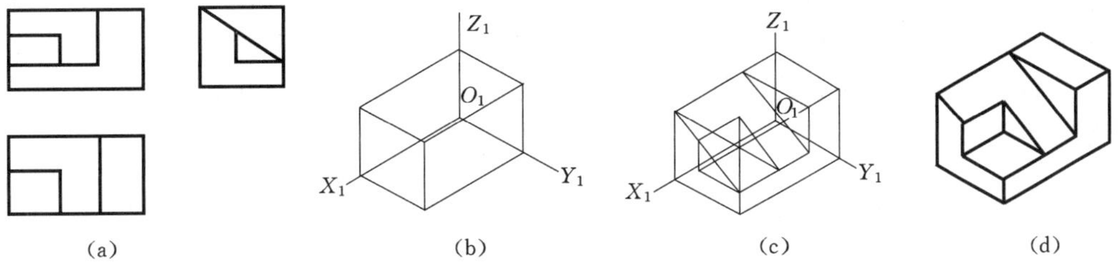

图 7-9　用切割法画形体的正等测图

(a) 已知形体投影图；(b) 画轴测轴和长方体的轴测图；(c) 画出切割形体的轴测图；(d) 连接各点加深图线

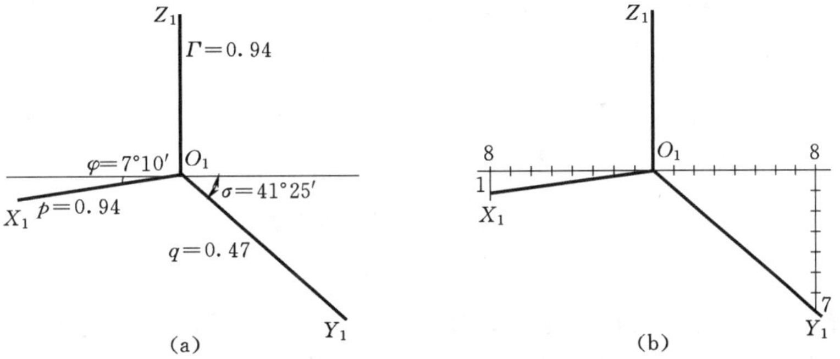

图 7-10　正二测轴的确定

(a) 用角度表示；(b) 用比例表示

根据计算，正二测的三个变形系数分别为：$p=r=0.94$，$q=0.47$。

为作图方便，将三个变形系数简化为：$p=r=1$，$q=0.5$。

画正二测图时，同样也要先作形体分析。可采用叠加法、切割法和坐标法等，这三种方法也可以综合运用。作图参考正等测作法。

7.3　斜　二　测　图

在斜轴测投影中，为充分反映形体的特征，并使作图简便，常采用斜二测图，也就是使物体的一个面与轴测投影面平行，这个面在图中反映实形。

斜二测主要包括两种：正面斜二测和水平斜二测。

一、正面斜二测

正面斜二测图中，O_1Z_1 和 O_1X_1 之间的轴间角是 90°，两者的轴向伸缩系数都等于 1，即 $p=r=1$；垂直于投影面的轴向伸缩系数取 0.5，如图 7-11（a）所示。这个特性使斜二测图的作图较为方便，对于具有较复杂的正面形状的形体，这个优点尤为显著。

二、水平斜二测

水平斜二测图中，O_1X_1 和 O_1Y_1 之间的轴间角是 90°，两者的轴向伸缩系数都等于 1，即在水平斜二测图上能反映与 H 面平行的平面图形的实形。通常，轴间角 $Z_1O_1X_1$ 取

120°，O_1Z_1 轴的轴向伸缩系数取 0.5。画图时常把 O_1Z_1 画成竖直方向，O_1X_1 和 O_1Y_1 则分别与水平线成 30°和 60°角，如图 7-11（b）所示。水平斜二测图适宜用来绘制一个区域的总平面，反映区域中各建筑物、道路、设施等的平面位置及相互关系，以及建筑物和设施等的实际高度。

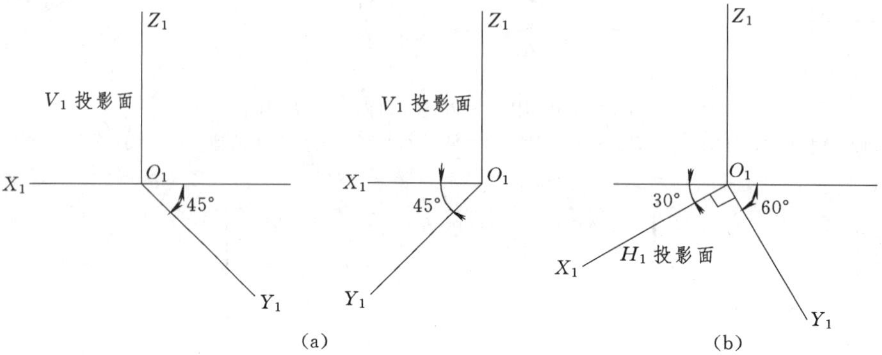

图 7-11　斜二测轴的确定

（a）正面斜二测；（b）水平斜二测

【例 7-7】　根据台阶的正投影图，如图 7-12（a）所示。求作它的正面斜二测图。

分析：使形体的正面与 V 面平行，则该面在 V_1 面上的投影反映实形。

解：（1）先把台阶的正面投影（最能反映台阶的特征）布置在 $Z_1O_1X_1$ 斜二测投影面上，台阶深度按照垂直于投影面的轴向伸缩系数取 0.5 画出。

（2）再把栏板的正面投影布置在台阶一侧的 $Z_1O_1X_1$ 斜轴测投影面上，栏板深度按照垂直于投影面的轴向伸缩系数取 0.5 画出。

（3）按照形体的空间关系，将可见部分的线条加深，即得到该形体的正面斜二测图。如图 7-12（d）所示。

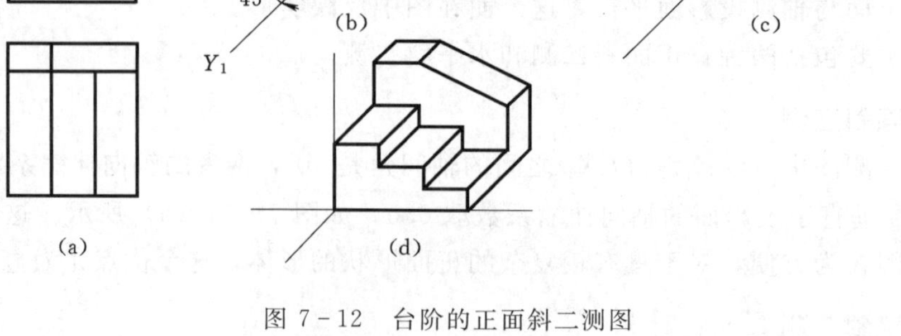

图 7-12　台阶的正面斜二测图

（a）已知形体投影图；（b）选台阶侧面为正面；（c）画台阶的斜二测图；（d）画栏板并连接台阶

【例 7-8】　根据形体的投影图画出其水平斜二测图，如图 7-13 所示。

分析：使形体的上表面与 H_1 面平行，则该面在 H_1 面上反映实形。

解：（1）先把形体的水平面投影布置在 $X_1O_1Y_1$ 斜二测投影面上，如图 7－13（b）所示。

（2）从底面各个顶点引竖直线，并截取（轴向伸缩系数等于 0.5）该形体的高度的一半。

（3）按照形体的空间关系，将可见部分的线条加深，即得到该形体的水平斜二测图。如图 7－13（c）所示。

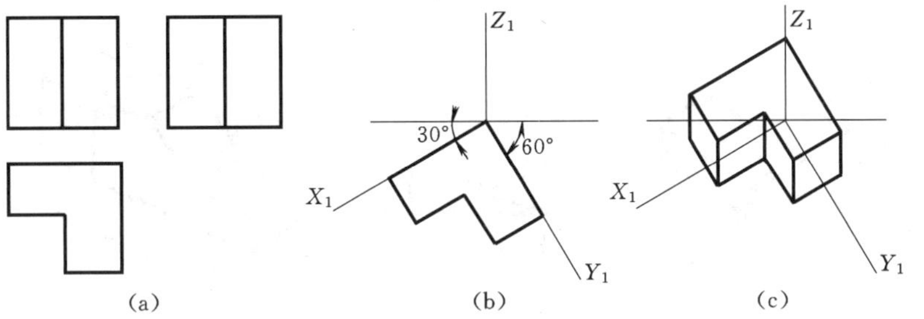

图 7－13　形体的水平斜二测图

（a）已知形体投影图；（b）画形体的底面；（c）形成整体

【例 7－9】　试根据总平面图，如图 7－14（a）所示，作总平面的水平斜二测图。

解：先将总平面图旋转 30°画出，然后在房屋的平面图上向上画出高度，如图 7－14（b）所示。

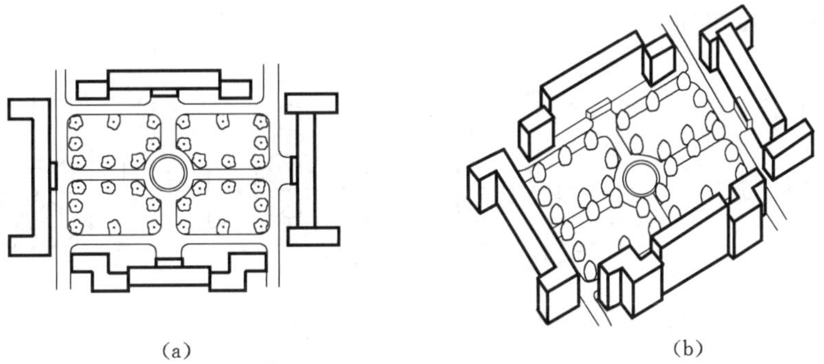

图 7－14　总平面的水平斜二测图

（a）总平面图；（b）旋转 30°按房屋实际高度作图

7.4　徒手绘图的基本技巧

学习工程制图，除须掌握绘图工具工整地绘制工具线条图外，还应学会徒手绘图。在学习中，既要树立一丝不苟、严肃认真的态度，又要培养快捷灵活徒手绘图的技能。徒手绘图不受工具的限制，能方便、快捷地表达设计构思，不仅成为设计师方案设计最常用的方法，而且成为实际工程中工程技术人员相互交流的重要手段。

徒手绘图需要具备一定的绘画基础，并且需要一个长期的训练过程，应经常地利用一些零碎的时间作练习，不断巩固提高。

在第 1 章已经介绍了一些徒手绘图知识，本节将结合轴测图的绘制继续介绍相关内容。

一、徒手绘图技能训练

1. 树立按比例绘图的观念

徒手绘图是一种不用绘图仪器和工具，按目测比例徒手画出的图样。由于徒手草图并不是潦草的图，因此，要仔细观察形体，把握好比例，图形表达正确，线型分明，如图 7-15 所示。

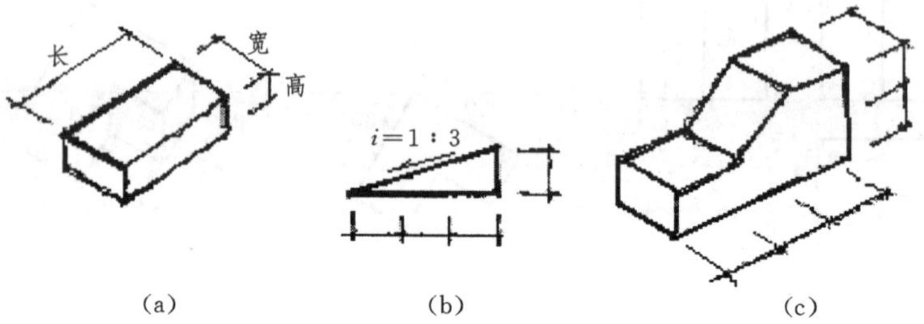

图 7-15 仔细观察形体的比例

(a) 长∶宽∶高约为 4∶2∶1；(b) 坡度 $i=1:3$；(c) 形体各部分间的比例

2. 画几何体轴测图

先画三投影面图。画一条水平线，再画一条垂直线与其相交为 O 点，过 O 点分别作一条直线与水平线成 30°角，得 OX、OY、OZ 轴，最后分别画出与 OX、OY、OZ 轴平行的一组直线组成三投影面，如图 7-16 (a)、(b) 所示。

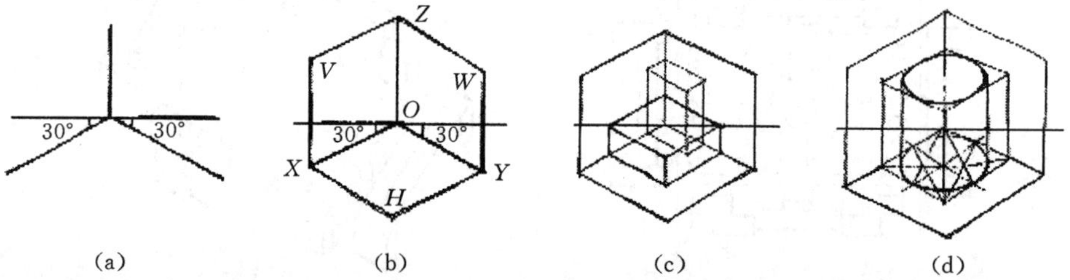

图 7-16 徒手画几何体轴测图

(a) 先画轴测轴；(b) 再画三投影面；(c) 画棱柱体；(d) 画圆柱体

画几何体轴测图要弄清形体的长、宽、高和相互间的比例。要反复练习把投影图画成立体图，再把立体图画成投影图，如图 7-16 (c)、(d) 所示。

3. 画组合体轴测图

画组合体时先要分清组合体的组合方式，如叠加型、切割型还是综合型等；其次，选择用哪一种轴测图表现形体；然后画出组合体的平面，确定主要转折点的位置，再量取形体的高，最后按照形体的空间关系，将可见部分的线条明确肯定，即得到该形体的轴测图。如图 7-17 所示。

二、徒手绘图在建筑设计中的应用

徒手绘图在建筑设计中的应用见图 7-18 和图 7-19。

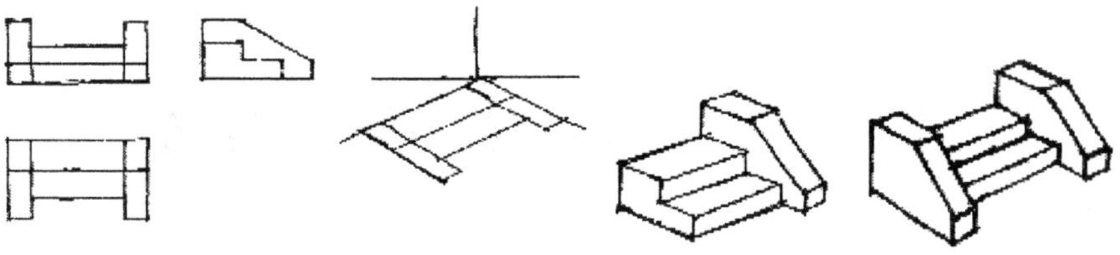

(a)　　(b)　　(c)　　(d)

图 7-17　徒手画组合体轴测图

(a) 先画台阶投影图；(b) 再画台阶的底面；

(c) 画台阶和一侧栏板；(d) 平移栏板到另一侧并完成

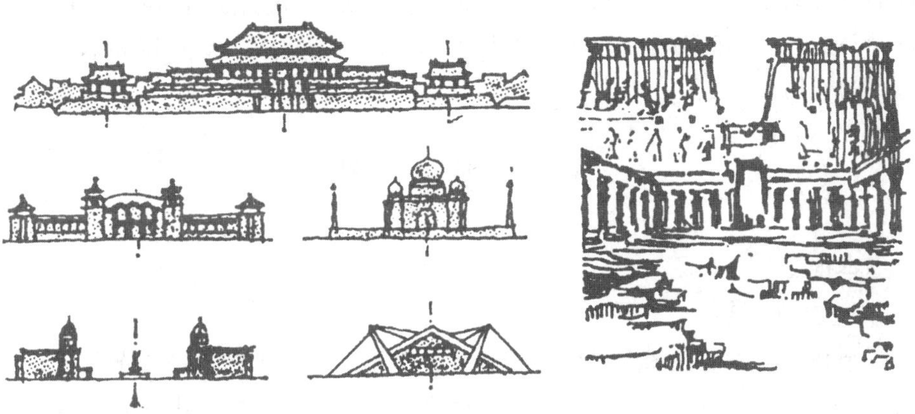

图 7-18　徒手绘图在建筑设计中的应用（一）

图 7-19　徒手绘图在建筑设计中的应用（二）

第 8 章 建筑形体的表达方法

通过前面的学习，我们知道一般的简单形体，用三视图即可反映出形体的全貌。在实际工程图样中，仅仅使用三视图有时很难将复杂物体的外部形状和内部构造准确、完整、清晰地表示出来，需设置足够多的投影面，较复杂的形体可用六个基本视图表达，必要时可绘制剖切视图。剖切视图按其表达的内容可分为剖面图和断面图两种。在《房屋建筑制图统一标准》（GB/T 50001—2001）中对建筑形体的表达方法做了明确的规定，主要包括视图的绘制与配置、剖面图与断面图、图样的简化画法等内容。对绘制和识读工程图样有着极为重要的作用。

8.1 视　　图

一、基本视图

1. 基本视图的形成

表达一个物体所需的视图数量取决于物体外部形状和内部结构的复杂程度。当建筑形体的外部形状比较复杂时，其六个方向的投影形状可能都不相同。为清晰地表达物体六个方向的投影形状，需要在原有 H、V、W 三面投影体系中，再增加三个与其互相垂直的投影面 H_1、V_1、W_1，得到六个基本投影面。

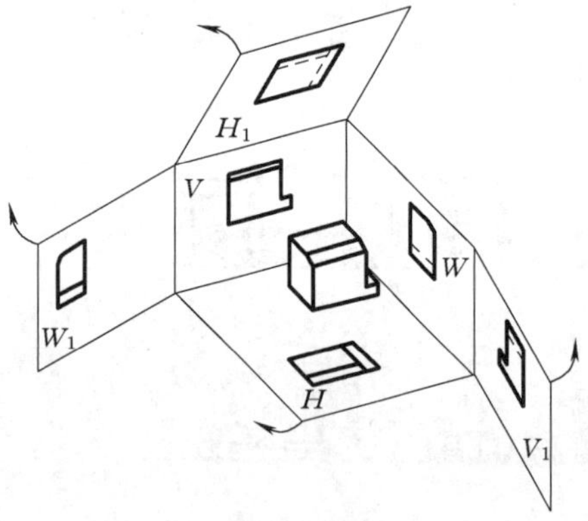

图 8-1　基本视图的形成与展开

将形体放入六投影面体系中，沿形体的前、后、左、右、上、下六个方向分别向六个基本投影面作投射，所得到的正投影图称为基本视图。基本视图的形成如图 8-1 所示。

2. 基本投影面的展开

按图 8-1 所示方法将各投影面展开。展开后形成以下六个基本视图：

主视图——由前向后投射所得的视图，又称为 V 面投影图，或正立面图。

俯视图——由上向下投射所得的视图，又称为 H 面投影图，或平面图。

左视图——由左向右投射所得的视图，又称为 W 面投影图，或左侧立面图。

右视图——由右向左投射所得的视图，又称为 W_1 面投影图，或右侧立面图。

仰视图——由下向上投射所得的视图，又称为 H_1 面投影图，或底面图。

后视图——由后向前投射所得的视图，又称为 V_1 面投影图，或背立面图。

3. 图样的配置

一般情况下，在同一张图纸上绘制多个基本视图时，可不注写视图名称。但对于房屋建筑图，在国家制图标准中规定，应按顺序排列位置，且在图样下方标注各视图的图名，并在图名下绘制一条与图名等长的粗实线，如图 8－2 所示。房屋建筑图中各视图常习惯命名为：正立面图、平面图、左侧立面图、右侧立面图、底面图及背立面图。

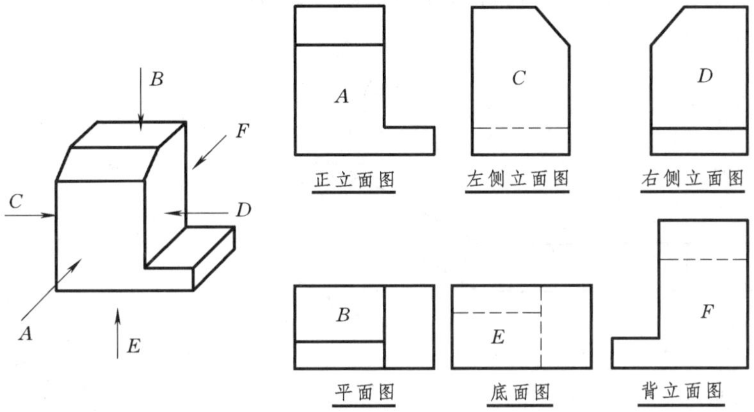

图 8－2　六个基本视图的投影方向及配置

在实际应用中，并非每一个建筑物都要画出六个基本视图，而是根据需要，合理确定基本视图的数量。其选择原则是：在完整、清晰地表达建筑物的前提下，采用的视图数量越少越好。对于建筑物，没有必要绘制底面图。

4. 基本视图的投影规律

(1) 在尺寸对应关系上，仍保持“三等”关系，即正立面图、平面图、底面图、背立面图“长对正”；正立面图、右侧立面图、左侧立面图、背立面图“高平齐”；右侧立面图、左侧立面图、平面图、底面图“宽相等”。

(2) 在方位对应关系上，每个视图仍反映形体的两个方向。

二、辅助视图

1. 局部视图

为了清楚地表达物体某一局部形状，而又没有必要画出完整的基本视图时，可以将物体的某一部分向基本投影面进行投射，所得到的视图称为局部视图，如图 8－3 所示。

局部视图的范围可用波浪线表示，如图 8－3 中的“*A* 向”局部视图；当表示的局部结构完整，且外部轮廓线又成封闭时，可省略不画，如图 8－3 中的“*B* 向”局部视图。

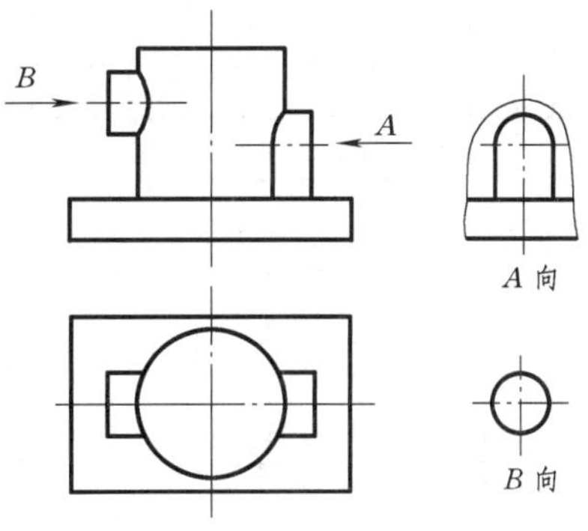

图 8－3　局部视图

局部视图可不按投影关系配置，但需做相应标注。表示投射方向的箭头应垂直于基本投影面，并在箭头一侧用大写拉丁字母（如 A、B 等）注写投射方向名称；在局部视图下方应注写相应的局部视图名称，如图 8-3 中的“A 向”、“B 向”。

2. 斜视图

当物体的某个表面与基本投影面倾斜时，若采用基本视图的投影方法，得到的投影图必然失真，如图 8-4 所示弯板中的倾斜部分。为了反映该表面的真实形状，可增加与倾斜表面平行的辅助投影面，再将倾斜部分向辅助投影面进行正投影，便可得到反映倾斜部分的真实形状的投影图。

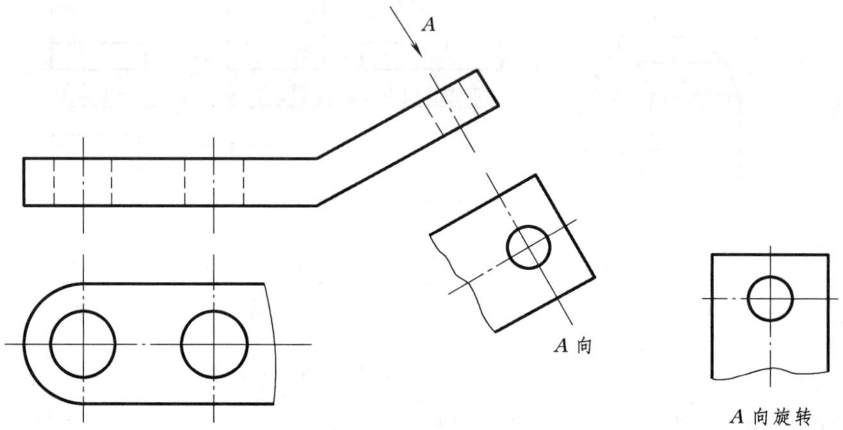

(a)　　(b)

图 8-4　斜视图

(a)“A 向”斜视图；(b)“A 向旋转”斜视图

物体在倾斜于基本投影面的辅助投影面上的投影，称为斜视图。

与局部视图相似，斜视图也需做相应标注。沿倾斜部分的垂直方向用箭头指明投射方向，并在箭头一侧用大写拉丁字母注写投射方向名称；在斜视图下方应注写相应的斜视图名称，如图 8-4 图中的“A 向”。

斜视图一般按投影关系配置，必要时可以对斜视图进行旋转配置，旋转角度一般应小于 45°，在视图名称中应加注“旋转”两字，如图 8-4（b）所示的“A 向旋转”。

斜视图中只需表示物体倾斜部分的局部形状，其余部分可不必画出，只需用波浪线表示其断开边界。

3. 旋转视图

假想将物体的倾斜部分旋转到平行于某一基本投影面，再向该投影面进行投射所得到的视图，称为旋转视图，如图 8-5 所示。旋转视图可不必标注旋转方向及字母，仅需在视图名称后面增加“旋转”二字。

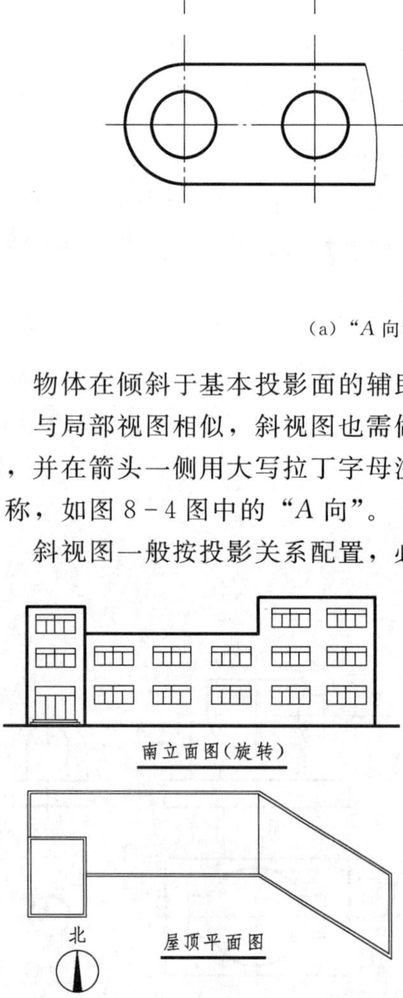

图 8-5　旋转视图

在建筑制图中，当建筑物各立面相互不垂直时，为使作图方便和表达其整体造型，常采用旋转视图。

4. 镜像视图

镜像视图就是物体在平面镜中的反射图像的正投影图。如图 8-6 镜像视图（一）所示。

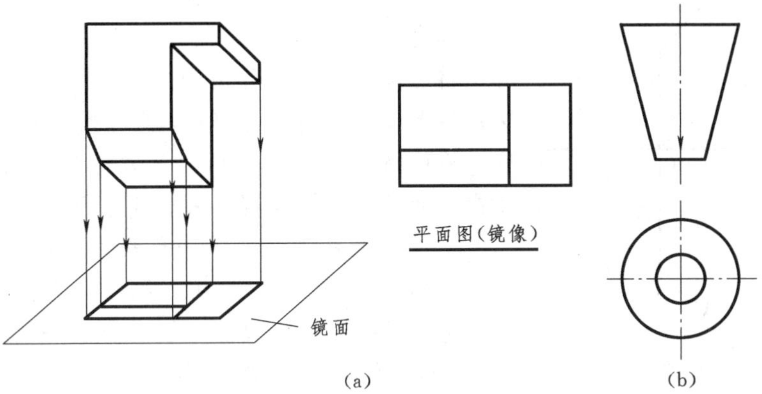

图 8-6　镜像视图（一）

(a) 镜像视图；(b) 镜像投影识别符号

图名后必须注写“（镜像）”字样，如图 8-6 (a) 所示；或按图 8-6 (b) 所示，画出镜像投影识别符号。

镜像视图多用于建筑装饰工程中，如建筑室内吊顶平面图以及有特殊要求的平面图，可将地面看作一面镜子，绘制出吊顶的镜像平面图。

如图 8-7 镜像视图（二）所示是建筑工程中梁、板、柱的构造节点，如采用正投影法绘制出其水平面图，则梁、柱的虚线较多，不易表达，但用镜面代替投影面，就使得不可见的部分变成可见，这种绘制图样的方法称为镜像投影法。

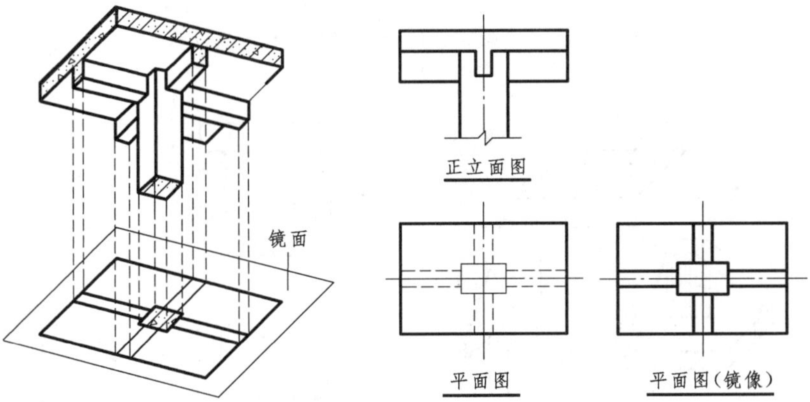

图 8-7　镜像视图（二）

三、第三角投影法简介

在国家相关标准中规定，我国采用第一角投影法。但英国、美国和某些拉丁美洲国家，则采用第三角投影法。为了更好地适应国际间的技术交流，因此有必要了解第三角投影法。

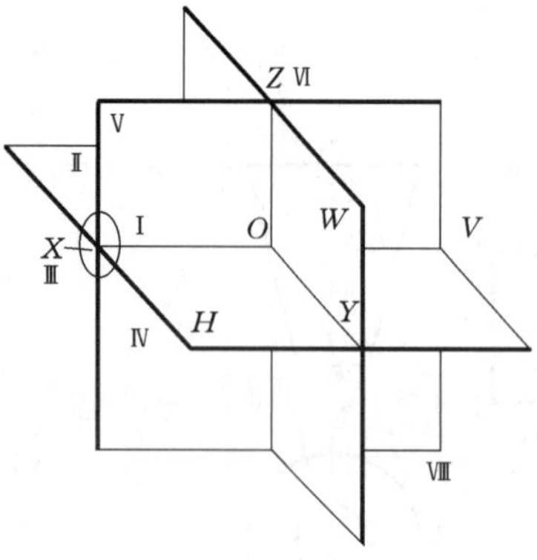

图 8-8　八个分角

1. 第三角投影法

图 8-8 示出了由三个互相垂直的投影面，把空间分成八个分角Ⅰ、Ⅱ、Ⅲ、Ⅳ、Ⅴ、Ⅵ、Ⅶ和Ⅷ，按顺序依次称为第一分角、第二分角、第三分角、第四分角等。将形体放入第一分角中进行投影，称为第一角投影法；将形体放入第三分角中进行投影称为第三角投影法。将形体放入第三分角时，要假设投影面是透明的，使投影面处在形体与观察者之间进行投影。

2. 第三角投影法与第一角投影法的比较

在图 8-9 中可以看出，第一分角投影的形成与配置，第一角投影法的投影三要素的顺序是：观察者⟶物体⟶投影面；在图 8-10 中可以看到，第三分角投影的形成与配置，第三角投影法的投影三要素的顺序则是：观察者⟶投影面⟶物体。两种投影方式所得到的三视图是一致的，只是三视图的位置关系有所不同。

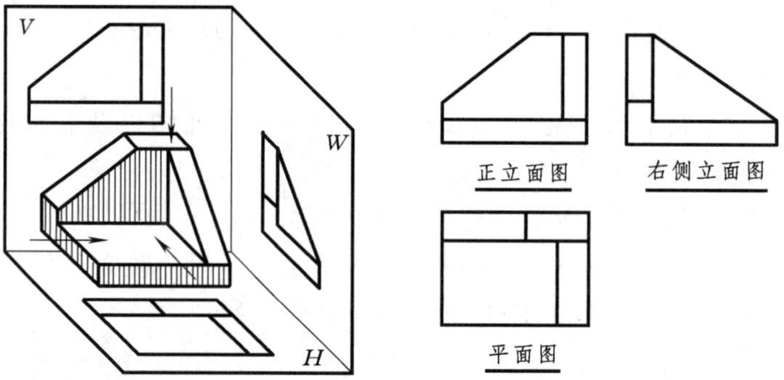

图 8-9　第一分角投影的形成与配置

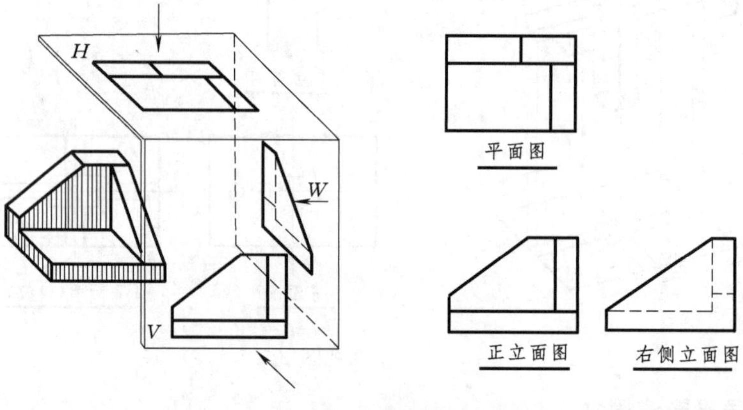

图 8-10　第三分角投影的形成与配置

8.2 剖 面 图

运用基本视图和辅助视图，可将物体的外部形状和尺寸表达清楚，物体内部的不可见部分，在视图中则用虚线表示。当建筑形体的内部构造较复杂时，视图上就会出现较多的虚线，给识读图形和标注尺寸都带来不便。为此，在国家建筑制图标准中规定了剖面图和断面图的表达方法。

一、剖面图的概念

(一) 剖面图的形成

为了更清晰地表达物体的内部形状，假想用剖切平面“剖开”物体，移去剖切平面与观察者之间的部分，将剩余部分向投影面投射所得到的投影图，称为剖面图，简称剖面。如图 8－11（a）所示为杯形基础的投影图，为了表现它的内部形状，假想用一平面 P（此处为正平面）沿基础的对称中心切开，把位于观察者与平面之间的基础前半部分移开，再将剩余的后半部分形体向 V 面投射，得到的投影图称为剖面图。剖切形体的 P 平面称为剖切平面。在图 8－11（b）、(c）中可以看到，杯形基础原正面投影图中的虚线，在剖切后得到的剖面图中全部变为可见的实线，应注意在剖切平面剖到的区域画出相应的材料图例。

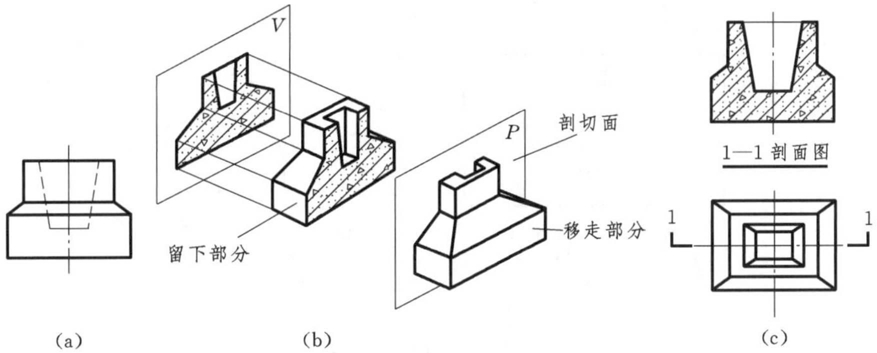

图 8－11 剖面图的形成

(a) V 面投影图；(b) 剖面图的形成；(c) 剖面图的剖切位置

(二) 剖面图的画法

1. 确定剖切位置

为了将建筑形体内部构造形状表达清楚，减少不可见的虚线，在选择剖切位置时，一般使剖切平面平行于基本投影面，并通过形体的对称平面及孔、洞等的中心线，从而清楚反映出建筑形体的内部构造和形状，且投影反映实形，如图 8－11（b）所示。

2. 确定投射方向

剖切平面将建筑形体剖切为两部分，选择移去的部分，将剩余部分向某一投影面进行投射，投射方向的选择以能清楚表达内部构造，虚线较少，绘制投影图方便为原则。

3. 剖面图的表达

剖面图除应画出被剖切平面剖切到部分的图形外，还应画出沿投射方向所看到部分的投影，初学者往往容易忽略这一点。画剖面图时一般规定，被剖切到部分的轮廓线用粗实线绘制，没有剖切到，但沿投射方向能看到的部分，也应画出，并采用中实线绘制。

4. 建筑材料图例

当建筑形体被假想的剖切平面剖切后，在剖切到的断面上，应按照国家制图标注规定，画出建筑形体的材料图例。常用建筑材料图例，参见表 2－8。当未指明建筑材料时，剖切到的区域可以采用通用的图例线绘制，即用 45°的细实线等间距、同方向绘制。

5. 剖面图的标注

为便于读图，剖面图的标注内容应包括剖切符号和剖面图编号，剖切符号由剖切位置线和投射方向线两部分组成，剖切符号画法详见图 8－12（b）所示。具体如下：

（1）剖切位置线：指剖切平面位置的线，在剖切位置的起、止、转折处用短粗实线绘制，长度约为 6～10mm。

（2）投射方向线：指剖切后的投射方向，在与剖切位置线垂直的两端画出投射方向线，用短粗实线绘制，长度约为 4～6mm。

注意：剖切符号不能与图形轮廓线相交。

（3）剖面图编号：在投影方向线的端部水平注写剖面图的编号，如有转折的剖切位置线，应在转角外侧加注与该符号相同的数字编号，如图 8－12（a）所示。

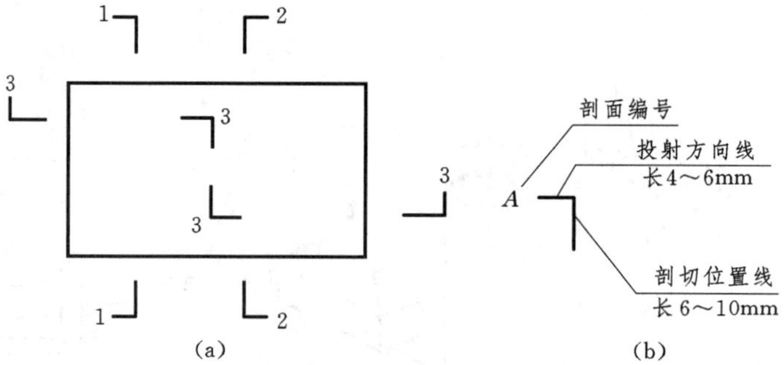

图 8－12　剖切符号标注

（a）剖切符号标注；（b）剖切符号画法

在剖面图下方应注写剖面图的编号，宜采用阿拉伯数字，按顺序从左至右、从下至上连续编排，并应注写在投射方向线的端部，如“1—1 剖面图”、“2—2 剖面图”等，并在图名正下方绘制一条粗实线，长度与图名相同。

3. 绘制剖面图应注意的事项

（1）剖切是一个假想的过程。因此，在画出一个物体的剖面图后，其他图形不受影响，应完整的画出。

（2）剖切面后面的可见部分投影仍需全部画出，不能遗漏。

（3）为使剖面图的表达更加清楚，突出剖切到的断面形状，将剖切面切到部分的轮廓线用粗实线绘制，剖切面没有切到、但沿投射方向可以看到部分，用中实线绘制。

二、常用的剖切方法

在绘制剖面图时，应根据建筑形体的内部构造和外部形状，确定剖切面的数量、剖切位置和不同的剖切方法。下面介绍几种常用的剖切方法。

1. 单一剖切面

仅用一个剖切面对形体进行剖切。该剖切面一般平行于某基本投影面，如图 8-11 所示。

2. 几个平行的剖切面

用两个或两个以上平行的剖切面对形体进行剖切。这些平行的剖切面一般平行于某基本投影面，剖切后形成的剖面图，常称为阶梯剖面图。

如图 8-13 所示，用一个剖切平面剖切形体，显然不能同时剖切到形体上的孔洞、槽等内部构造，如要同时表达出它们内部的形状，则采用阶梯剖面图。

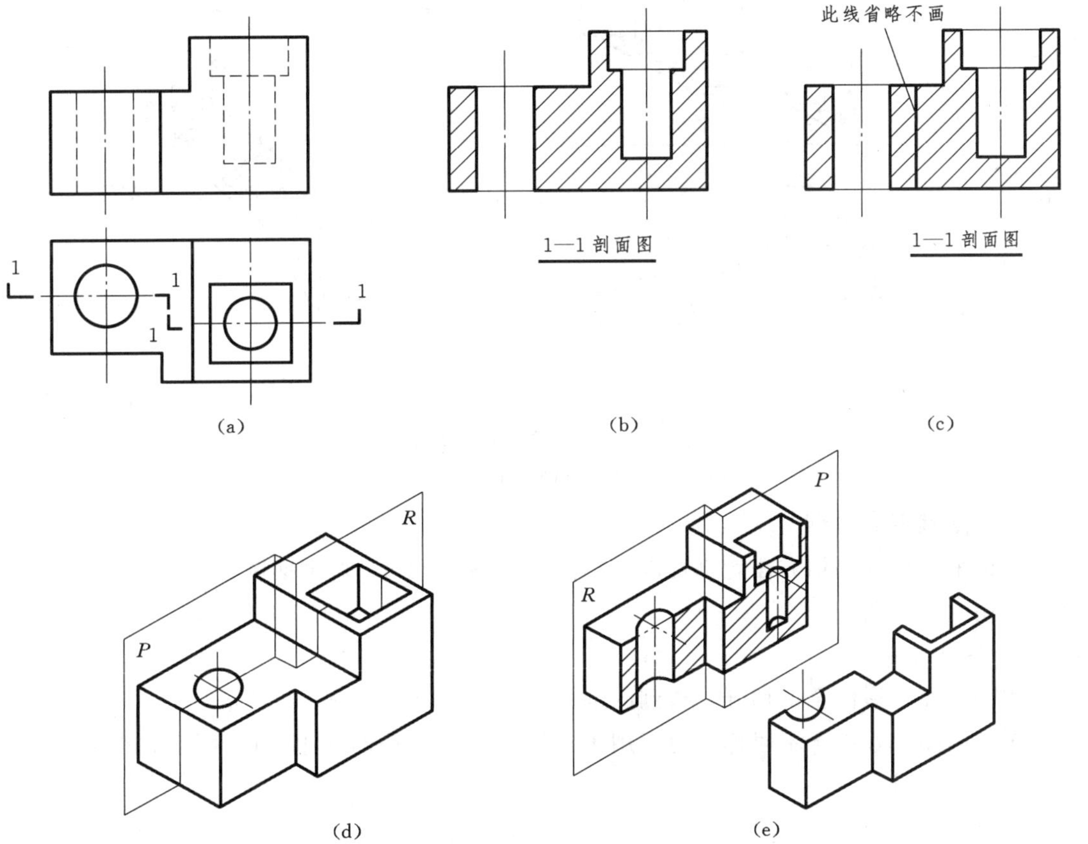

图 8-13　阶梯剖面图的形成

(a) 两投影及阶梯剖切符号；(b) 阶梯剖面图；(c) 错误画法；
(d) 剖切直观图；(e) 剖切开的直观图

注意：

(1) 由于剖切是假想的，两个平行剖切面的转折处，不应画出其交线的投影。如图 8-13 (c) 所示为错误画法。

(2) 阶梯剖面图的转折处必须成直角，同时为避免混淆，在转折处外侧应加注与该剖面图相同的编号。

（3）阶梯剖面图要完整地标注出剖切面起始和转折位置、投影方向和剖切编号，转折处的剖切符号容易出错，尤其要掌握其投影面关系，正确绘制。

3. 几个相交的剖切面

用两个或两个以上相交的剖切面对形体进行剖切。这些相交的剖切面一般垂直于某基本投影面，剖切后将其展开（旋转）到与基本投影面平行后再进行投射，所得到的剖面图，常称为展开剖面图或旋转剖面图。

如图 8-14 所示，两个楼梯段成一定角度，只有用两个相交的剖切面剖切该楼梯，才能表达出楼梯的踏步构造情况。在展开剖面图的图名后必须加注“展开”字样。

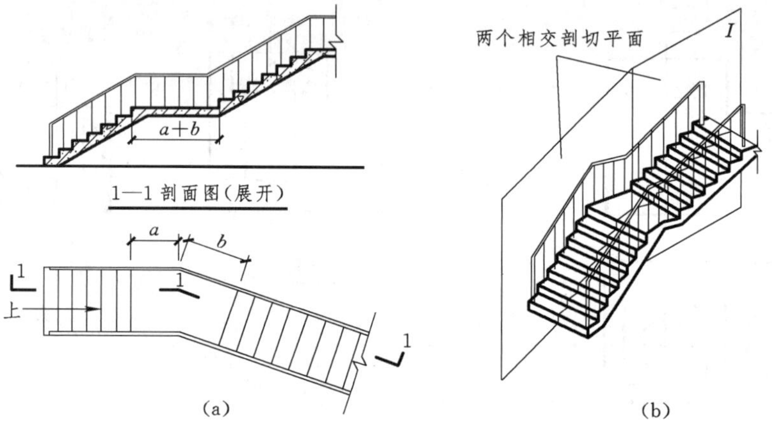

图 8-14　楼梯的展开剖面图

（a）投影图和展开剖切符号；（b）直观图

三、剖面图的类型

无论采用何种剖切方法，都可以根据剖切范围的不同，对剖面图进行分类。下面介绍几种常用的剖面图。

1. 全剖面图

用剖切面将形体全部切开，得到的剖面图，称为全剖面图。

全剖面图一般用于不对称（也可用于对称形体）且外形简单、内部构造复杂的形体，如图 8-15 所示。

2. 半剖面图

对于对称的形体，为了简化绘图，可以形体的对称符号为界，一半绘制成视图（外形图），一半绘制成剖面图，这种剖面图称为半剖面图，如图 8-16 所示。

半剖面图主要用于对称且内、外形状均较复杂的形体，如图 8-17 所示。

注意：

（1）只有当形体对称时，才能在与对称面垂直的投影面上作半剖面图。

（2）半剖面图是由半个视图和半个剖面图的组合图形，既表达了物体的外形，又表达了物体的内部构造。两部分投影必须以对称中心为分界线。

（3）半剖面图的剖面部分，一般画在图形垂直对称线的右方或水平对称线的下方。

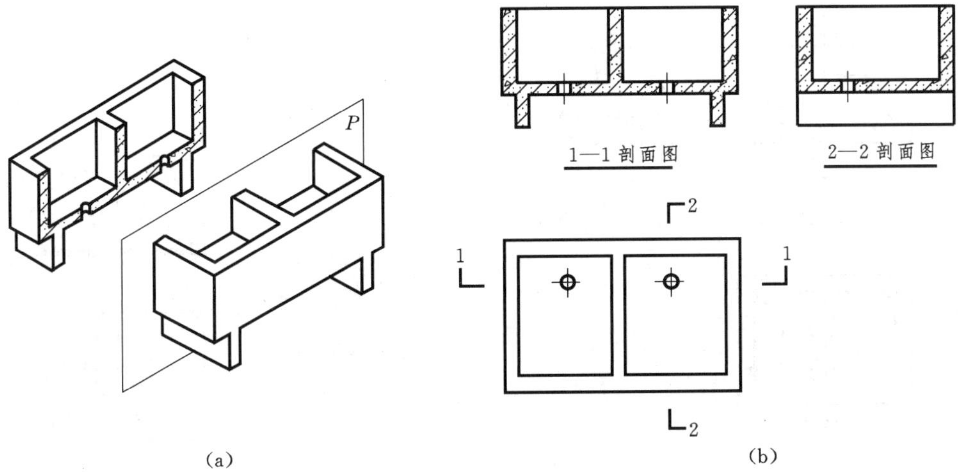

图 8-15　全剖面图

(a) 直观图；(b) 全剖面图

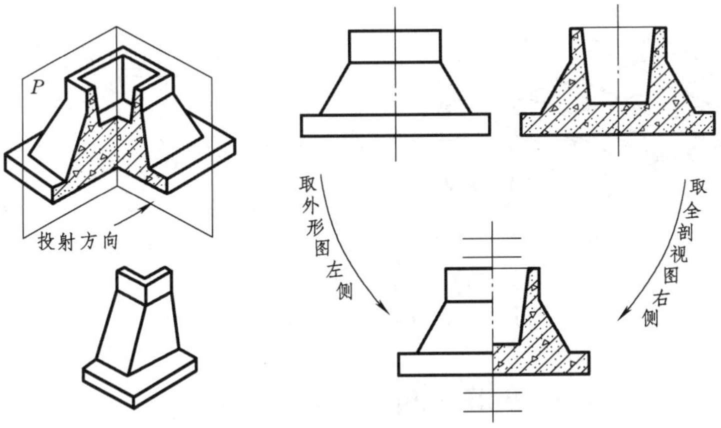

图 8-16　半剖面图的形成

3. *局部剖面图*

用剖切面局部剖开物体所得到的剖视图，称为局部剖面图。

当形体内部只有部分构造需要表达时，可采用局部剖面图。局部剖面图的范围可用徒手波浪线或双折线作为分界线。

如图 8-18 所示，在杯形基础的水平剖视图中，将左下角局部绘制成剖面图，表示基础内部钢筋的布置情况，此剖切部分不再画出钢筋混凝土材料符号。

注意：

(1) 局部剖面图的使用范围较广，应用较灵活。可根据形体的复杂程度及需表现的部位，灵活选择剖切位置和剖切的范围。

(2) 建筑工程上多用分层局部剖面图来表达楼地面和屋面各层所用的材料和构造做法，如图 8-19 所示。

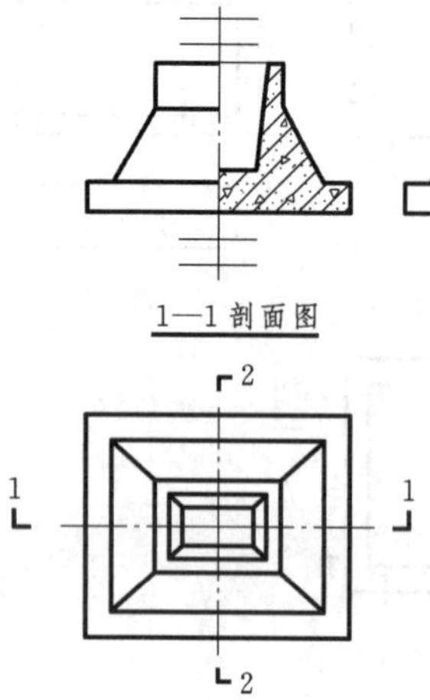

图 8-17　杯形基础的半剖面图

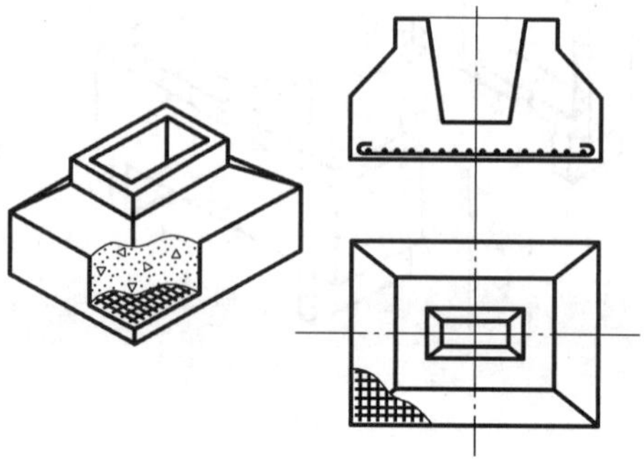

图 8-18　基础的局部剖面图

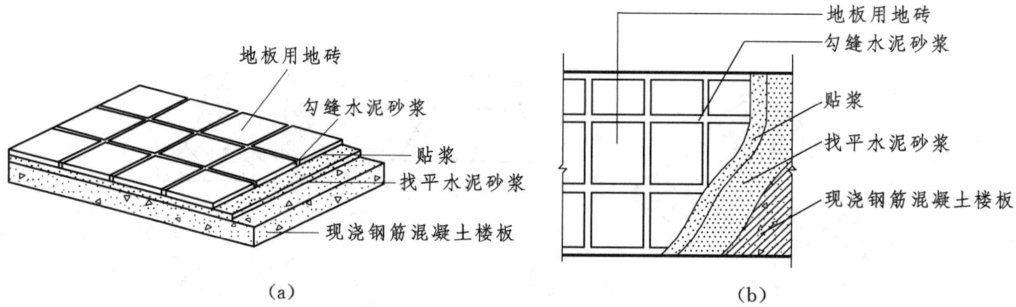

图 8-19　地面分层局部剖面图

(a) 直观图；(b) 水平分层局部剖面图

8.3　断　面　图

一、断面图的概念

断面图表达物体某一部位的断面形状。假想用剖切平面将物体某处切断，仅画出剖切面切到部分的图形，称为断面图，简称断面。

二、断面图与剖面图的区别

断面图与剖面图的区别在于：断面图只画出剖切面与物体接触部分的图形；而剖面图除应画出剖切面切到的部分图形外，还应画出沿投射方向所看到部分的投影。实际上，断面图是反映“面”的投影，而剖面图是反映“体”的投影，剖面图中包含断面图的投影。如图 8-20 所示。

三、断面图的标注

1. 断面图的剖切符号

断面图上只画剖切位置线，用短粗实线绘制，长度为 6～10mm。

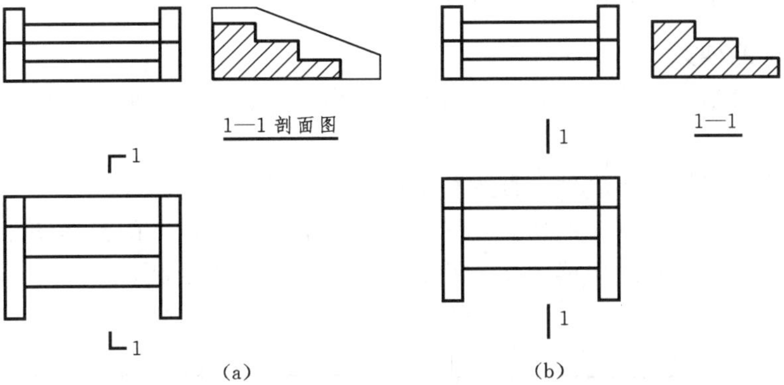

图 8-20 断面图与剖面图的区别

(a) 剖面图的画法；(b) 断面图的画法

2. 断面图的编号

断面图的编号采用阿拉伯数字按顺序编写，断面的投射方向用数字编号表示，数字注写在剖切位置线一侧，即为该断面的投射方向。如编号写在剖切位置线左边表示投射方向从右向左；编号写在剖切位置线下方，则表示投射方向从上向下，反之亦然。

断面图的名称用相同的编号表示，编号应注写在图样的正下方，可省略“断面”两字。如“1—1”，并在编号下方绘制一条粗实线。

断面图的轮廓线用粗实线绘制，同时应画上建筑材料图例。

图 8-21 (a) 为牛腿工字柱的直观图，在图 8-21 (c) 中 1—1、2—2 为工字柱的剖面图，剖面图中不仅画出了被剖切面所切到的部分，同时也画出了可见部分的投影；图 8-21 (d) 为工字柱的断面图，图中只画出被剖切平面剖切到的断面图形。在此例中，断

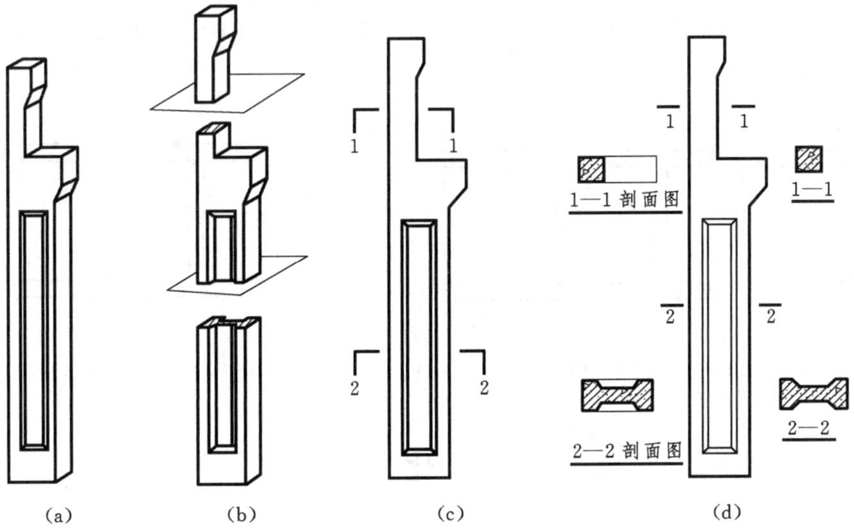

图 8-21 断面图与剖面图

(a) 立体图；(b) 剖切开的立体图；(c) 剖面图；(d) 断面图

面图比剖面图更清楚地反映出工字柱剖断面形状。

四、断面图的种类

根据断面图绘制位置的不同，一般可分为移出断面、中断断面和重合断面三种。

1. 移出断面

将断面图绘制在投影图之外，称为移出断面。

移出断面应尽可能绘制在剖切位置线的延长线上，并与形体的投影图靠近，这样不仅能方便作图，也有利于对照识读图样。断面轮廓线用粗实线绘制，如图 8 - 22 所示。

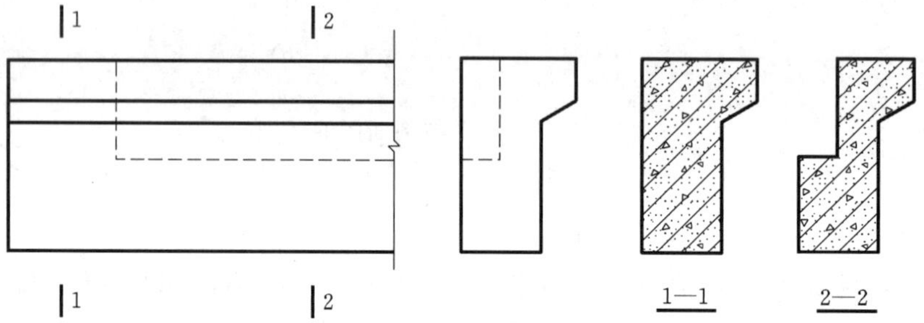

图 8 - 22　梁的移出断面图

2. 中断断面

对于长度较长且断面相同的构件，将断面图绘制在构件投影图的中断处，称为中断断面。中断断面属于移出断面的特殊情况。

中断断面不需要标注，中断断面图的轮廓线用粗实线绘制，中断处用折断线表示，如图 8 - 23 所示。

3. 重合断面

将断面图直接绘制在投影图上，断面图与投影图两者重合，称为重合断面。重合断面轮廓线用细实线绘制，投影图的轮廓线应完整绘制，不可间断。一般重合断面不需要标注。如图 8 - 24 所示。

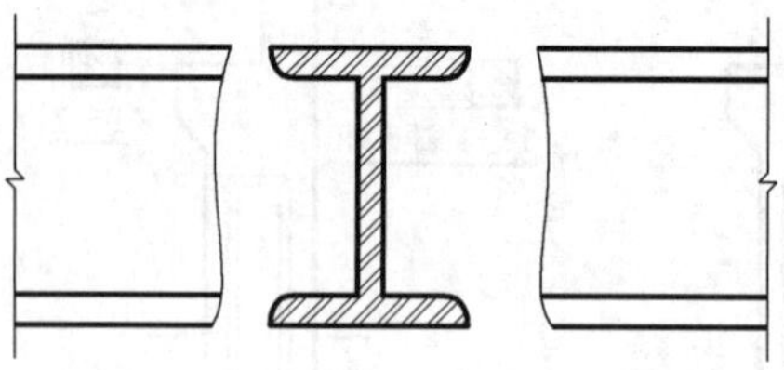

图 8 - 23　工字钢的中断断面图

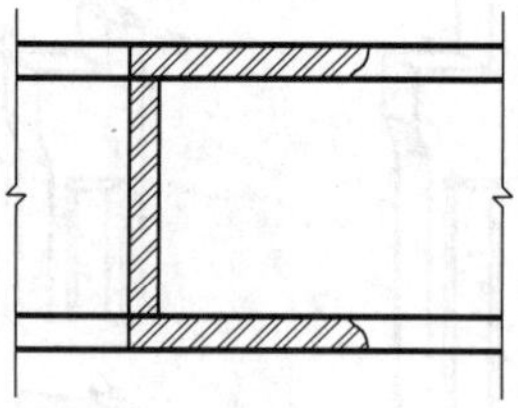

图 8 - 24　槽钢的重合断面图

8.4 简 化 画 法

为了简化绘图，提高绘图速度和节省图纸空间，在国家制图标准中统一规定了下列几种图样的简化画法。

一、对称简化画法

构配件的视图有一条对称线，可只画该视图的1/2；视图有两条对称线，可只画该视图的1/4，并画上对称符号。对称符号的画法详见图8-25所示。图形也可稍超出其对称线，此时可不画对称符号，可用折断线或波浪线作为分界线，如图8-26所示。

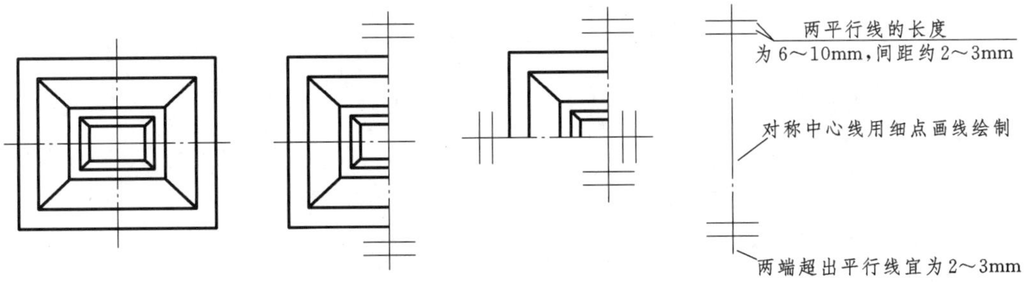

图8-25　画出对称符号

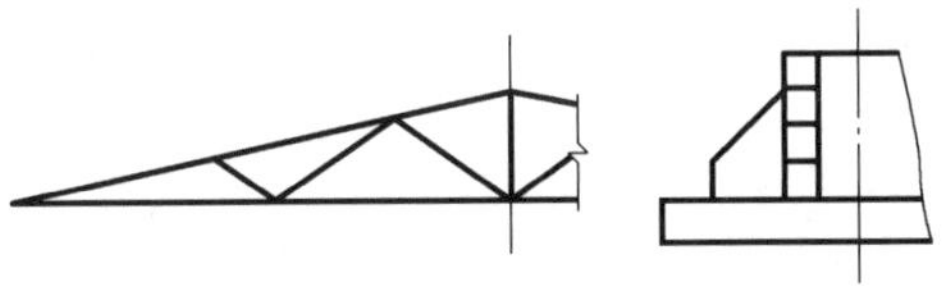

图8-26　不画对称符号

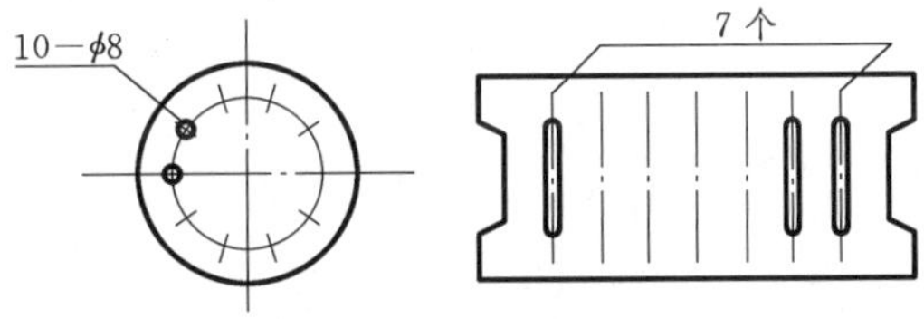

图8-27　相同要素简化画法

二、相同要素简化画法

构配件内多个完全相同而连续排列的构造要素，可仅在两端或适当位置画出其完整形状，其余部分以中心线或中心线交点表示，如图8-27所示。

三、折断简化画法

较长的构件，如沿长度方向的形状相同或按一定规律变化，可断开省略绘制，断开处应以折断线表示，如图8-28所示，假想将工字柱从某处断开，去掉变化相同的中间部

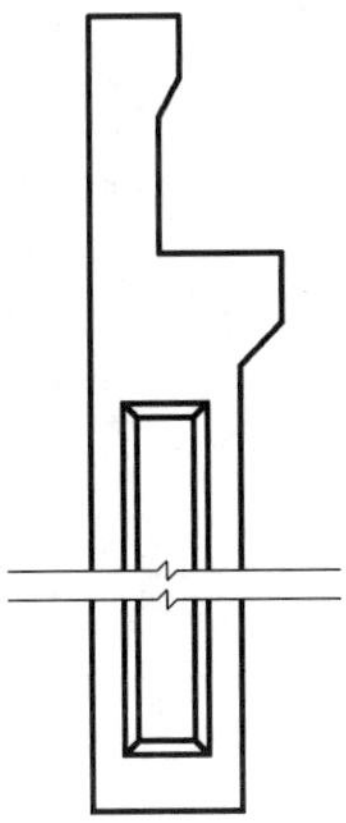

图8-28　折断简化画法

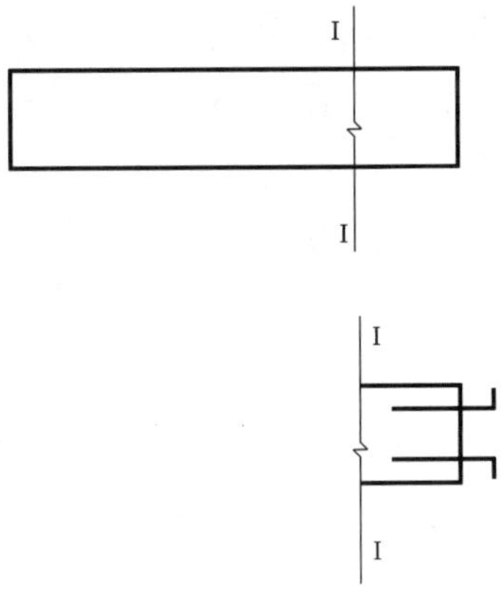

图8-29　构件局部不同的简化画法

分，只画两端，节省了图纸的空间。注意，折断后的构件要标注全长。

一个构配件如与另一构配件仅部分不相同，该构配件可只画不同部分，但应在两个构配件的相同部分与不同部分的分界线处，分别绘制连接符号，如图 8－29 所示。连接符号是用带相同字母的折断线表示的，字母分别写在折断线的左右两侧。

第9章 建筑施工图

9.1 概　　述

房屋施工图是建造房屋的技术依据。它能够准确地表达房屋的外形轮廓、尺寸大小、结构构造、装修方法等，有“工程技术语言”之称誉。每个工程技术人员都必须掌握相关的国家标准、图样的图示原理，并具备一定的绘图与读图能力。

一、房屋的类型及构造

房屋是供人们生活、生产、学习、工作、娱乐的场所。按其使用功能一般分为民用建筑、工业建筑和农业建筑三大类。民用建筑又可分为住宅、别墅、宿舍等居住建筑和商场、医院、车站等公共建筑；工业建筑指厂房、仓库等；农业建筑包括饲养场、粮仓等。各类建筑施工图的表达原理和方法基本相同。

从构造角度讲，房屋主要包括基础、墙、柱、梁、地面、楼板层、屋面、楼梯、门窗等基本组成部分。这些部分处于不同位置，起着不同作用，基础、墙、柱、梁、地面、楼板层、屋面等起着承重和传递荷载的作用；内墙、楼板层还起着分隔房屋空间的作用；外墙、屋面起卫护作用及抵御风霜雨雪、保温隔热等作用；楼梯、门起交通联系作用；窗主要起采光通风作用。另外，房屋还包括阳台、台阶、雨篷、雨水管、散水等附属部分及其他构配件。

如图 9-1 所示，为一幢平屋面两层售楼部的轴测剖切示意图。该售楼部沿南北方向布置，剖切后自北向南投射。该建筑物为框架结构，从图中可看出其组成及构配件情况。

二、房屋建筑图的分类

房屋建造一般要经过设计和施工两个阶段。而设计过程又分为初步设计、技术设计和施工图设计三个阶段。对于中小型工程，可省去技术设计阶段。

1. *初步设计*

初步设计阶段主要是根据建房要求，提出方案，确定建筑的平面布置、立面处理、结构选型等内容，并绘制初步设计图。主要用于提交建设单位讨论，报请相关部门批准等。

初步设计图主要包括：建筑总平面布置图、建筑主要平、立、剖面图等。

另外，该阶段还应提交设计说明书、建筑概算书、必要时还要提供建筑透视图或模型。

2. *施工图设计*

施工图设计是房屋设计的最后阶段。施工图是施工单位施工的依据。根据专业的不同，施工图一般分为建筑施工图、结构施工图和设备施工图三大类，分别简称“建施”、“结施”和“设施”。

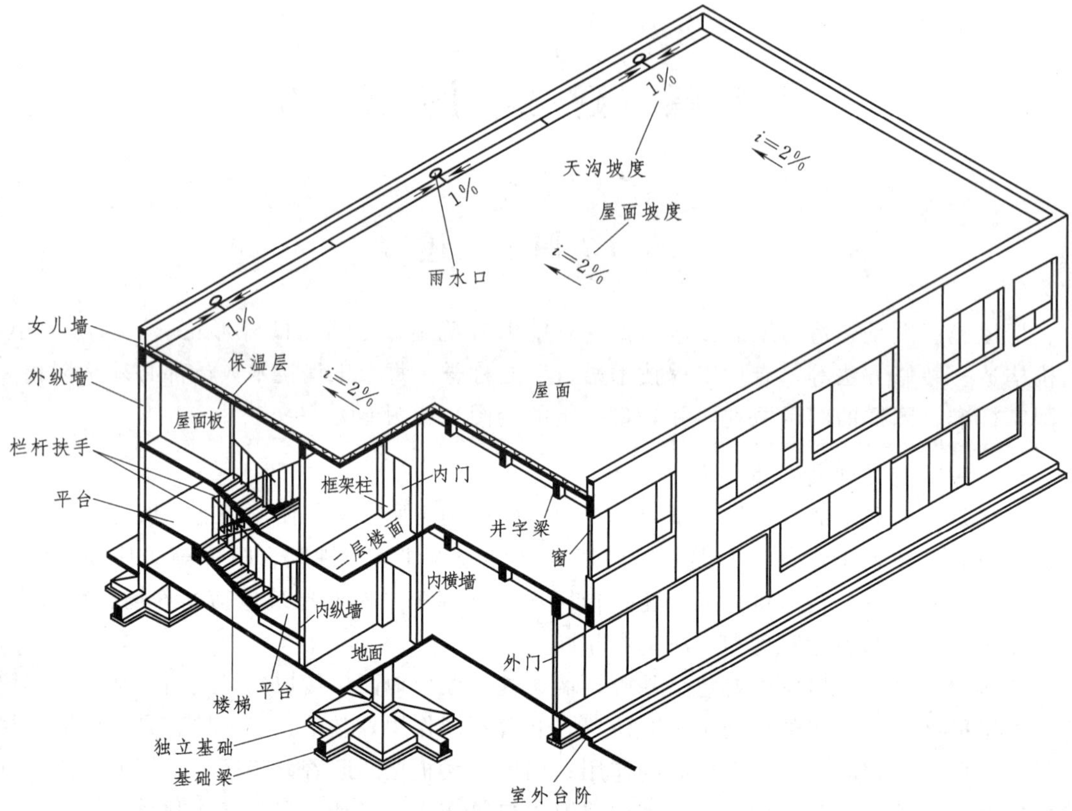

图 9-1　某售楼部轴测剖切示意图

一套完整的工程图纸应按专业顺序编排，一般是按图纸目录、设计施工总说明、建筑施工图、结构施工图、给水排水施工图、暖通空调施工图、电气施工图的顺序编排。

图纸目录和设计施工总说明也称为首页图。图纸目录应包括建设单位名称及工程名称、图纸的类别及设计编号，各类图纸的图号、图名及图幅大小等，其目的是便于查阅图纸。设计施工总说明应包括工程概况、设计依据、施工要求、工程做法等。简单工程可不设图纸目录。

表 9-1 和表 9-2 分别为某售楼部图纸目录和建筑设计总说明。

(1) 建筑施工图。建筑施工图是表示建筑物在规划用地范围内的总体布局，建筑物本身的外部造型、内部布置以及细部构造和施工要求等的图样，是进行建筑施工的主要技术依据。主要包括总平面图、建筑平面图、建筑立面图、建筑剖面图和建筑详图。

(2) 结构施工图。结构施工图主要表示建筑物承重结构的布置、构件的类型、大小及构造作法等。主要包括基础图、楼层结构平面布置图及构件详图。

(3) 设备施工图。设备施工图主要表示建筑物的给水、排水、采暖、通风和电气等设备的布置、构造及施工要求等。主要包括：各种设备的平面布置图、系统图和详图。

三、建筑施工图的图示特点

(1) 建筑施工图采用正投影原理绘制，并结合剖面图、断面图等表达方法表示。

表 9-1　　某售楼部图纸目录

×××建筑设计院

图 纸 目 录

建设单位　×××建筑公司　　　　设计号　05026
工程名称　售楼部　　　　　　　专　业　建筑

序号	图号	图纸名称	序号	图号	图纸名称
1		建筑设计总说明工程做法	26		
2	建-1	总平面图	27		
3	建-2	一、二层平面图	28		
4	建-3	立面图、剖面图	29		
5	建-4	A楼梯详图	30		
6	建-5	B楼梯详图	31		
7	建-6	墙身详图	32		
8	建-7	屋面排水示意图	33		
9			34		
10			35		
11			36		
12			37		
13			38		
14			39		
15			40		
16			41		
17			42		
18			43		
19			44		
20			45		
21			46		
22			47		
23			48		
24			49		
25			50		

表 9－2　　　　某售楼部建筑设计总说明

建 筑 设 计 总 说 明

一、设计依据

国家现行的有关设计规范规程及标准：

1. 民用建筑设计通则　《JGJ 37—87》
2. 办公建筑设计规范　《JGJ 67—89》
3. 商店建筑设计规范　《JGJ 48—88》
4. 建筑设计防火规范　《GBJ 16—87》

二、工程概况

1. 建设单位：
2. 工程名称：售楼部
3. 工程简介：本工程位于　××家园小区西门口南侧
   总建筑面积：535m^2
4. 建筑层数：二层　建筑高度：8.150m
5. 工程项目等级：Ⅲ级
6. 建筑耐久年限：50 年
7. 建筑耐火等级：二级
8. 抗震设防裂度：6 度
9. 结构类型：框架结构
10. 外门窗气密性等级：不低于Ⅲ级
11. 外门窗抗风压等级：Ⅲ级

三、标高及单位

1. 工程设计标高±.000 对应的绝对标高由竖向设计进行确定，室内外高差 0.300m
2. 本工程设计标高以米（m）为单位，尺寸以毫米（mm）为单位

四、墙体及构造

1. 墙体图例：钢筋混凝土墙
   砖墙
2. 除注明外均为混凝土多孔砖墙

五、门窗

1. 门窗玻璃均为透明平板单玻璃
2. 塑钢窗为白色
3. 内门油漆颜色为乳白色

六、屋面

1. 层面防水等级为Ⅲ级，一道设防，防水层耐用年限为 10 年，屋面采用 4 厚改性沥青防水层
2. 层面设 180 厚水泥蛭石保温层

七、外装修

本工程整体外装修见各立面图

八、内装修

1. 吊顶部位：本工程所有顶棚均采用石膏板吊顶（具体做法由装修公司另定）
2. 卫生间设备安装节点：洗手盆（98J12—54—10），坐便器（98J12—53—3），其定位见水施图

九、楼地面

1. 建筑完成面与结构板面的高差：卫生间为 150，其他为 50
2. 卫生间应向地漏 1m 范围找坡

十、防水

1. 有防水要求的房间穿楼板立管均应预埋防水套管，防止水渗漏。做法见 98J12 $\frac{A}{57}$ 其他房间穿楼板立管，做法见 98J12 $\frac{C}{57}$
2. 所有楼地面与竖管，墙转角处均附加 300 宽一布两涂并卷起 250 高

十一、其他

1. 本工程参考及选用的主要标准图为：建筑标准设计图集：《98J》《88J4（一）》
2. 预埋木砖均须作防腐处理，露明铁件均须作防锈处理
3. 本工程做法采用河北省工程建设标准设计《98 系列建筑标准设计图集》

（2）由于建筑形体较大，所以绘制建筑施工图常采用较小比例。如需反映建筑形体的细部构造，则需采用较大比例的详图表示。

（3）为了清楚地表现建筑形体中，不同部位轮廓线间的层次关系和主次关系，应采用不同形式和粗细的线条来区别表示。

（4）对于门、窗、卫生器具及建筑材料等，一般采用国家标准规定的图例或符号绘制。

（5）根据需要可以将建筑平面图、立面图、剖面图绘制在不同的图纸上。

四、建筑施工图制图标准

我国现行的建筑施工图制图标准，除应遵守《房屋建筑制图统一标准》（GB/T 50001—2001）的规定外，还应符合《总图制图标准》（GB/T 50103—2001）和《建筑制图标准》（GB/T 50104—2001）等标准。为便于查阅，对这些标准的主要内容做集中介绍。

（一）房屋建筑制图统一标准 GB/T 50001—2001

本标准是房屋建筑制图的基本规定，适用于总图、建筑、结构、给排水、暖通空调、电气等各专业制图。

对于该标准中的一般性规定，如图线、尺寸标注、建筑材料图例等，已在本书第 1 章中做了介绍，这里仅介绍与建筑施工图有关的内容。

1. 定位轴线符号

在建筑平面图中，为了确定建筑物主要墙、柱和构件的位置，需画出一组定位轴线网，并对其进行编号。这些轴线称为定位轴线，是施工放线、安装定位等的重要依据。

定位轴线采用细点划线绘制，并在其端部绘制一个直径为 8mm 的细实线圆圈（详图中该圆直径可增至 10mm），轴线编号注写在圆圈内。该圆圆心应位于定位轴线的延长线上。

平面图上定位轴线的编号，宜标注在图样的下方与左侧。横向编号应用阿拉伯数字，从左至右顺序编写，注在图样下方；竖向编号应用大写拉丁字母，自下而上顺序编号，注在图样左侧；如图 9-2 所示。为了避免与数字 1、0、2 混淆，拉丁字母的 I、O、Z 不得用做轴线编号。

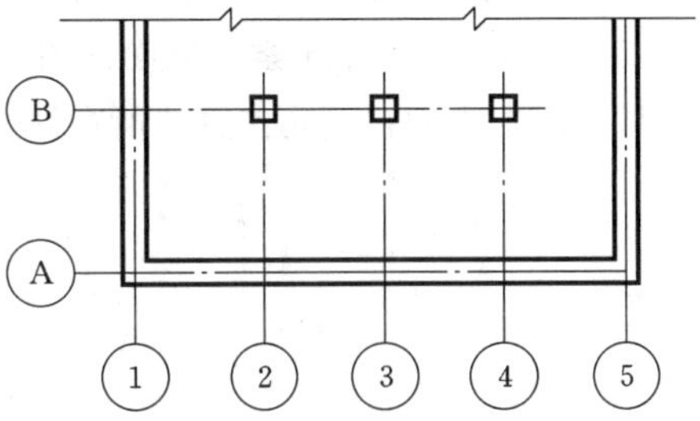

图 9-2 定位轴线的编号顺序

对于分隔墙等非承重墙或与主要承重构件相联系的次要承重构件，可用附加轴线确定其位置。附加的定位轴线编号，应以分数形式表示。对于两根轴线间的附加轴线，应以分母表示前一轴线的编号，分子表示附加轴线的编号，编号宜用阿拉伯数字顺序编写；对于 1 号轴线或 A 号轴线之前的附加轴线的分母，应以 01 或 0A 表示，附加定位轴线的形式如下：

(1/2) 表示 2 号轴线之后附加的第一根轴线；

(2/C) 表示 C 号轴线之后附加的第二根轴线；

(1/01) 表示 1 号轴线之前附加的第一根轴线；

(3/0A) 表示 A 号轴线之前附加的第三根轴线。

在建筑详图中，当一个详图适用于几根轴线时，应同时注明各有关轴线的编号，如图 9-3 所示；通用详图中的定位轴线，应只画圆，不注写轴线编号。

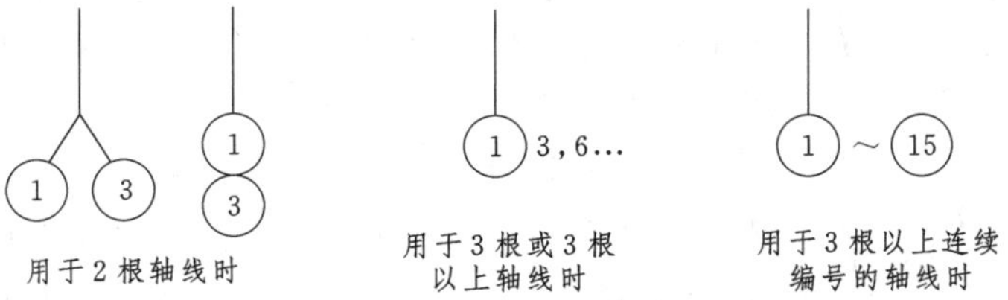

图 9-3 详图定位轴线及编号

2. 索引符号与详图符号

由于建筑平、立、剖面图采用的绘图比例较小，使得建筑物中的某些细部构造无法表达清楚，需采用较大的绘图比例单独绘制出这些部位的建筑详图。各种图样之间，通过索引符号和详图符号建立联系，以方便查阅。

（1）索引符号。图样中的某一局部或构件，如需另见详图，应以索引符号索引，如图9-4（a）所示，索引符号中圆及水平直径线均用细实线绘制，且圆的直径为10mm。

1）若索引出的详图与被索引的图样在同一张图纸内，应在索引符号的上半圆中用阿拉伯数字注明该详图的编号，并在下半圆中间画一段水平细实线，如图9-4（b）所示。

2）若索引出的详图与被索引的图样不在同一张图纸内，除在索引符号的上半圆中用阿拉伯数字注明该详图的编号外，还应在下半圆中用阿拉伯数字注明该详图所在图纸的编号，如图9-4（c）所示。

3）若索引出的详图采用的是标准图集，应在索引符号水平直径的延长线上加注该标准图册的编号，如图9-4（d）所示。

4）索引符号如用于索引剖面详图，应在被剖切部位绘制剖切位置线，并以引出线引出索引符号，投射方向自剖切位置线所在侧指向引出线所在侧，如图9-4（e）、（f）、（g）所示。

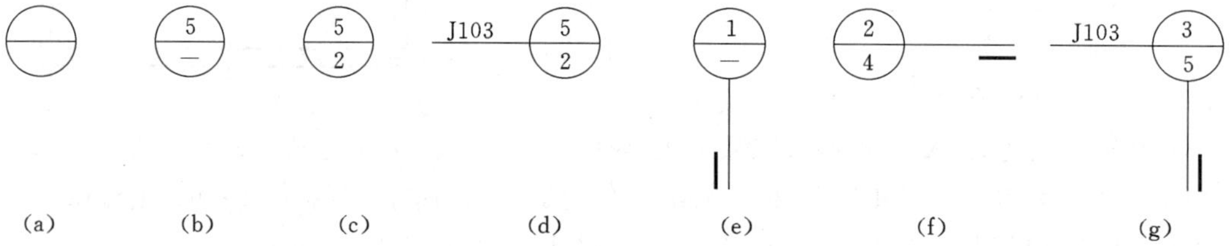

图9-4 索引符号

（a）基本索引符号；（b）详图与索引图在同一张图纸上；（c）在不同图纸上；（d）采用标准图；（e）详图为剖面图；（f）详图为剖面图；（g）详图为剖面图

（2）详图符号。详图的位置和编号，应以详图符号表示。详图符号的圆应以直径为14mm的粗实线绘制，水平直径线以细实线绘制。

1）若详图与被索引的图样在同一张图纸内，直接在详图符号内用阿拉伯数字注明详图的编号，如图9-5（a）所示。

2）当详图与被索引的图样不在同一张图纸内时，在上半圆中注明详图的编号，在下半圆内注明被索引图纸的编号，如图9-5（b）所示。

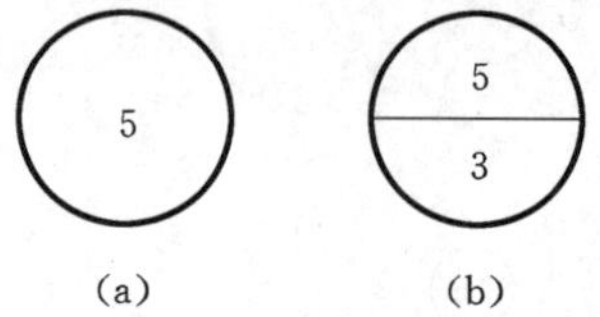

图9-5 详图符号

（a）与被索引图在同一张图纸上；（b）与被索引图在不同图纸上

3. 标高符号

标高用于表示建筑物中某一部位的高度，其高度值以m为单位，注写到小数点以后第三位。在总平面图中可注写到小数点以后第二位。

标高可分为绝对标高和相对标高。绝对标高以青岛市外黄海海平面平均高度为零点标高，以此为基准测量的标高值称为绝对标高；若以建筑物某一部位定为零点标高，并以此为基准测量的标高值称为相对标高。

在实际中，为方便施工，常以建筑物底层的室内主要地面高度作为相对零点标高，零点标高应注写成±0.000；比零点标高高的为正数标高，不注“+”；比零点标高低的为负数标高，应注“－”，例如 3.000、－0.600。

总平面图中标注的标高应为绝对标高，如标注相对标高，则应注明相对标高与绝对标高之间的换算关系。并且应以含有±0.00 标高的平面作为总图平面。

标高符号为用细实线绘制的等腰直角三角形，如图 9－6（a）所示，该三角形高度 h 约为 3mm，L 的长度根据所注标高数字长度适当选取。

（1）若标注位置不够，可按图 9－6（b）所示形式标注，并根据需要选取引出线长度。

（2）总平面图中室外地坪标高符号，宜用涂黑的三角形表示，如图 9－6（c）所示。

（3）标高符号的尖端应指至被注高度的位置，尖端一般向下，也可向上，标高数字注写在标高符号的左侧或右侧，如图 9－6（d）所示。

（4）在图样的同一位置需表示几个不同标高时，标高数字可按图 9－6（e）所示的形式注写。

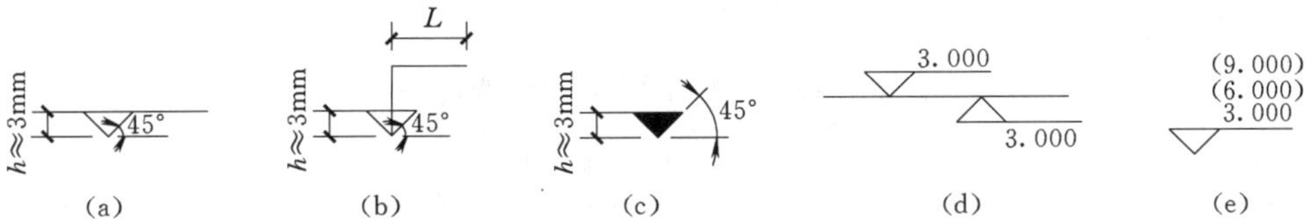

图 9－6　标高符号

（a）一般注法；（b）引出注法；（c）室外地坪；（d）标高指向；（e）多个标高

4. 指北针符号

指北针符号的圆直径为 24mm，以细实线绘制。指针尾宽为 3mm，头部注写“北”或“N”；如图 9－7 所示。

5. 剖切符号

剖切符号及其编号规定，请参阅本书第 8 章。

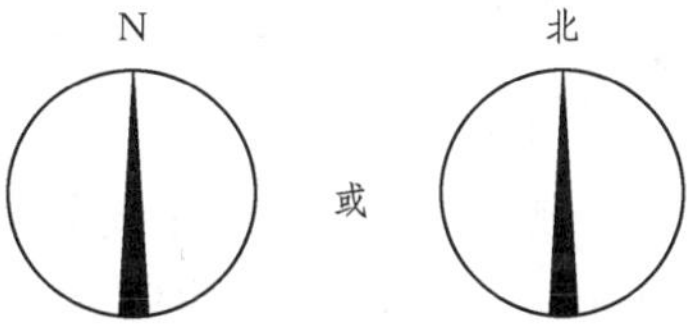

图 9－7　指北针符号

6. 引出线

建筑工程图中，经常遇到需要用文字或符号说明的地方，为了不影响图形的清晰性，这些文字或符号需用引出线引至图形的空白处。引出线可按图 9－8 所示形式，用细实线绘制，如图 9－8（c）、（d）所示为同时引出几个相同部分的引出线形式。

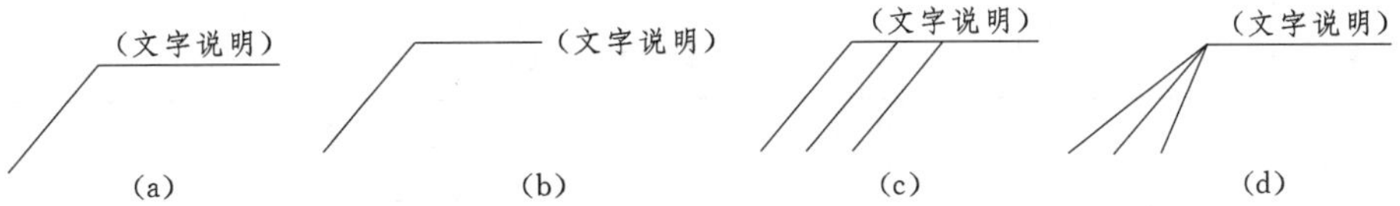

图 9－8　引出线

（a）文字写在上方；（b）文字写在旁边；（c）同时引出几个相同部分；（d）同时引出几个相同部分

多层构造或多层管道共用引出线，应通过被引出的各层。文字说明宜注写在水平线的上方或端部，说明的顺序应自上至下，并与被说明的层次一致；若层次为横向排序，则自上至下的说明顺序应与自左至右的层次一致，如图 9－9 所示。

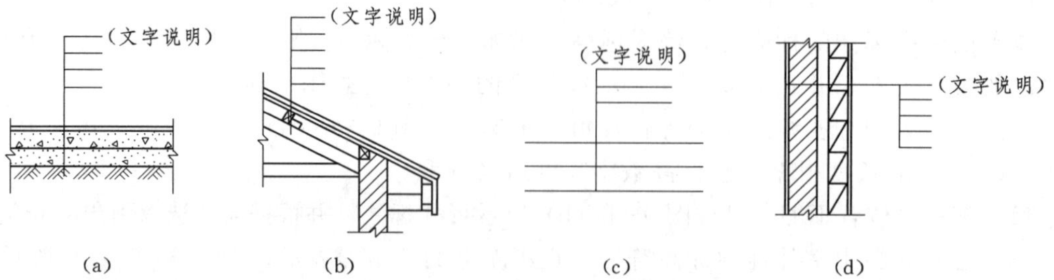

图 9-9　多层构造引出线

（二）总图制图标准

绘制总图时，除符合 GB/T 50001—2001 外，还应符合《总图制图标准》（GB/T 50103—2001）。

1. 图线

总图制图，应根据图纸功能，按表 9-3 规定的线型选用。

表 9-3　　　　总 图 制 图 图 线

名　称	线　型	线　宽	名　称	线　型	线　宽
粗实线		b	粗点画线		b
中实线		$0.5b$	中点画线		$0.5b$
细实线		$0.25b$	细点画线		$0.25b$
粗虚线		b	粗双点画线		b
中虚线		$0.5b$	折断线		$0.5b$
细虚线		$0.25b$	波浪线		$0.5b$

2. 比例

绘制总平面图、管线综合图、道路平面图、绿化平面图等，一般采用 1∶500、1∶1000、1∶2000 等比例。

3. 常用图例

总平面图例，应符合表 9-4 的规定。如果图中采用了不符合国家标准规定的图例，则必须在图形的适当位置加以说明。

表 9-4　　　　总 平 面 图 常 用 图 例

名　称	图　例	备　注
新建建筑物	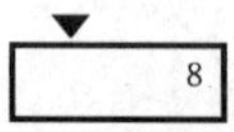	（1）需要时，可用▼表示出入口，可在图形内右上角用点或数字表示层数 （2）建筑物外形用粗实线表示
原有建筑物	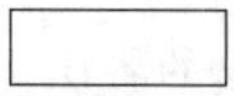	用细实线表示
计划扩建的预留地或建筑物		用中粗虚线表示

续表

名　称	图　例	备　注
拆除的建筑物	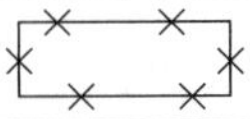	用细实线表示
填挖边坡		(1) 边坡较长时，可在一端或两端局部表示 (2) 下边线为虚线时表示填方
护坡		
室内标高	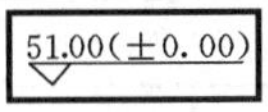	
新建的道路	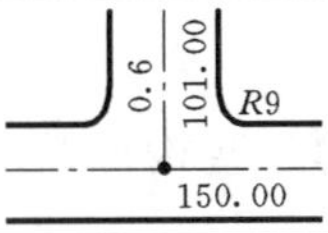	“$R9$”表示道路转弯半径为9m，“150.00”为路面中心控制点标高，“0.6”表示0.6%的纵向坡度，“101.00”表示变坡点间距离
原有道路		
计划扩建的道路		
围墙及大门	 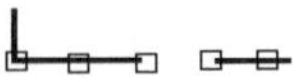	上图为实体性质的围墙，下图为通透性质的围墙，仅表示围墙时不画大门
坐标	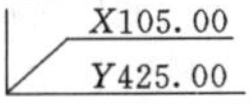 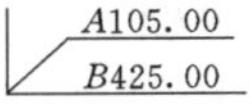	上图表示测量坐标，下图表示建筑坐标
室外标高	▼143.00 ●143.00	室外标高也可采用等高线表示

(三) 建筑制图标准 GB/T 50104—2001

绘制建筑图时，除符合《房屋建筑制图统一标准》(GB/T 50001—2001) 外，还应符合建筑制图标准。

1. 图线

建筑施工图中常用的图线，见表9-5。

表9-5　　建筑施工图常用图线

名　称	线　型	线宽	一　般　用　途
粗实线		b	平、剖面图中被剖切的主要建筑构造的轮廓线 建筑立面图的外轮廓线 建筑构造详图中被剖切的主要部分的轮廓线
中实线		$0.5b$	平、剖面图中被剖切的次要建筑构造的轮廓线 建筑平、立、剖面图中建筑构配件的轮廓线 建筑构造详图及构配件详图中的一般轮廓线
细实线		$0.25b$	小于$0.5b$的图形线、尺寸线、尺寸界线、图例线、索引符号、标高符号、详图材料做法引出线等
中虚线		$0.5b$	建筑构造及建筑构配件不可见的轮廓线
细虚线		$0.25b$	图例线、小于$0.5b$的不可见轮廓线
点划线		$0.25b$	中心线、定位轴线、对称线等

2. 比例

建筑施工图中常用的比例，见表9-6。

表9-6　建筑施工图中的常用比例

图　名	比　例
建筑物或构筑物的平面图、立面图、剖面图	1∶50、1∶100、1∶200
建筑物或构筑物的局部放大图	1∶10、1∶20、1∶50
配件及构件详图	1∶1、1∶2、1∶5、1∶10、1∶20、1∶50

3. 图例

由于绘制建筑施工图采用较小比例，图样中的一些构件及配件只需按国家标准规定的图例绘制。常用构配件图例，见表9-7。

表9-7　常用构配件图例

名　称	图　例	说　明
楼　梯	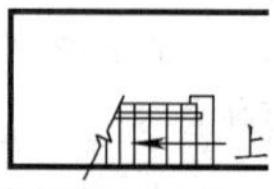	1. 上图为底层楼梯平面，中图为中间层楼梯平面，下图为顶层楼梯平面 2. 楼梯及栏杆扶手的形式和梯段踏步数应按实际情况绘制
	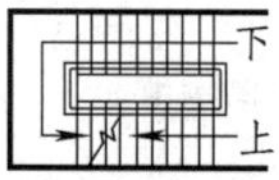	
	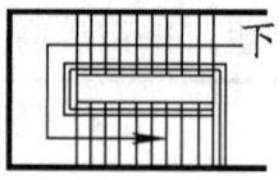	
检查孔		左图为可见检查孔，右图为不可见检查孔
孔　洞		阴影部分可以涂色代替
坑　槽		
墙预留洞	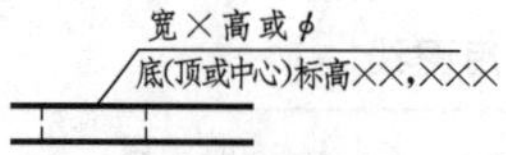	1. 以洞中心或洞边定位 2. 宜以涂色区别墙体和留洞位置
墙预留槽	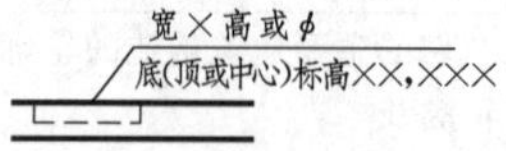	
烟　道	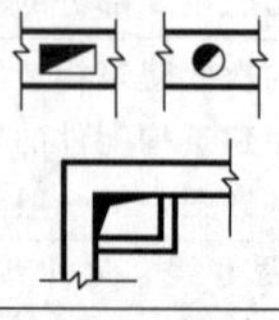	1. 阴影部分可以涂色代替 2. 烟道与墙体为同一材料，其相接处墙身线应断开
通风道	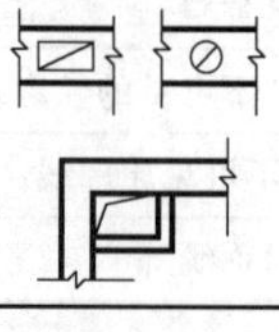	

续表

<table>
<tr><th>名　称</th><th>图　　例</th><th>说　　明</th></tr>
<tr><td>单扇门（包括平开或单面弹簧）</td><td>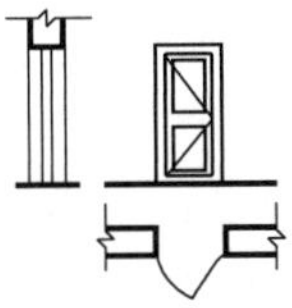</td><td rowspan="3">1. 门的名称代号用 M
2. 图例中剖面图左为外、右为内，平面图下为外、上为内
3. 立面图上开启方向线交角的一侧为安装合页的一侧，实线为外开，虚线为内开
4. 平面图上门线应 90°或 45°开启，开启弧线宜绘出
5. 立面图上的开启线在一般设计图中可不表示，在详图及室内设计图上应表示
6. 立面形式应按实际情况绘制</td></tr>
<tr><td>双扇门（包括平开或单面弹簧）</td><td>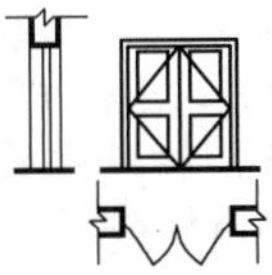</td></tr>
<tr><td>对开折叠门</td><td>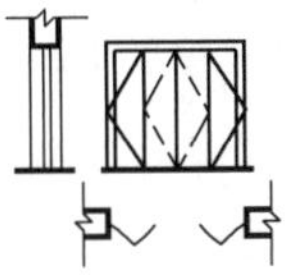</td></tr>
<tr><td>推拉门</td><td></td><td>1. 门的名称代号用 M
2. 图例中剖面图左为外、右为内，平面图下为外、上为内
3. 立面形式应按实际情况绘制</td></tr>
<tr><td>单扇双面弹簧门</td><td>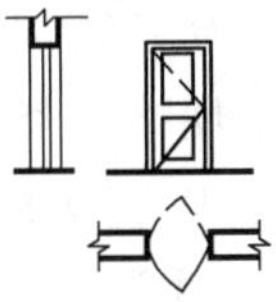</td><td rowspan="4">1. 门的名称代号用 M
2. 图例中剖面图左为外、右为内，平面图下为外、上为内
3. 立面图上开启方向线交角的一侧为安装合页的一侧，实线为外开，虚线为内开
4. 平面图上门线应 90°或 45°开启，开启弧线宜绘出
5. 立面图上的开启线在一般设计图中可不表示，在详图及室内设计图上应表示
6. 立面形式应按实际情况绘制</td></tr>
<tr><td>双扇双面弹簧门</td><td>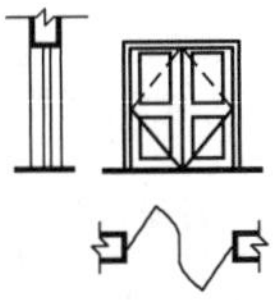</td></tr>
<tr><td>单扇内外开双层门（包括平开或单面弹簧）</td><td>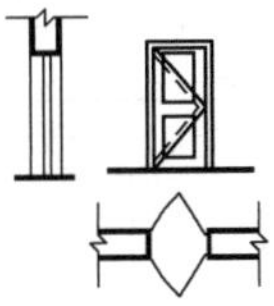</td></tr>
<tr><td>双扇内外开双层门（包括平开或单面弹簧）</td><td>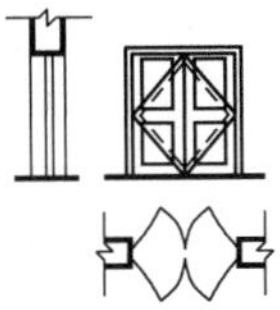</td></tr>
</table>

续表

名 称	图 例	说 明
单层外开平开窗	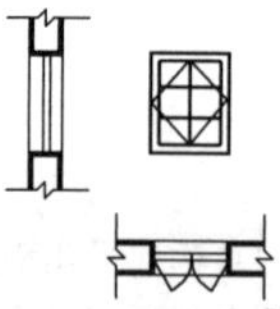	1. 窗的名称代号用C表示 2. 图例中剖面图左为外、右为内，平面图下为外、上为内 3. 立面图中的斜线表示窗的开启方向，实线为外开，虚线为内开；开启方向线交角的一侧为安装合页的一侧，一般设计图中可不表示 4. 平面图和剖面图上的虚线仅说明开关方式，在设计图中不需表示 5. 窗的立面形式应按实际情况绘制 6. 小比例绘图时平、剖面图的窗线可用单粗实线表示
单层内开平开窗	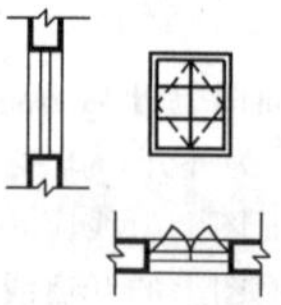	
双层内外开平开窗	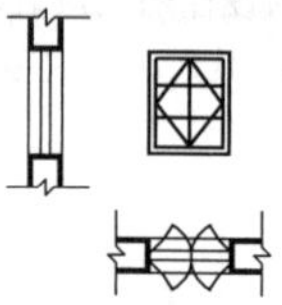	
推拉窗	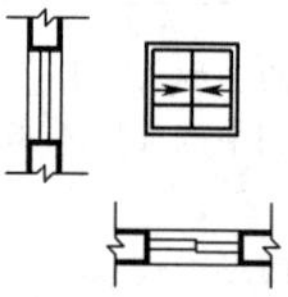	1. 窗的名称代号用C表示 2. 图例中剖面图左为外、右为内，平面图下为外、上为内 3. 窗的立面形式应按实际情况绘制 4. 小比例绘图时平、剖面图的窗线可用单粗实线表示

由表9-7可知，门、窗代号分别为M、C。一般为了区别不同规格的门和窗，可在其代号后面注写编号，如M1、M2、C1、C2等，对于规格、类型均相同的门或窗采用同一编号，通过编号可了解门、窗各有多少种；当然也可以直接标注门窗型号。在建筑图纸中，需列出门窗表，从中可知道该建筑物所用门、窗的种类、规格、数量及所使用标准图集的编号等。表9-8所示，为某售楼部门窗统计表。

表9-8　门窗统计表

门窗型号	洞口尺寸	门窗数量	备 注
C1512	1500×1200	5	塑钢窗
C1522	1500×2250	1	塑钢窗
C1524	1500×2400	1	塑钢窗
C2322	2350×2250	1	塑钢窗
C2822	2850×2250	1	塑钢窗
C3022	3050×2250	3	塑钢窗
C3624	3600×2400	2	塑钢窗
M0924	900×2400	2	98J4（一）
M0718	750×1800	1	98J4（一）
M0721	750×2100	2	98J4（二）
MLC2930	2900×3000	1	甲方自理
MLC3630	3600×3000	2	甲方自理

4. 图样画法

由于图样画法与各种建筑图形结合比较密切，所以该内容穿插在相关图样中介绍。

9.2 总 平 面 图

一、总平面图概述

为了表示新建房屋的平面轮廓形状和层数、与原有建筑物的相对位置、周围环境以及将要建造的建筑物、道路、绿化等，需在建设基地的地形图上绘制出水平正投影图，即总平面图。它是新建房屋及设备定位、施工放线，以及水、暖、电、煤气等管线设计、施工的依据。

通过学习《总图制图标准》（GB/T 50103—2001），我们知道由于总平面图表示的范围较大，采用的比例较小，如 1∶500、1∶1000、1∶2000 等，因此使用的图例符号较多。标准中规定的常用图例，可参考表 9－4；对于标准中未规定图例，可自行设定，并在图上予以说明。

二、总平面图的主要内容

（1）图名、比例。图名和比例一般注写在总平面图图形下方，并在图名下面绘制一条粗实线，比例注写在图名后面，字号小一号或两号，如图 9－13 所示。

（2）建设地段的地形、地貌，新建建筑物、原有建筑物、拟建建筑物等的总体布局及绿化、挡土墙等。

采用标准规定图例或自行设定图例绘制，当地形起伏较大时，还应画出地形等高线。

（3）新建建筑物的占地大小及其与原有建筑物的相对位置关系。标注新建建筑物的总长和总宽尺寸，以确定占地范围。新建建筑物的位置，可根据已有建筑物或道路定位，也可根据坐标网格定位，坐标网格应以细实线表示。测量坐标网应画成交叉十字线，坐标代号宜用“X，Y”表示；建筑坐标网应画成网格通线，坐标代号宜用“A，B”表示。如图 9－10 所示，A 轴相当于测量坐标网中的 X 轴，B 轴相当于测量坐标网中的 Y 轴。

表示建筑物、构筑物位置的坐标，宜注其三个角的坐标；若建筑物、构筑物与坐标轴线平行，可标注对角坐标，如图 9－10 所示。

（4）新建建筑物的层数、室内底层主要地面及室外地坪的标高。新建建筑物的层数一般通过在建筑物平面图右上角标注数字或绘制与层数相同数量的小黑点表示。总平面图中有关标高的内容参见前面介绍的《总图制图标准》（GB/T 50103—2001），标高符号见图 9－6。

（5）其他。如表示建筑物朝向的指北针或带有指北针的风向频率玫瑰图，自行设定的图例说明等。

指北针的绘制参见图 9－7。风向频率玫瑰图简称风玫瑰，是依据当地多年平均统计的各个方向吹风次数的百分率，按一定比例沿各方向线定位端点，并连接各端点而成，如图 9－11 所示。其中，粗实线表示全年风向频率；虚线表示夏季（指 6 月、7 月、8 月三个月）风向频率；风向为自端点指向中心。

三、识读总平面图的一般方法

（1）看图名、比例、指北针及相关的文字说明，对图纸作概括了解，并明确新建建筑物的朝向。

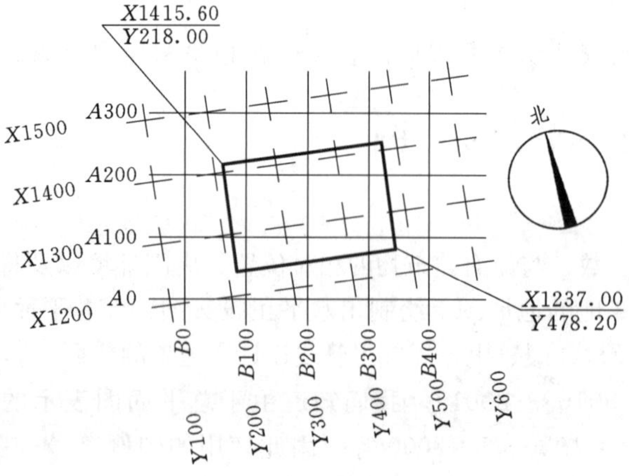

图 9-10 坐标网格

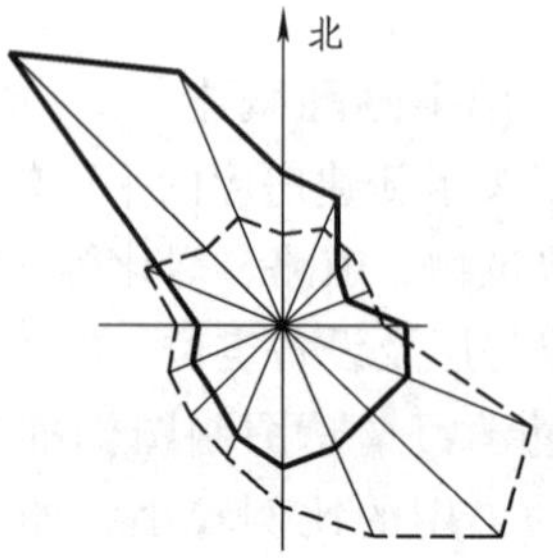

图 9-11 风向频率玫瑰图

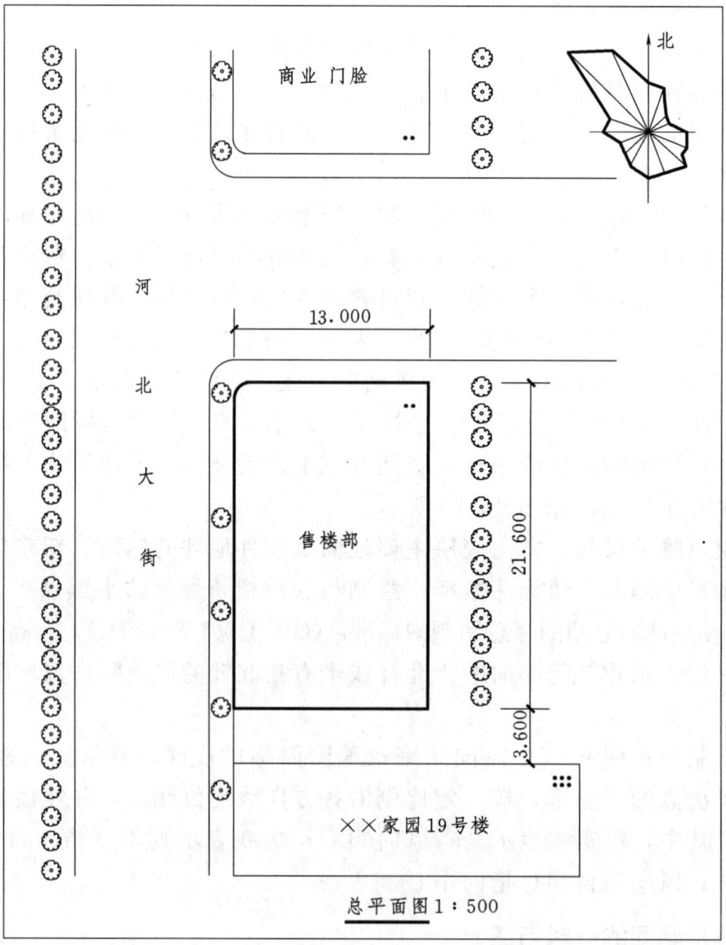

图 9-12 总平面图

(2) 看新建建筑物在规划用地范围内的平面布置情况，了解新建建筑物的位置及平面轮廓形状与层数，道路、绿化、地形等情况。

(3) 看风向频率玫瑰图，明确该地区的全年风向。

下面按上述步骤对图 9-12 进行识读：

如图 9-12 所示为某城市××家园总平面图的局部范围，绘图比例为 1∶500，图中未单独绘制指北针，而是通过绘制带有指北针的风向频率玫瑰图表示建筑物朝向。该家园西邻河北大街，新建售楼部位于该家园西门南侧，沿南北方向布置，平面轮廓为矩形，为与环境协调西北角做圆角过渡；通过售楼部右上角标注的小黑点数目，可知售楼部为二层。西门北侧为二层商业门脸。由尺寸标注可知，该售楼部按原有 19 号住宅楼西墙和北墙定位，其西墙外皮与 19 号住宅楼西墙外皮对齐，南墙外皮与 19 号住宅楼北墙外皮相距 3600。售楼部东西两侧均有绿化。通过风向频率玫瑰图可知，该地区全年风向以西北风为主导风向。

9.3 建筑平面图

一、建筑平面图的用途、形成及命名方法

建筑平面图主要表示建筑物某层的平面布置情况，是施工放线、砌筑墙体、安装门窗等的重要依据。

建筑平面图是一个用假想的水平剖切面，经过主要的门、窗洞，将建筑物切开而得到的水平剖面图，如图 9-13 所示。

对于多层建筑物，当各层的平面布置情况不一样时，应分别画出每一层的建筑平面图，并以层名命名，如：一层（也称首层或底层）平面图、六层平面图（若为顶层，也称顶层平面图）等；对于平面布置相同的几层，可仅画出一张建筑平面图，同时以这几层的层名命名，如：二、三、四层平面图，一、三、五层平面图等；如果除底层和顶层外的其余各层平面布置均相同，则可用“标准层平面图”来命名。另外，为了表示屋面布置或排水等情况还应画出屋面的水平投影图，称为屋面平面图或屋面排水示意图；根据需要，还可画出某局部的平面图，如：卫生间平面图等。

二、建筑平面图的主要内容

1. 图名、比例、朝向

与总平面图相同，建筑平面图图名和比例一般也注写在平面图图形下方，并在图名下面绘制一条粗实线，比例注写在图名后面，字号小一号或两号。建筑平面图绘图比例常采用 1∶100。

建筑物的朝向通过指北针来表现，当建筑物有若干层时，指北针应绘制在首层平面图上。

2. 主要承重构件的定位轴线及编号

在建筑平面图中，应绘制建筑物主要承重构件的定位轴线，并按国家标准进行标注，定位轴线的编号规则及顺序，请参照《房屋建筑制图统一标准》(GB/T 50001—2001) 和图 9-2、图 9-3。

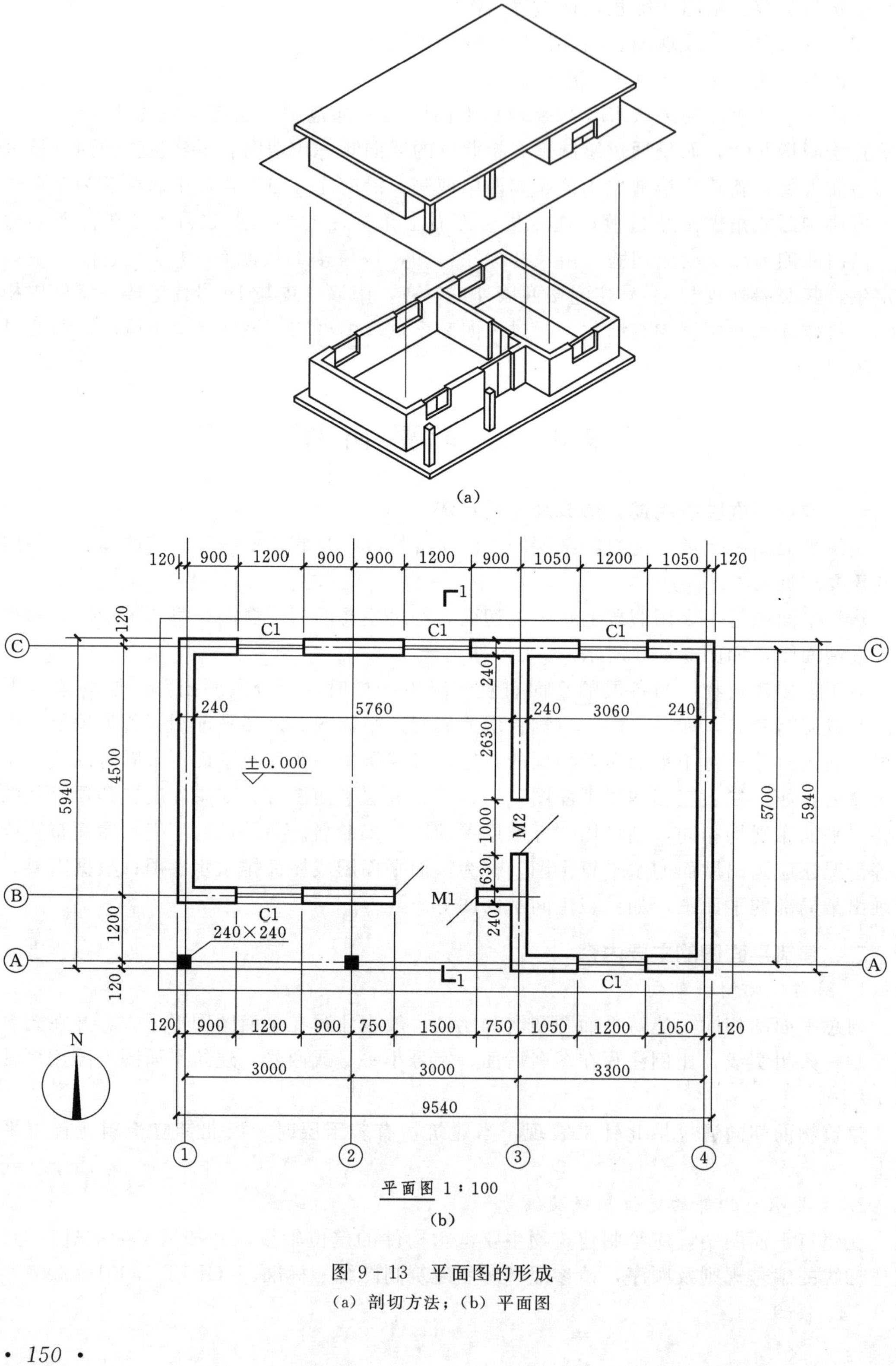

(a)

(b)

图 9－13　平面图的形成

（a）剖切方法；（b）平面图

3. 建筑物整体及各组成部分的平面布置情况

建筑平面图，除反应建筑物整体形状外，还反应墙体、门、窗、台阶、阳台、楼梯等组成部分的平面布置情况。

4. 建筑物内、外部尺寸及标高

对于建筑平面图，尺寸标注主要包括外部尺寸、内部尺寸及室内地面和室外地坪标高等。

(1) 外部尺寸：在建筑平面图中，建筑物外墙应标注三道尺寸。由外向内第一道为总尺寸（建筑物外廓尺寸）、第二道为定位尺寸（轴线间尺寸，反映房屋开间和进深）、第三道为细部尺寸（表明门、窗洞，洞间墙等尺寸，应注写与其最临近的轴线间的尺寸）。

(2) 内部尺寸：反应建筑物室内的净空大小，内墙上门、窗洞口的位置及宽度，内墙厚度等。

(3) 标高尺寸：建筑物平面、立面、剖面图，宜标注室内外地坪、楼地面、地下层地面、阳台、平台、檐口、屋脊、女儿墙、雨篷、门、窗、台阶等处的标高。

5. 其他

门窗代号及编号、索引符号、表示剖切位置的剖切符号及文字说明等，在屋面平面图中，还应包括屋面坡度、分水线、排水口、上人孔等。

相关符号的绘制方法，请参考9.1节。

三、识读建筑平面图的一般方法

一般情况下，一幢建筑物有多张平面图，应逐张阅读，并注意各平面图之间的关系。每张平面图都应按一定的方法和步骤进行识读。

图9-14和图9-15分别为某售楼部首层平面图和二层平面图。先来按下面的步骤对图9-14所示首层平面图进行识读：

(1) 看图名、比例。明确所读平面图表达的楼层。若为一层平面图还应看指北针，明确建筑物的朝向。

图9-14为首层平面图，绘图比例为1∶100。通过指北针可知该售楼部朝向正西。

(2) 看定位轴线及编号。了解主要承重构件及各房间的平面布置情况。

该售楼部横向轴线编号为①～③，纵向轴线编号为Ⓐ～Ⓕ。通过阅读表9-2售楼部设计施工总说明，可知该建筑为框架结构，采用填充墙体，以框架柱中心作为轴线定位位置。在Ⓑ轴线处设置一道内墙将售楼部分割为两个独立的活动空间；在Ⓔ轴线处设置一道内墙至②轴线，从办公大厅隔离出一间办公室；在各轴线的适当位置配置框架柱。

(3) 看图形。了解建筑物平面形状及布置。

在Ⓐ～Ⓑ轴墙之间为商店，门窗均设在①轴墙上；在商店东北角，也就是③轴墙与Ⓑ轴墙交角处设有卫生间；通向二楼的楼梯（称为B楼梯）第一跑沿着③轴墙布置。办公场所设在Ⓑ～Ⓕ轴墙之间，在①轴墙的Ⓒ～Ⓓ轴墙和Ⓓ～Ⓔ轴墙之间分别设有进出办公大厅的双开扇门；窗户设在Ⓑ～Ⓒ轴墙之间；在办公大厅西北角，通过②轴墙与Ⓔ轴墙隔离出一间办公室；在办公大厅东北角，设有洗手间和卫生间；通向二楼的楼梯（称为A楼梯）沿②轴墙和Ⓕ轴墙布置。在商店和办公大厅门外设有自Ⓐ～Ⓕ轴墙的两级台阶，台阶在①轴墙与Ⓕ轴墙相交处设置圆角。

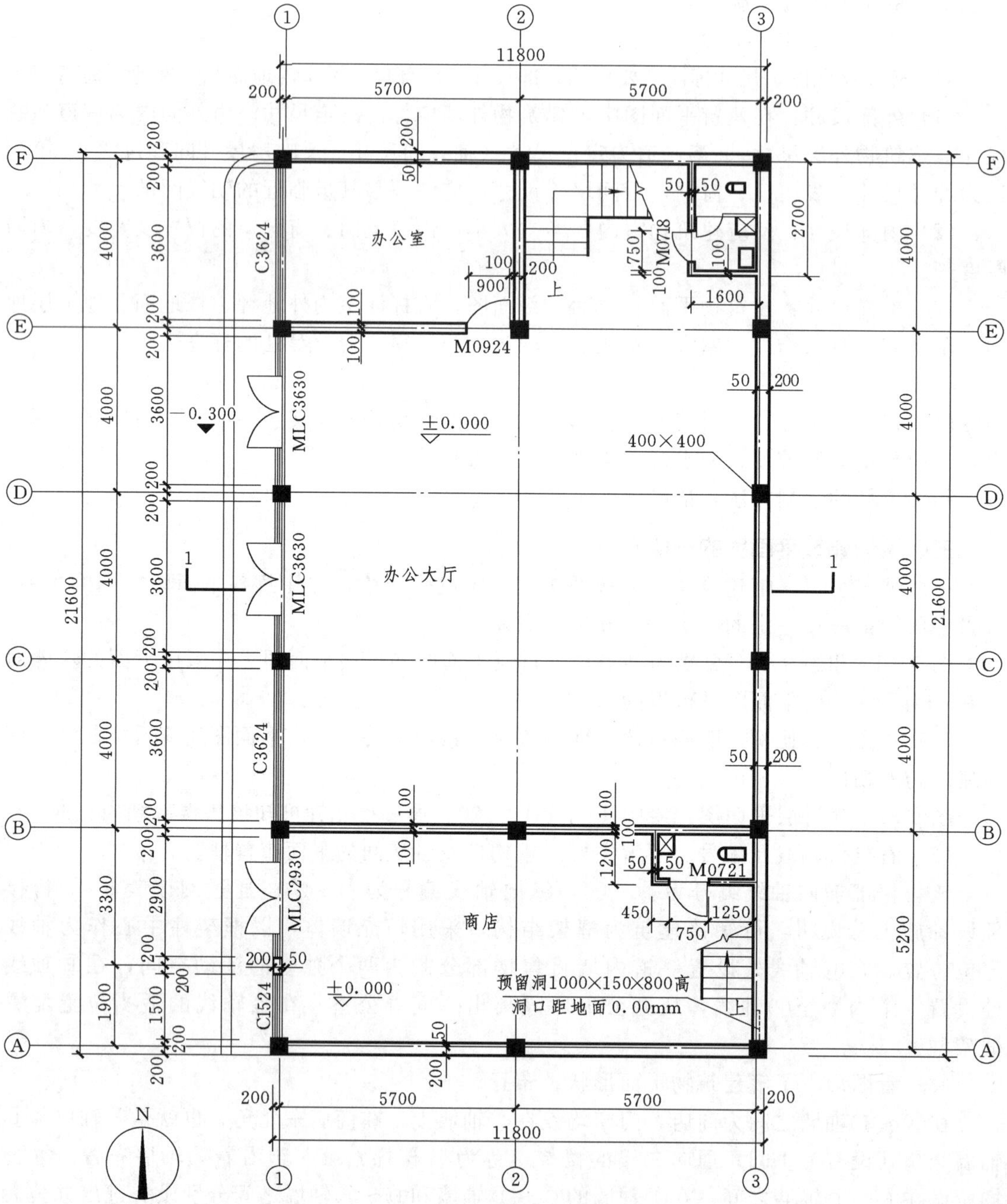

首层平面图 1：100

图 9-14　首层平面图

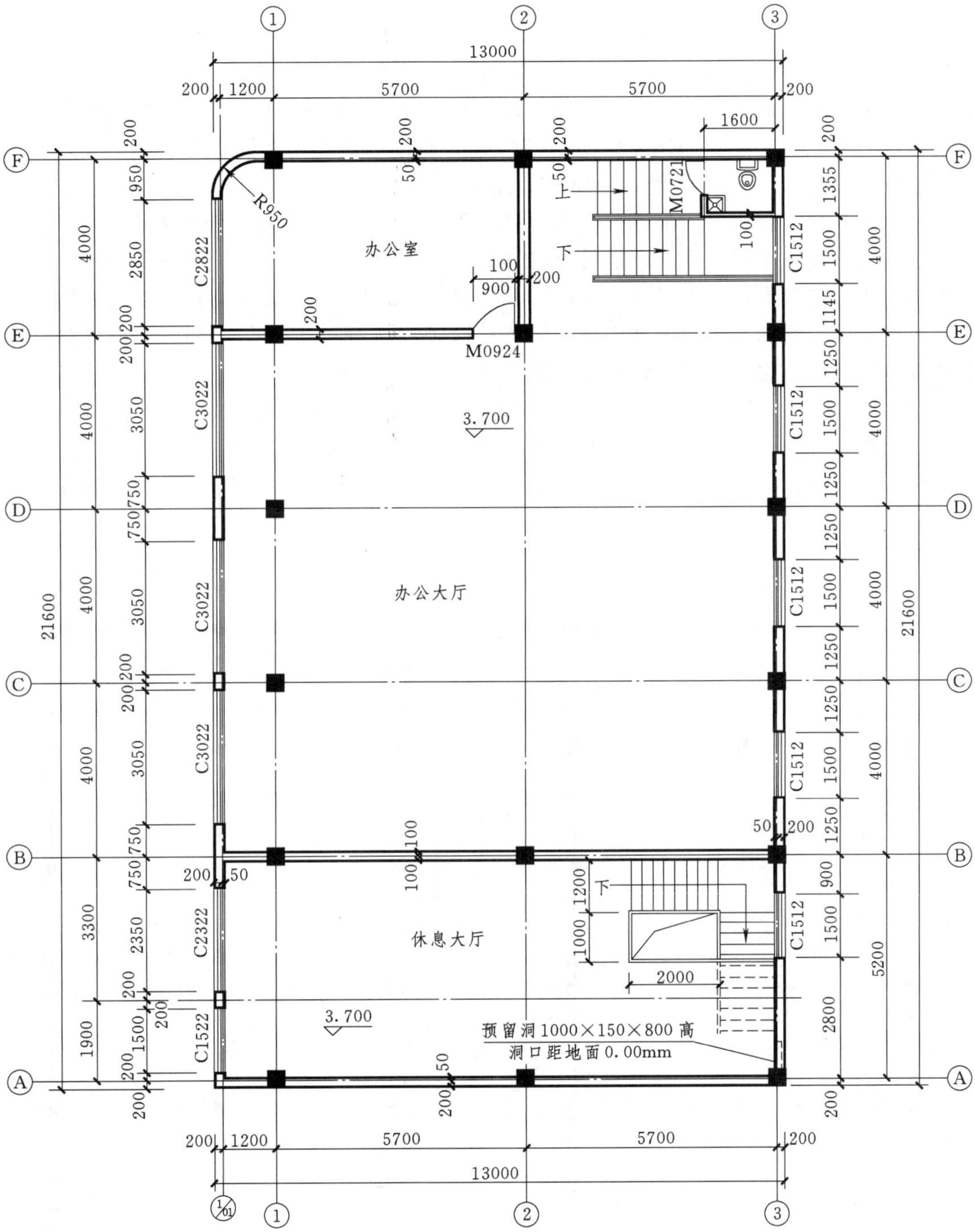

二层平面图1：100

图 9-15 二层平面图

（4）看尺寸标注。了解各房间的尺寸；墙、柱位置及尺寸；各层楼地面及平台等处的标高。该售楼部总尺寸为 21600×11800。商店开间尺寸为 5200，进深尺寸为 11400（5700+5700）；办公大厅开间尺寸为 12000（4000+4000+4000），进深为 11400（5700+5700）；办公大厅西北角处的办公室开间和进深尺寸分别为 4000 和 5700。通过步骤 2，我们已经了解墙、柱的位置，通过识读尺寸标注可知，框架柱断面尺寸为 400×400；外墙厚为 250，内墙厚为 200，卫生间隔墙厚为 100。通过标高符号标注可知，办公大厅和商店地面标高值均为±0.000；建筑物室外标高值为−0.300。

（5）看其他。包括各构配件图例及索引符号、剖切符号、文字说明等内容。

通过识读门窗图例，可了解本层所用门窗规格及数量，一般应在门窗统计表中，列出建筑物所用全部门窗，该售楼部门窗表见本书表 9-8 门窗统计表；通过识读卫生器具图例，可了解洗手间和卫生间的平面布置情况；通过剖切符号 1—1，可知剖面图的剖切位置；通过识读文字说明，可了解闸箱预留洞的规格及位置。

（6）综合分析。明确本层与其他层间的关系，从而确定建筑物整体形状。

在读图过程中，各步骤之间并不是绝对独立的，应注意综合分析。

采取同样的方法，识读如图 9-15 所示二层平面图，可明确两层之间连接楼梯的布置情况。读者可自行分析。

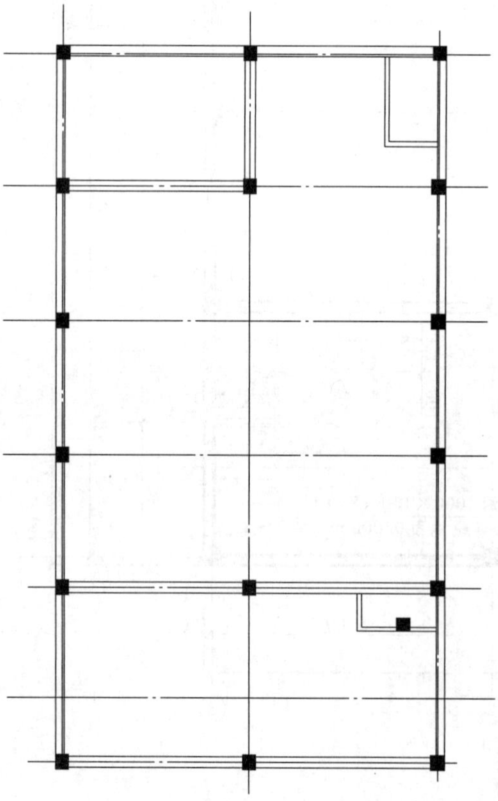

(a)

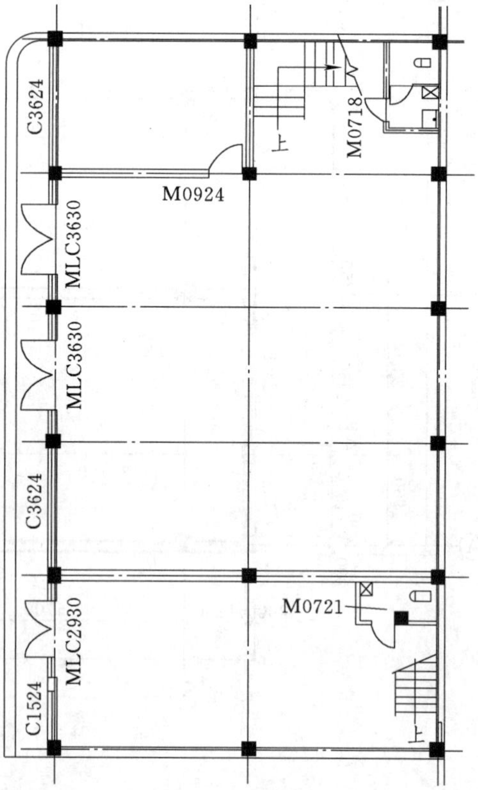

(b)

图 9-16　建筑平面图的绘制步骤

四、绘制建筑平面图的一般步骤

根据国家标准关于图线的规定，在绘制建筑平面图时，被剖到的墙、柱等的轮廓线用粗实线绘制；开启的门用中实线绘制；其余可见轮廓线用细实线绘制。

下面结合图9-14的绘制过程，介绍绘制建筑平面图的步骤。

1. 选比例、定图幅

由尺寸标注可知，该建筑物平面总尺寸为11800×21600。为便于读图，将首层平面图与二层平面图放置在一张横放的A2幅面图纸中，并采用1∶100的绘图比例。

2. 打底稿

(1) 画定位轴线。根据尺寸标注，绘制墙、柱的定位轴线。

(2) 画墙体及框架柱。根据墙体厚度尺寸、框架柱定位尺寸等，绘制全部内外墙体轮廓线及各框架柱断面图，得到如图9-16 (a) 所示图形。

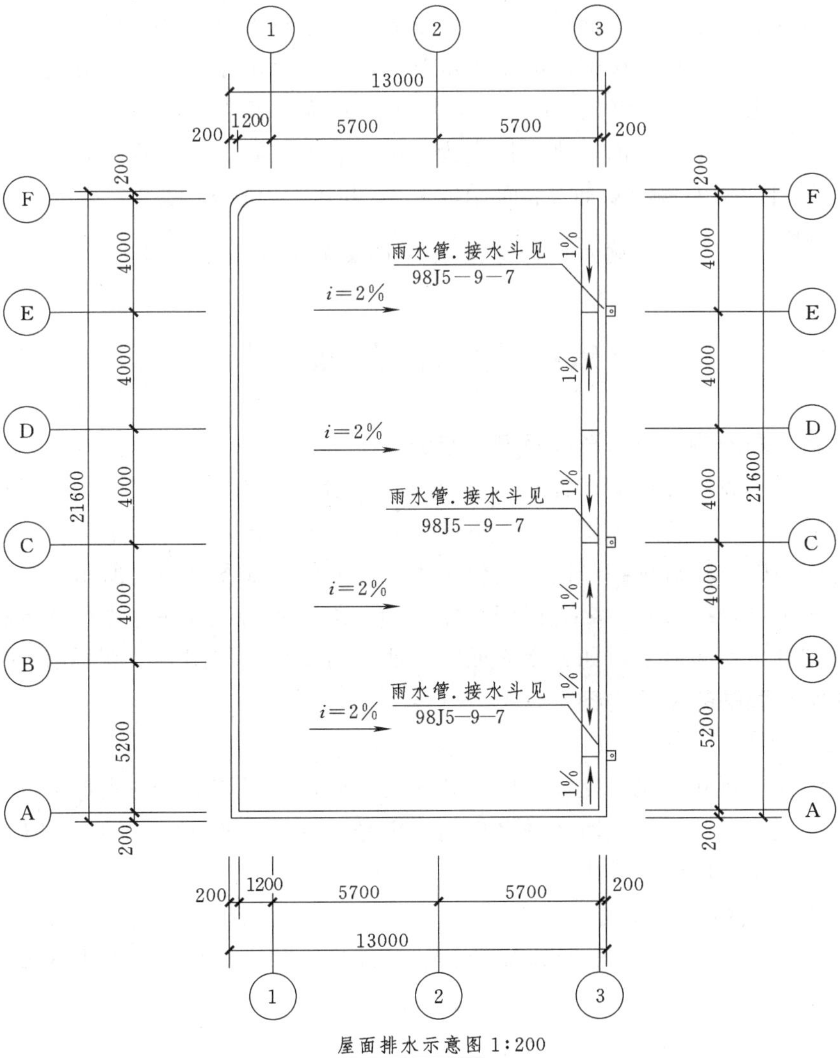

图9-17 屋面排水示意图

值得注意的是：该例所表示的建筑物为框架结构，采用填充墙体，墙体厚度取决于砌块规格，该例中涉及到250、200、100三种规格。对于砖混结构建筑物，墙体厚度常用到370、240、120等规格；图9－13所示，为砖混结构建筑物，内墙、外墙均为240厚。

（3）画门窗、楼梯等构配件并完成细部。按规定图例绘制门窗、楼梯等构配件，并绘制台阶、卫生器具等，得到如图9－16（b）所示图形。

（4）标注尺寸（含标高）。按规定为图9－16（b）标注尺寸及标高。

（5）标注必要的符号（指北针、轴线符号等）。按规定为图形标注指北针、轴线符号、剖切符号等，完成图形底稿绘制。

3. 加深

按国家标准规定的线型和线宽，加深各图线，得到如图9－14所示图形。

五、屋面排水示意图

由于屋面排水示意图比较简单，仅以反应屋面排水情况为主要目的，一般采用较小的绘图比例。图9－17为某售楼部屋面排水示意图，主要表示屋面的排水方式、排水方向及排水坡度，绘图比例为1∶200。由图可见排水方式为有组织排水，采用女儿墙外排水，雨水通过3个水落管排至地面，排水坡度为2%，排水方向如图中箭头所示；3个水落管分布于③号墙体外侧Ⓐ轴后面1900处和Ⓒ、Ⓔ轴线位置处。其中符号“$\frac{\text{雨水管，接水斗见}}{\text{98J5—9—7}}$”，表示雨水口详图在98J5图集的第9页，编号为7。

9.4 建筑立面图

一、建筑立面图的用途、形成及命名方法

建筑立面图是表示建筑物在各立面方向的外貌和外装修，门、窗、阳台等位置以及主要部位标高的图样。是建筑施工过程中室外装修的主要依据。

建筑立面图是对建筑物各竖向立面作正投影形成的，如图9－18所示。

一般可按定位轴线编号命名立面图，如：①～④立面图、Ⓐ～Ⓒ立面图等；也可按平面图中建筑物各面朝向命名，如：南立面图、西立面图等，如图9－19所示。

二、建筑立面图的主要内容

1. 图名、比例

与建筑平面图相同，建筑立面图图名和比例一般也注写在立面图图形下方，并在图名下面绘制一条粗实线，比例注写在图名后面，字号小一号或两号，如图9－18所示。

建筑立面图绘图比例常采用1∶100。

2. 建筑物两端的定位轴线及编号

建筑立面图中，一般仅标出两端定位轴线及编号，并注意与平面图中的编号一致，如图9－18所示。

3. 建筑物在室外地坪线以上的全貌

建筑立面图，一般包括地面线、建筑物外廓、构配件的位置及外装修等情况。

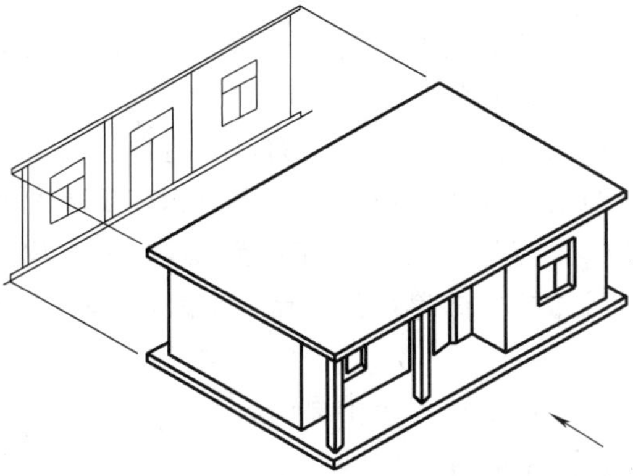

(a)

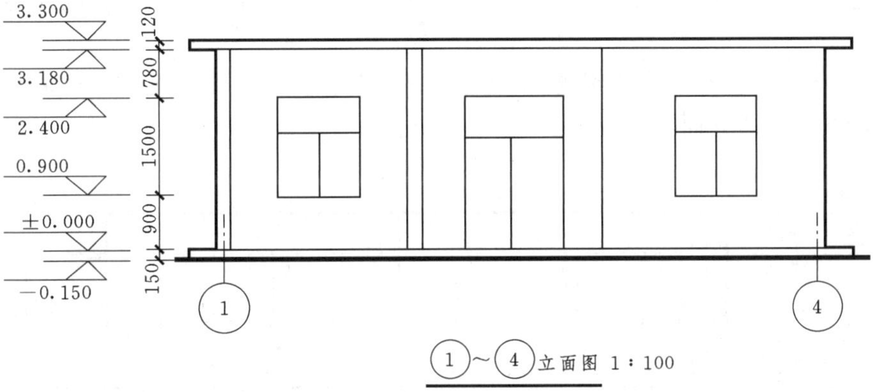

(b)

图 9-18 立面图的形成

(a) 形成方法；(b) 立面图

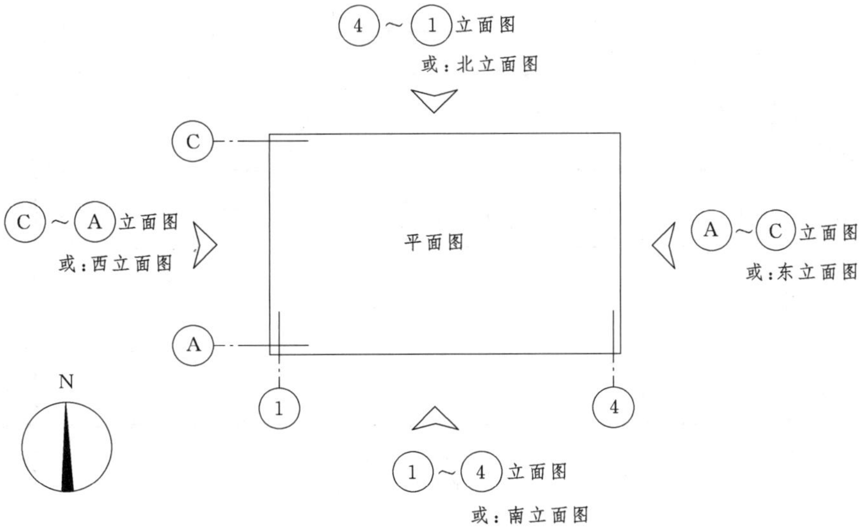

图 9-19 建筑立面图的命名方法

4. 必要的尺寸标注与标高

建筑立面图中，一般仅标注必要的竖向尺寸和标高。该标高指相对标高，即相对于一层室内主要地面（标高值设为零）的标高。

对于楼地面、地下层地面、阳台、平台、檐口、屋脊、女儿墙、台阶等处的高度尺寸及标高，在立面图、剖面图及其详图中应注写完成面标高及高度方向的尺寸。

竖向尺寸的尺寸界线位置应与所注标高的位置一致，尺寸数值就是标高之差，但二者的单位不同，尺寸标注中尺寸数值的单位为 mm，而标高的单位为 m。

5. 其他

如索引符号、文字说明等，参见建筑平面图。

三、识读建筑立面图的一般方法

一般地建筑物需同时画出几个立面图，读图时应注意与平面图对照，明确各立面图的投射方向。

图 9－20～图 9－22 分别为售楼部西立面图、东立面图和南立面图。先来按如下步骤对主要立面图——西立面图进行识读。

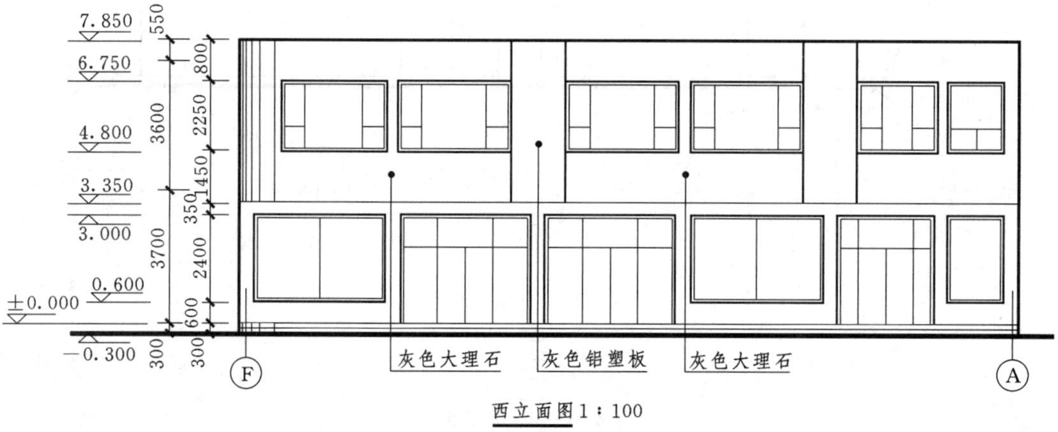

图 9－20 西立面图

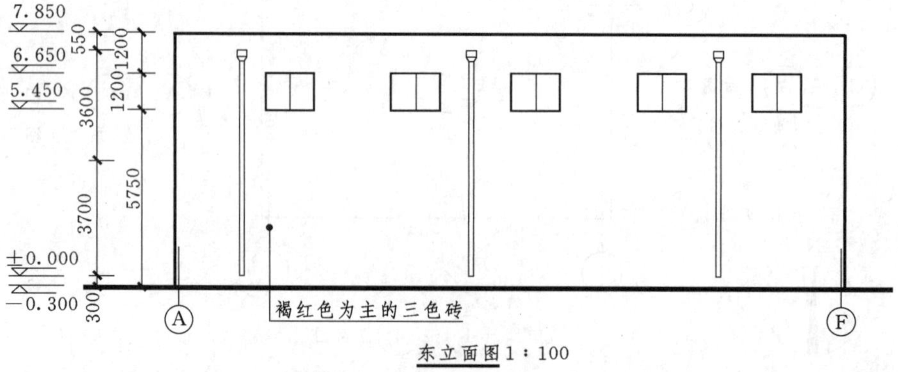

图 9－21 东立面图

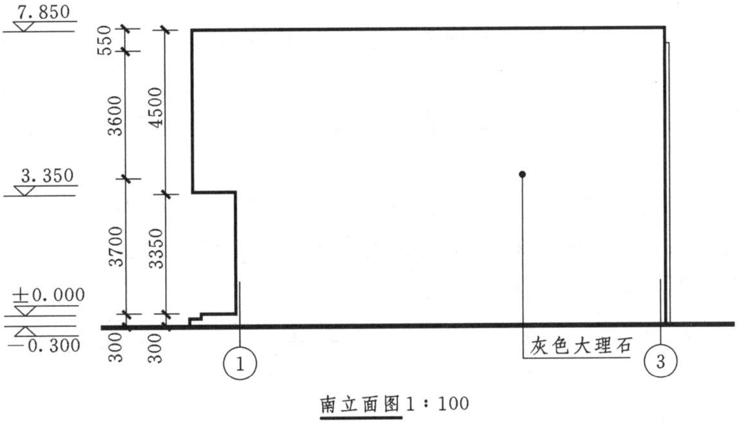

图 9-22 南立面图

(1) 看图名、比例及定位轴线编号。明确立面图的投射方向。

图 9-20 为西立面图，绘图比例为 1∶100，轴线编号为Ⓕ～Ⓐ，也可称为Ⓕ～Ⓐ立面图，投射方向为自西向东。

(2) 看轮廓线。了解建筑物的立面形状，构配件的形状及在立面上的布置情况。

该建筑物西立面形状为长方形。一层共有三个门和三个窗，二层设有六个窗；二层西北角（Ⓕ轴线位置）设置为圆角。

(3) 看尺寸标注。了解主要部位，如室外地坪、台阶、窗台、门窗洞口等的尺寸及标高。

通过识读尺寸标注，可知该售楼部一层地面标高值为±0.000，室外地坪标高值为−0.300，女儿墙顶部标高值为 7.850，建筑物总高度为 8.150m。各门窗洞口等尺寸，读者可自行阅读。

(4) 看其他。如：了解索引符号及文字说明，了解建筑物的外装修材料及做法等。

通过识读文字说明，可知该售楼部西墙（也就是建筑物正面墙体）外装修材料主要为灰色大理石，二层有两处为灰色铝塑板。

(5) 综合分析。明确建筑物立面的造型及施工要求。

综合分析各步骤，可明确该售楼部西立面的造型及效果。

接下来读者可按照相同的方法对其他立面图进行识读。

四、绘制建筑立面图的一般步骤

根据国家标准关于图线的规定，在绘制建筑立面图时，立面图中最外面的轮廓线用粗实线绘制；门窗洞口、窗台、雨篷、檐口、阳台、台阶等的轮廓线用中粗实线绘制；地坪线用特粗实线（1.4*b*）绘制；其余细部，如门窗扇、水落管、墙面分格线等均用细实线绘制。

下面结合图 9-20 的绘制过程，介绍绘制建筑立面图的步骤。

1. 选比例、定图幅

由尺寸标注可知，该建筑物西、东立面图尺寸为 21600×8150，南立面图尺寸为 13000×8150。为便于读图，将西、东、南三个立面图及 1—1 剖面图放置在一张横放的 A2 幅面图纸中，并采用 1∶100 的绘图比例。

2. 打底稿

(1) 画室外地面线、必要的定位轴线和房屋的外轮廓线。根据尺寸标注，绘制室外地面线，建筑物两端定位轴线Ⓐ和Ⓕ及外轮廓线，如图9-23（a）所示。

注意：为便于识读，本书在该步骤标注出定位轴线符号，一般在打底稿最后一步进行标注。

（2）画凹凸墙面、门窗洞和主要构配件的轮廓。结合平面图的尺寸标注，绘制凹凸墙面、门窗洞等。

（3）画细部。补充绘制细部内容，得到如图9-23（b）所示图形。

（4）标注尺寸（含标高）、文字说明、各种符号等。按规定为图9-23（b）标注尺寸、标高、文字说明等，完成图形底稿绘制。

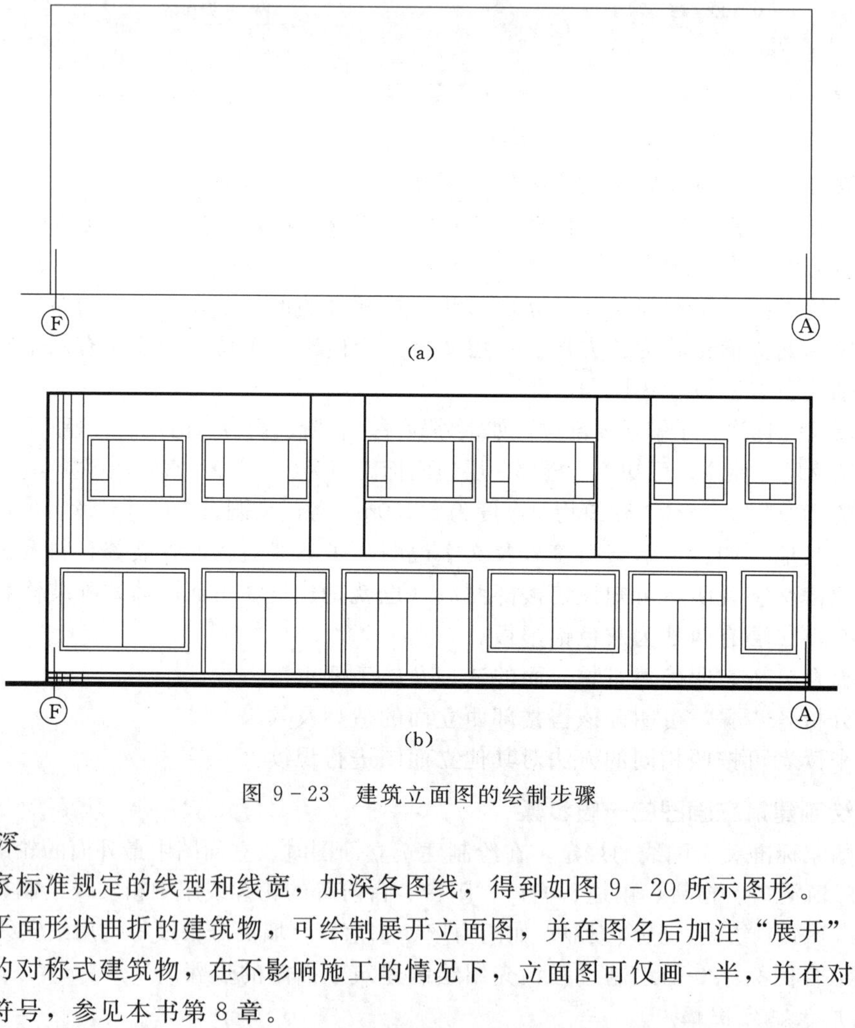

图9-23　建筑立面图的绘制步骤

3. 加深

按国家标准规定的线型和线宽，加深各图线，得到如图9-20所示图形。

对于平面形状曲折的建筑物，可绘制展开立面图，并在图名后加注"展开"二字；对于较简单的对称式建筑物，在不影响施工的情况下，立面图可仅画一半，并在对称轴线处画出对称符号，参见本书第8章。

9.5　建筑剖面图

一、建筑剖面图的用途、形成及命名方法

建筑剖面图是表示建筑物内部的结构形式、分层情况、各部分的竖向联系、材料及高

度等的图样。是指导施工的重要依据。

建筑剖面图是假想用一个或几个平行于建筑物某墙面的剖切平面，将该建筑物自屋面到基础全部剖开，再把需要表达的部分投射到与剖切面平行的投影面上得到的剖面图。一般按剖切符号的名称命名，如1—1剖面图、2—2剖面图等，剖切符号位置一般需到相应的平面图中查找。如图9-24所示的1—1剖面图，其对应剖切符号位置可查看图9-13。

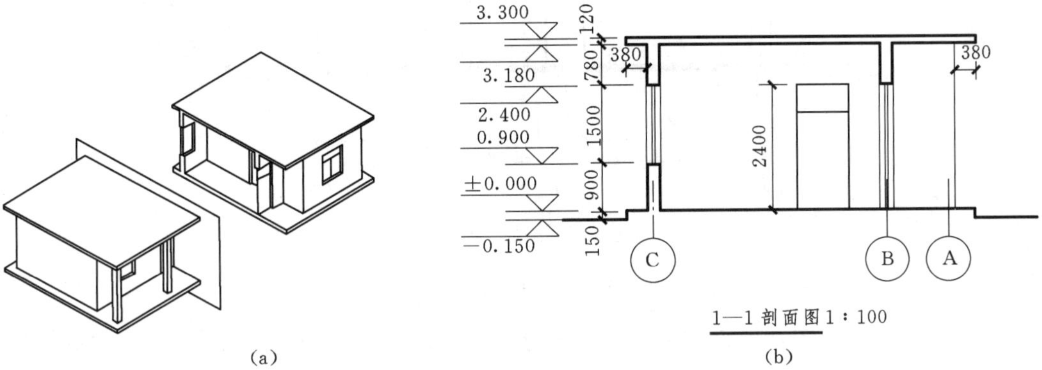

图 9-24　剖面图的形成
(a) 剖切方法，(b) 1—1 剖面图

二、建筑剖面图的主要内容

1. 图名、比例

与建筑平面图相同，建筑剖面图图名和比例一般也注写在剖面图图形下方，并在图名下面绘制一条粗实线，比例注写在图名后面，字号小一号或两号，如图9-24所示。

建筑剖面图绘图比例常采用1：100。

2. 外墙、柱等构配件的定位轴线及编号

建筑剖面图中，一般仅标注剖切部位两端的定位轴线及编号，并应与平面图中的编号一致。必要时，也可标出其他较重要的定位轴线，如图9-24所示。

3. 建筑物内部的空间布置

主要表现建筑物自地面至屋面之间各层的净空高度，楼地面及屋面的高度、构造做法，各层间的交通联系情况，楼梯间的位置、形式等。

4. 必要的尺寸标注与标高

剖面图中的尺寸分外部尺寸和内部尺寸两大类。外部尺寸包括室外地坪、外墙上各层的门窗洞上下口、檐口、女儿墙顶部等处的标高（标注位置同立面图）以及与标高对应的竖向尺寸、必要的轴线间距尺寸、窗台等细部尺寸；内部尺寸包括室内地面、各层楼面、屋面、楼梯平台的标高以及室内门窗洞的高度尺寸等。

5. 其他

如索引符号等。相关内容及规定参见建筑平面图。

三、识读建筑剖面图的一般方法

图9-25为某售楼部1—1剖面图。我们按如下步骤对该剖面图进行识读。

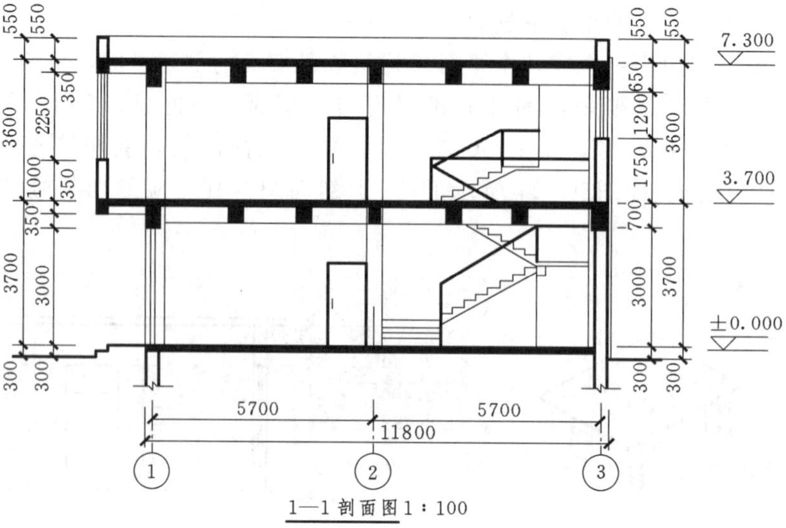

图 9－25　售楼部 1—1 剖面图

（1）看图名、比例。根据图名，在首层平面图中找到对应的剖切符号，明确剖切位置和投射方向。

图 9－25 为售楼部 1—1 剖面图，绘图比例为 1∶100。通过图 9－14 所示首层平面图，可知 1—1 剖面图的剖切位置通过Ⓒ轴和Ⓓ轴间的售楼部入口，投射方向为自南向北。

（2）看建筑物内部的空间布置。了解建筑物的分层、各层间的交通联系、楼梯位置等。

该售楼部分为两层空间。首层①轴墙体外面设两级台阶，二层自①轴向外挑出；③轴墙体外面有雨落管。室内西边反映办公室的门和墙体；东边反映 A 楼梯的位置和形式，为节省空间，需经三个梯段方可到达二层；结合后面将要介绍的图 9－29、图 9－30 所示楼梯详图，可知到达二层后，再上 6 级台阶（约在二层半的高度）设有卫生间。

（3）看墙、柱等构配件的相对位置关系及材料等。了解建筑物各组成部分的构造、做法等。

该建筑为框架结构，采用填充墙体，以框架柱中心作为轴线定位位置，外墙墙体与柱体外皮平齐，内墙墙体与柱体居中设置。由于办公大厅的开间和进深尺寸都很大，为增强建筑物结构的整体性、稳定性和抗震性，采用井式楼板（也称井式楼盖）。

（4）看尺寸标注和标高。了解建筑物的各层高度、楼地面等部位的标高及其他相关尺寸。

通过识读尺寸标注，可知该售楼部一层地面标高值为±0.000，二层楼地面标高值为 3.700，屋面标高值为 7.300；一层地面高出室外地坪 300，一层层高为 3700（即 3.700m），二层层高为 3600（即 3.600m），女儿墙高出屋面 550。

值得注意的是，二层楼面上的框架梁标注高度为 700（实际框架梁高度为 650），是因为包括了楼层做法（表 9－2 所示建筑设计总说明中，第九条规定：建筑完成面与结构板面的高差为 50）。屋面上的框架梁标注高度为 650，是因为屋面做法比较复杂，直接标注了框架梁的结构高度。

(5) 看其他。如索引符号及文字说明等。了解建筑物某些部位的用料及做法等。该例中无此类内容。

(6) 综合分析。明确建筑物剖面形状。

综合上述各步骤，可明确建筑物的1—1剖面形状。

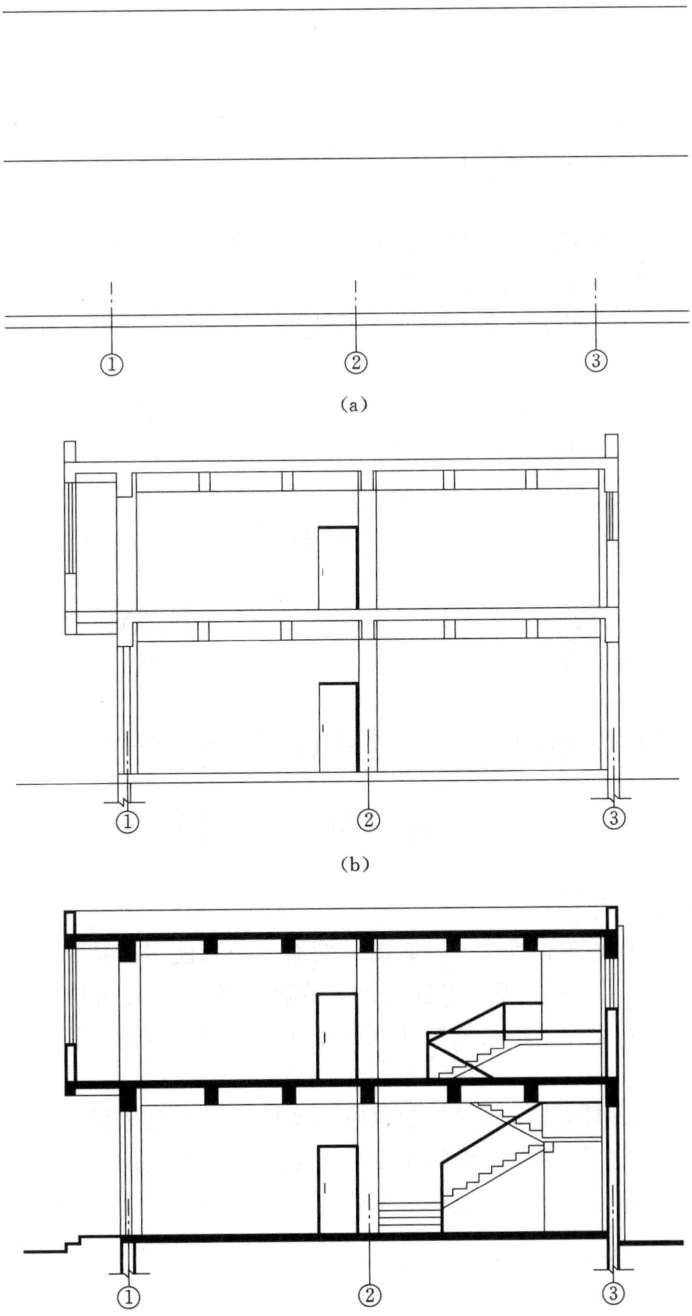

图 9-26 建筑剖面图的绘制步骤

四、绘制建筑剖面图的一般步骤

根据国家标准关于图线的规定，在绘制建筑立面图时，剖面图中被剖切到的构配件的轮廓线用粗实线绘制，其余可见轮廓线用细实线绘制。

根据国家标准关于图例的规定，对于被剖切到的构配件应按规定绘制材料图例，当比例小于1∶100时，可简化图例，如钢筋混凝土可涂黑。

下面结合图9-25的绘制过程，介绍绘制建筑剖面图的步骤。

1. 选比例、定图幅

在绘制东立面图时，已将1—1剖面图与西、东、南三个立面图放置在一张横放的A2幅面图纸中，并采用1∶100的绘图比例。

2. 打底稿

(1) 画定位轴线、地坪线、各层楼地面线、屋面线等。根据尺寸标注，绘制①、③轴线，室外地坪线，各层楼地面线及屋面线，如图9-26 (a) 所示。

注意：为便于识读，本书在该步骤标出定位轴线符号，一般在打底稿最后一步进行标注。

(2) 画墙身、框架柱、楼板、门窗等构配件。结合平面图的尺寸标注，绘制墙身、框架柱、楼板、门窗等构配件轮廓线，如图9-26 (b) 所示。

(3) 画楼梯、阳台、雨篷、水落管等，完成细部绘制。参考图9-30楼梯剖面图，绘制楼梯轮廓线，并完成水落管、女儿墙、绘制图例等细部内容，得到如图9-26 (c) 所示图形。

(4) 标注尺寸（含标高）、文字说明、各种符号等。按规定为图9-26 (c) 标注尺寸、标高等，完成图形底稿绘制。

3. 加深

按国家标准规定的线型和线宽，加深各图线，得到如图9-25所示图形。

9.6 建筑详图

一、建筑详图及特点

为便于施工，对于建筑平面图、立面图、剖面图中未能表达清楚的细部，可采用较大比例（如1∶5、1∶10、1∶50等）单独绘制，这种图样称为建筑详图或大样图。对建筑物某构造节点（如外墙身节点）或某构件（如楼梯）也可绘制放大图样，称为节点详图或构件详图。

详图的表达方法和详图数量应根据建筑物构造的复杂程度来确定。采用标准图时，只需用索引符号注明详图在标准图集中的编号或页数，不必画出图形。

建筑详图的特点是：比例大，图示清楚，尺寸标注齐全，文字说明准确、详细。

二、建筑详图的主要内容

1. 图名、比例

与建筑平面图相同，建筑详图图名和比例一般也注写在详图图形下方，并在图名下面绘制一条粗实线，比例注写在图名后面，字号小一号或两号，如图9-27所示。

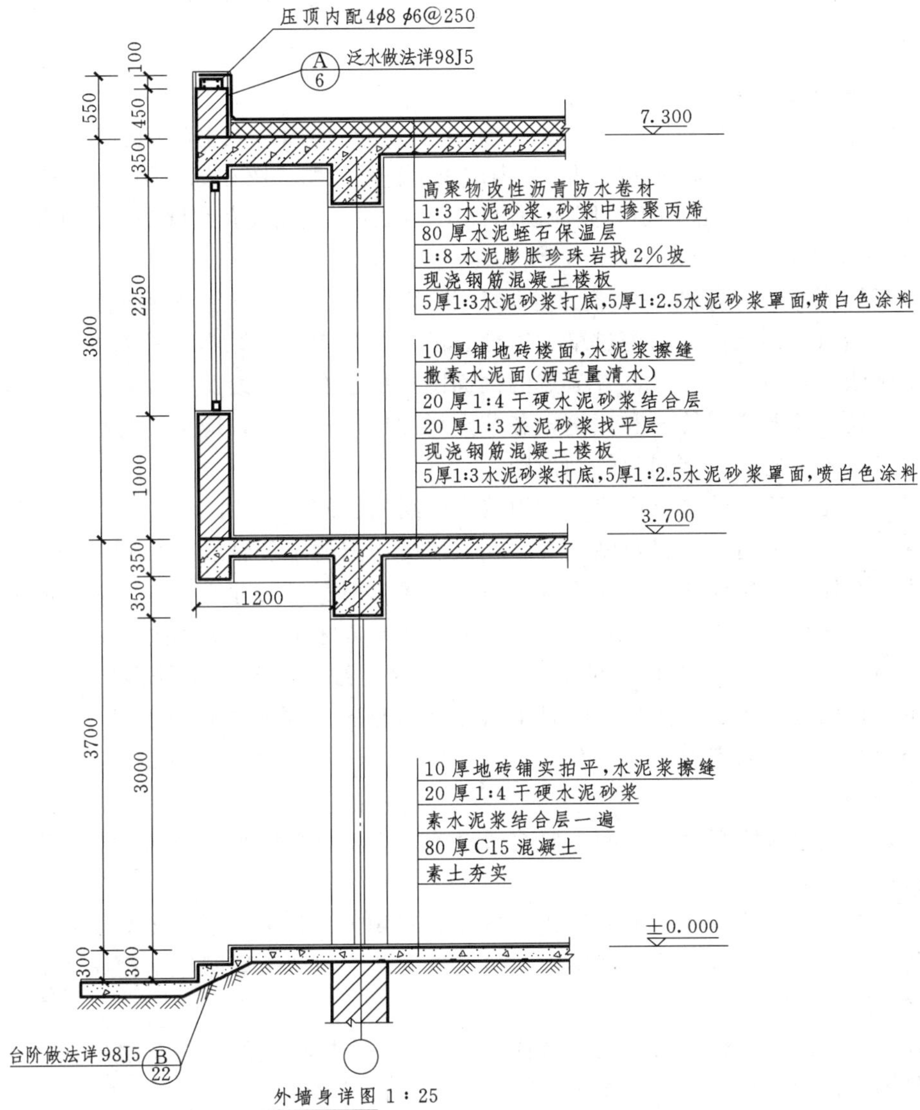

图 9-27 外墙身详图

2. 必要的定位轴线

建筑详图中定位轴线及编号的基本规则同其他建筑图样，详见图 9-3。通用详图中的定位轴线，应只画圆，不注写轴线编号，如图 9-27 所示。

3. 建筑物构配件的详细表达

主要包括楼梯、门、窗等的详细构造、材料、规格及连接关系；建筑细部及檐口、窗台、踏步、屋面等剖面节点的形式、做法、材料等。

4. 详细的尺寸标注与标高

有关规定同建筑平、立、剖面图。

5. 其他

如详图符号、文字说明等。

详图符号的有关规定及画法见图9-4。文字说明主要用于详细说明面层等部位的施工要求等。

三、常用的建筑详图

常用的建筑详图包括外墙身详图、楼梯详图、门窗详图、卫生间详图等。

设计时，门窗应尽量采用标准图，只需用索引符号注明详图在标准图集中的编号，而不必画出详图；若不采用标准门窗，则应画出详图。在这里我们仅介绍墙身详图和楼梯详图。

1. 外墙身详图

外墙身详图一般只需要一个剖面图，详细表示出外墙身自屋面到基础之间各节点，如：屋面、檐口、楼地面、门窗过梁、窗台、散水、防潮层、勒脚、外墙的内外墙面装修等的构造做法、材料、尺寸等，各节点的剖面图一般连在一起绘制，在窗洞处用折断线断开；另外，还要注明详图符号和比例，各节点详图比例不同时，应分别标注。

外墙身详图采用的线型同建筑剖面图。

图9-27为售楼部外墙身详图，采用较大的绘图比例1∶25，通过自上而下的整体剖切，可看到屋面的构造、材料及做法等。在该墙身详图的定位轴线符号圆中未注写轴线编号，表明是墙体的通用详图。在女儿墙压顶内配置4根直径尺寸为8的Ⅰ级纵向钢筋，每隔250配一根直径尺寸为6的Ⅰ级箍筋；屋面铺设保温材料，泛水做法采用98J5图集第6页的编号A详图。二层楼面标高值为3.700，井字梁楼板材料为钢筋混凝土，向外悬挑1200，主要目的是增大二层面积，同时丰富立面造型；一层楼地面标高值为±0.000，在室外需经两级台阶进入室内。

2. 楼梯详图

楼梯是多层建筑物竖直方向的主要交通设施。主要由楼梯段、楼梯平台、栏杆（或栏板）及扶手等组成。

楼梯详图主要表达楼梯的平面形式（单跑、双跑或多跑）、结构形式（板式、梁式）、各部分的构造、尺寸、装修等。楼梯详图包括建筑详图和结构详图，结构详图将在本书第11章中作相关介绍。

楼梯的建筑详图一般包括：几个楼梯平面图，一个楼梯剖面图以及踏步、栏杆、扶手等节点详图。详图所采用图线同相应的建筑平面图和剖面图。

楼梯平面图采用假想的水平剖切平面剖切楼梯间得到；对于双跑楼梯，剖切平面应位于上行第一跑楼梯休息平台以下，若为顶层剖切平面应位于扶手以上。一般每层都应绘制平面图，但对于三层以上的建筑物，如果中间各层楼梯的形式、构造等均完全相同，则只需绘制首层（或称底层）、中间层（或称标准层）和顶层三个平面图，但应在中间层平面图中的休息平台等处标注中间各层相应部位的标高值，如图9-28所示。

图9-29、图9-30分别为售楼部A楼梯的平面图和2—2剖面图。从图中可以看出：该楼梯详图包括三个平面图和一个剖面图，绘图比例均为1∶50，在首层平面图和二层半平面图中同时反映出卫生间局部平面图。自标高值为±0.000的一层地面，经第一梯段（共4级）到达标高值为0.900的休息平台，再经第二梯段（共9级）到达标高值为2.185的休息平台，然后经第三梯段（共9级）到达标高值为3.700的二层楼面；第一梯段与第二梯段间为曲尺形折角连接形式，第二梯段与第三梯段间为双梯段并列式；自二层

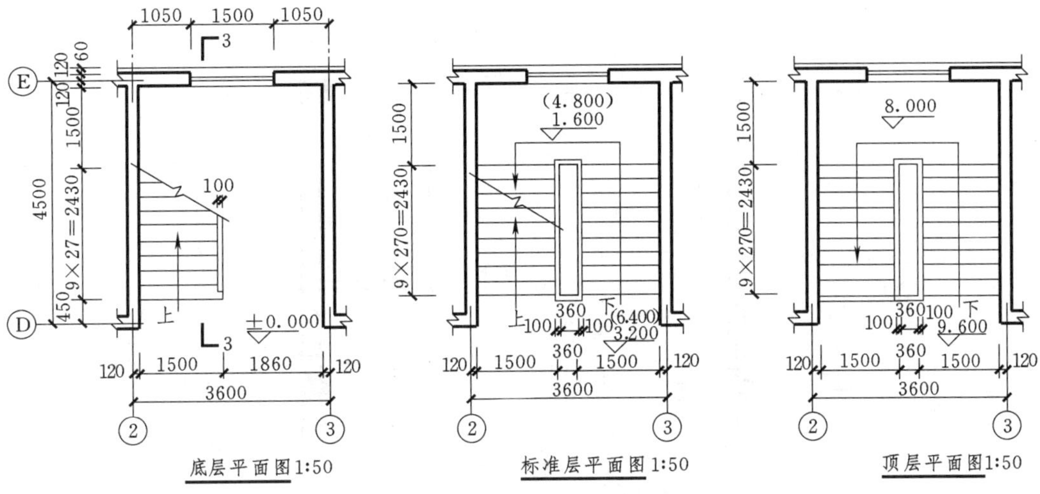

图 9-28 楼梯平面图

楼面，再上一个梯段（共 6 级），设有一个卫生间。从图 9-30 中可看到，栏杆、扶手和防滑条的做法参考图集 98J8，符号$\frac{2}{49}$和$\frac{—}{8}$分别表示第 49 页编号为 2 的图形和第 8 页的整个图形。

四、绘制楼梯详图的一般步骤

1. 绘制楼梯平面图

下面结合图 9-29 中的 A 楼梯二层平面图的绘制过程，介绍绘制楼梯平面图的步骤：

（1）选比例、定图幅。楼梯详图多采用较大比例，该图采用 1∶50；该楼梯需用三个平面图和一个剖面图表示，为查阅方便，可将该四个图形置于一张 A3 幅面图纸中。

（2）打底稿。

1）画楼梯间墙身轴线。绘制确定楼梯间位置的②、③和Ⓔ、Ⓕ轴线，如图 9-31（a）所示。

注意：为便于识读，本书在该步骤标出定位轴线符号，一般在打底稿最后一步进行标注。

2）画墙体、框架柱、踏步、扶手等轮廓线。按尺寸绘制墙体厚度、框架柱断面及踏步、扶手等主要轮廓，如图 9-31（b）所示。

3）画梯段折断线、方向指示线及其他可见轮廓等细部。

在剖切梯段绘制与踏面线成 30°角的梯段折断线，并在折断线两侧，梯段中部绘制表明上行或下行的方向指示线，指示线头部绘制箭头，尾部注写“上”或“下”；该例中还需绘制进出办公室的门的图例，如图 9-31（c）所示。

4）标注尺寸（含标高）及各种符号。按规定为图 9-31（c）标注尺寸、标高等，完成图形底稿绘制。

（3）加深。按国家标准规定的线型和线宽，加深各图线，得到如图 9-29 所示 A 楼梯二层平面图。

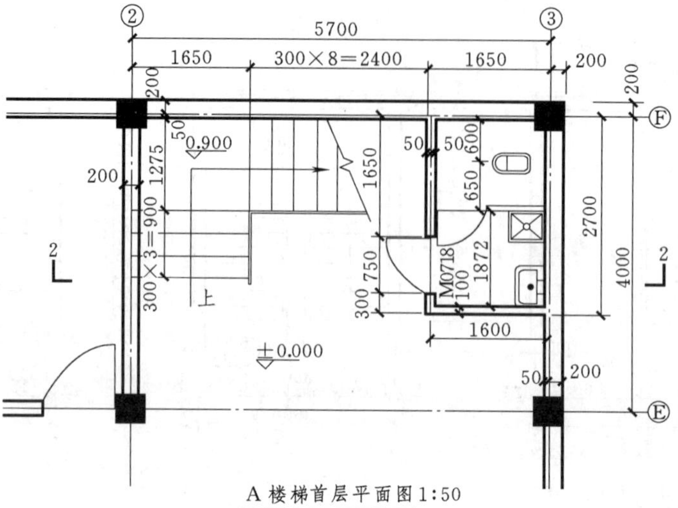

A 楼梯首层平面图 1:50

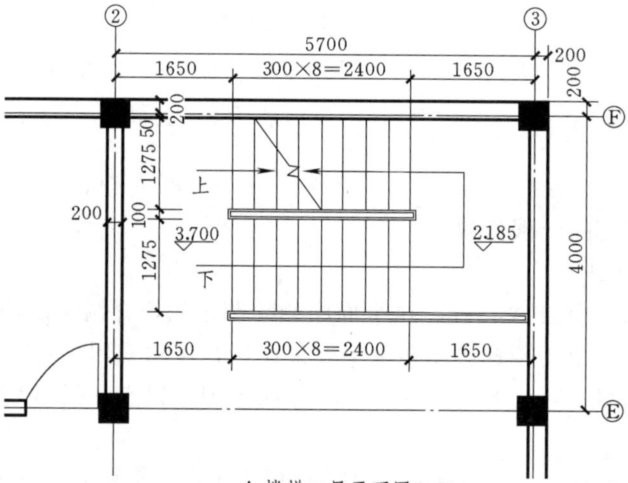

A 楼梯二层平面图 1:50

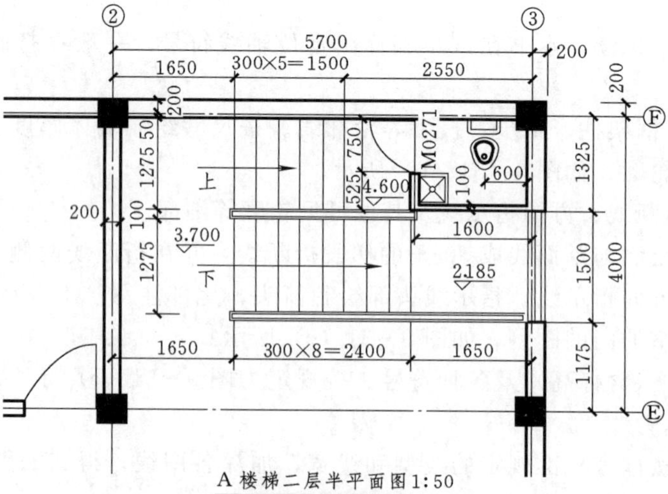

A 楼梯二层半平面图 1:50

图 9－29　售楼部楼梯平面图

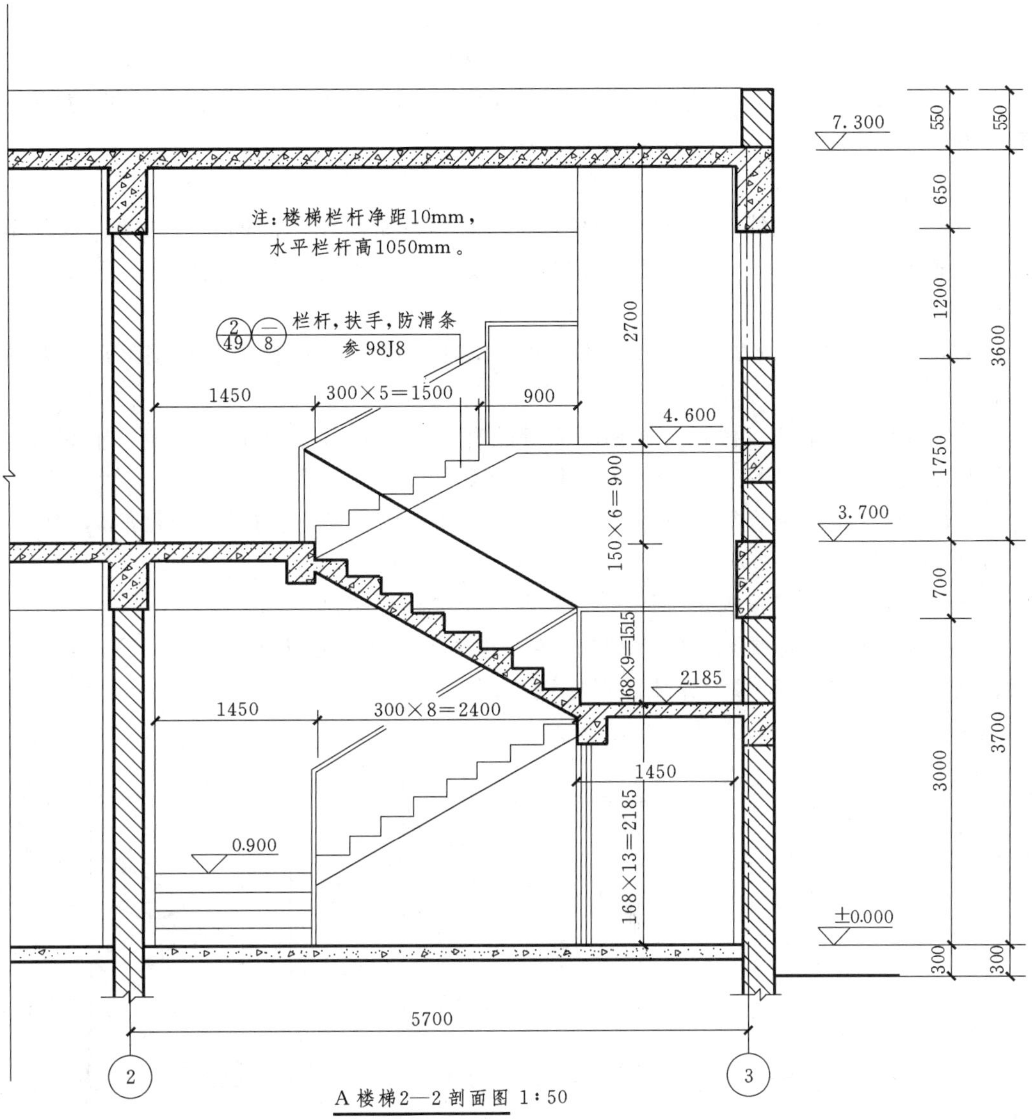

图 9-30 售楼部 A 楼梯 2—2 剖面图

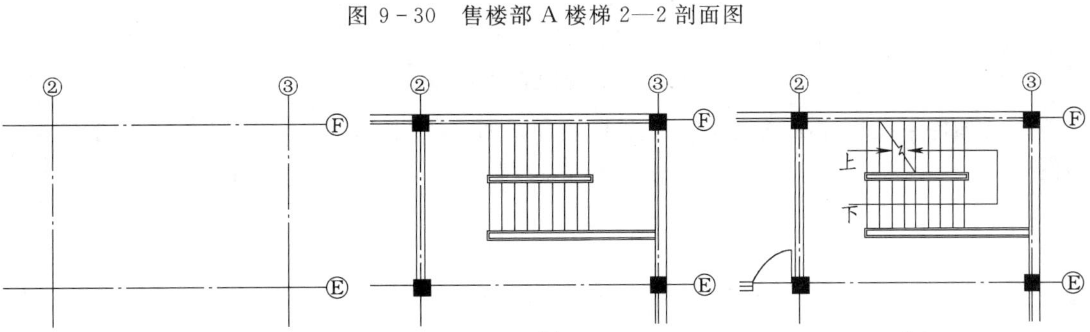

图 9-31 楼梯平面图的绘制步骤

2. 绘制楼梯剖面图

下面结合图 9－30 的绘制过程，介绍绘制楼梯剖面图的步骤：

（1）选比例、定图幅。在绘制楼梯平面图时，已确定绘制比例采用 1：50，并将三个平面图和一个剖面图置于一张 A3 幅面图纸中。

（2）打底稿。

1）画楼梯间墙身轴线、地坪线、各层楼地面线、屋面线、楼梯平台线等。绘制确定楼梯间位置的②、③轴线，沿高度方向的地坪线、各层楼地面线、屋面线、楼梯平台线等，如图 9－32（a）所示。

注意：为便于识读，本书在该步骤标出定位轴线符号，一般在打底稿最后一步进行标注。

2）画墙体、框架柱、楼板、楼梯断面等轮廓线。按尺寸绘制墙体厚度、框架柱、楼板、楼梯断面等主要轮廓，如图 9－32（b）所示。

3）画楼梯扶手、窗户等细部。按尺寸绘制楼梯扶手、窗户、折断线等细部，如图 9－32（c）所示。

4）绘制材料图例。按规定为图 9－32（c）绘制材料图例。

5）标注尺寸（含标高）、文字说明、各种符号等。按规定为图 9－32（c）标注尺寸、标高、文字说明及各种符号，完成图形底稿绘制。

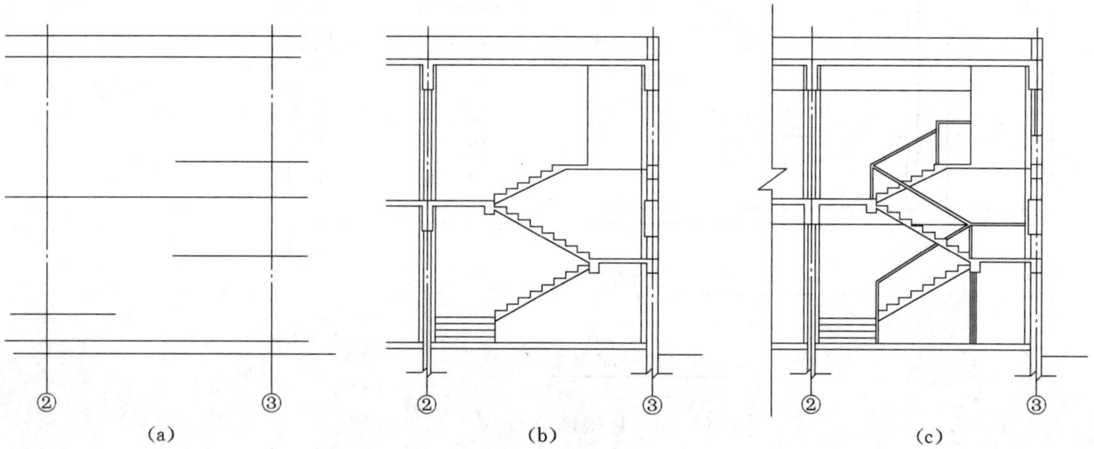

图 9－32　楼梯剖面图的绘制步骤

（3）加深。按国家标准规定的线型和线宽，加深各图线，得到如图 9－30 所示楼梯剖面图。

第10章　结 构 施 工 图

10.1　概　　述

结构施工图是根据建筑要求，进行结构选型和构件布置，并进行计算后绘制的。结构设计过程应根据相关工种（建筑、给排水、暖通、电气）对结构的要求进行；通过力学计算，决定房屋各承重构件（如图10－1中所示梁、板、墙、柱及基础等）的材料、形状、大小、配筋等；最后将设计结果绘制成图样，称为结构施工图，简称“结施”。

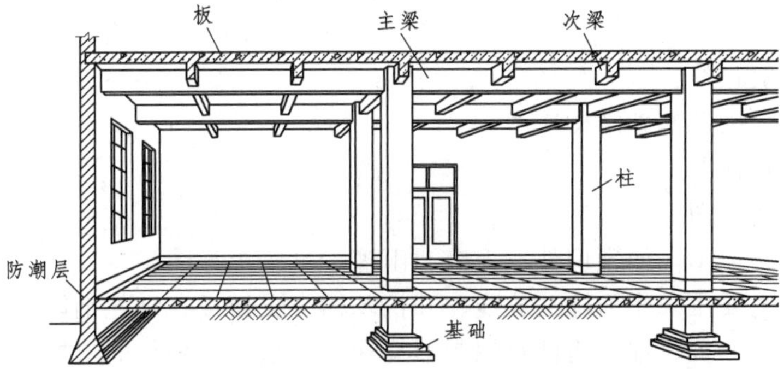

图10－1　钢筋混凝土结构示意图

一、结构施工图的内容与作用

房屋结构由地下结构和上部结构两部分组成。地下结构包括基础和地下室；上部结构通常由墙体、梁、板、柱、屋架等构件组成。

建筑结构按其主要承重构件所采用材料的不同，可分为钢筋混凝土结构、砖石结构、钢结构、木结构等。

结构施工图的基本内容包括：结构设计说明、结构布置图、构件详图。

1. 结构设计说明

结构设计说明是结构施工图的纲领性文件，它结合现行规范的要求，针对工程结构的特殊性，将设计的依据、对材料的要求、选用的标准图和对施工的特殊要求，用文字的表述方式形成的设计文件。

结构设计说明一般包括以下内容：

（1）工程概况，如建设地点、抗震设防烈度、结构抗震等级、荷载选用、结构形式、结构设计使用年限、砌体结构质量控制等级等。

（2）选用材料的情况，如混凝土的强度等级、钢筋的级别以及砌体结构中块材和砌筑砂浆的强度等级等。

(3) 上部结构的构造要求，如混凝土保护层厚度、钢筋的锚固、钢筋的接头。

(4) 地基基础的情况，如地质情况，不良地基的处理方法和要求，对地基持力层的要求，基础的形式，地基承载力特征值以及地基基础的施工要求等。

(5) 施工要求，如对施工顺序、方法、质量标准的要求，与其他工种配合施工方面的要求等。

(6) 选用的标准图集。

(7) 其他必要的说明。

2. 结构布置图

结构布置图一般包括：

(1) 基础平面图和基础详图，桩基础详图还包括桩位平面图，工业建筑还有设备基础布置图。

(2) 楼层结构平面布置图，有时还包括柱网、吊车梁、柱间支撑布置图。

(3) 屋顶结构平面布置图，有时还包括屋面板、天沟、屋架、屋面支撑系统布置图。

3. 构件详图

构件详图一般包括：

(1) 梁、板、柱及基础结构详图。

(2) 楼梯结构详图。

(3) 屋架结构详图。

(4) 其他构件详图，如预埋件、天窗、雨篷、过梁等详图。

结构施工图主要用来作为施工放线、开挖基槽、支模板、绑扎钢筋、设置预埋件、浇捣混凝土和安装梁、板、柱等构件及编制预算和施工组织计划等的依据。

二、钢筋混凝土构件的基本知识

1. 钢筋混凝土构件

混凝土是由水泥、砂子、石子和水按一定比例拌和，经浇捣、养护硬化后而形成的一种人造材料。混凝土的特点是硬化后坚硬如石，受压能力强，但抗拉能力差，容易因受拉而产生裂缝甚至断裂。钢筋具有良好的抗拉强度，且热膨胀系数与混凝土相近。因此，为了充分发挥混凝土的受压能力，常在混凝土受拉区域内或相应部位加入一定数量的钢筋，使两种材料粘结成一个整体，共同承受外力。配有钢筋的混凝土称为钢筋混凝土；没有配置钢筋的混凝土称为素混凝土。

用钢筋混凝土制成的梁、板、柱、基础等构件，称为钢筋混凝土构件。在工地现场浇制的，称为现浇钢筋混凝土构件；在工厂或工地以外预先将构件制作好，然后运到工地安装的，称为预制钢筋混凝土构件。

图10-2为素混凝土与钢筋混凝土简支梁的受力情况对比图，梁在均布荷载的作用下，上部为受压区，下部为受拉区。图10-2 (a) 中由于梁下部未配钢筋，混凝土容易因受拉产生裂缝，致使构件破坏；图10-2 (b) 中梁下部的拉力主要由钢筋来承担，从而提高构件的承载能力。

通常采用的结构类型有框架结构和混合结构两种。框架结构是指采用钢筋混凝土梁、柱等承重的结构。用砌体作为承重墙或柱，其他构件采用钢筋混凝土等材料的结构，称为

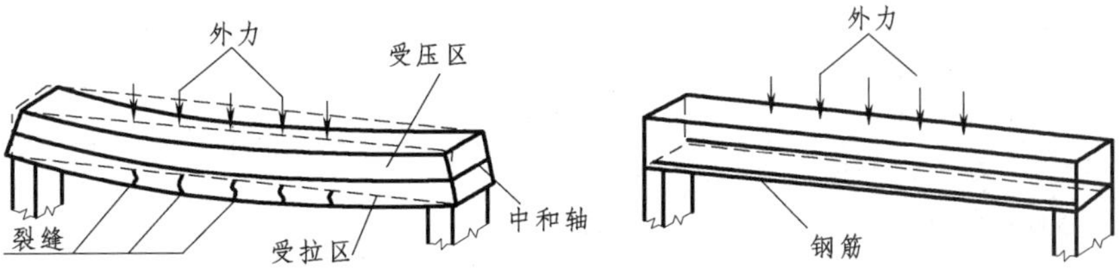

(a)　　　　(b)

图 10-2　素混凝土与钢筋混凝土简支梁的受力情况对比图

(a) 素混凝土构件受力情况图；(b) 钢筋混凝土构件受力情况

混合结构。最常见的混合结构是砖混结构，即采用砖墙承重，屋面、楼层、梁、楼梯等采用钢筋混凝土材料。

2. 混凝土的强度等级

混凝土的强度等级划分为：C15、C20、C25、C30、C35、C40、C45、C50、C55、C60、C65、C70、C75、C80 十四个等级，数字越大，表示混凝土抗压强度越高，其单位为 N/mm^2。

3. 钢筋

(1) 钢筋的种类与代号。钢筋分为普通钢筋和预应力钢筋两类。普通钢筋是指用于钢筋混凝土构件中的钢筋和预应力混凝土构件中的非预应力钢筋。普通钢筋的级别、种类、代号、材料等，如表 10-1 所示，宜采用 HPB235，HRB335，也可采用 HRB400。预应力钢筋宜采用钢绞线（直径符号为 ϕ^S）和消除应力钢丝（光面、螺旋肋、刻痕钢丝，直径符号分别为 ϕ^P、ϕ^H、ϕ^I），也可采用热处理钢筋（直径符号为 ϕ^{HT}），它们的直径可查阅 GB 50010—2002。

表 10-1　　常用钢筋代号

级　别	代　号	种　类	材　　料	说　明
Ⅰ	Φ	HPB235	Q235	热轧光圆钢筋
Ⅱ	Φ	HRB335	20MnSi、20MnSiNb、20MnSiTi、	热轧带肋钢筋
Ⅲ	Φ	HRB400	K20MnSi、	热轧带肋钢筋

注　表中的钢筋种类的数字是钢筋的强度等级，也可分别称为 HPB235 级、HRB335 级、HRB400 级钢筋。

(2) 一般钢筋图例。常用钢筋图例见表 10-2。

表 10-2　　一般钢筋图例

序号	名　　称	图　例	说　　明
1	钢筋横断面	•	
2	无弯钩的钢筋端部		下图表示长、短钢筋投影重叠，短钢筋的端部用 45°斜划线表示
3	带半圆形弯钩的钢筋端部		
4	带直钩的钢筋端部		
5	带丝扣的钢筋端部		

续表

序号	名　　称	图　例	说　　明
6	无弯钩的钢筋搭接		
7	带半圆弯钩的钢筋搭接		
8	带直钩的钢筋搭接		
9	花篮螺丝钢筋接头		
10	机械连接的钢筋接头		用文字说明机械连接的方式（或冷挤压或锥螺纹等）
11	在结构平面图中，底层钢筋的弯钩应向上或向左，顶层钢筋的弯钩应向下或向右	底层  顶层 	
12	图中表示的箍筋、环箍等布置复杂时，应加画钢筋详图及说明	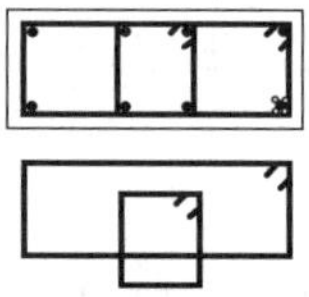	
13	每组相同的钢筋、箍筋或环筋，可用一根粗实线表示，同时用一两端带斜短画线的横穿细线表示其余钢筋及起止范围	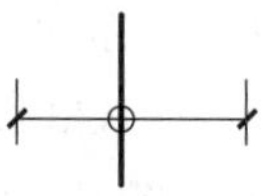	

（3）钢筋的分类与作用。构件中的钢筋按其作用的不同，可分为下列几种（图 10－3）：

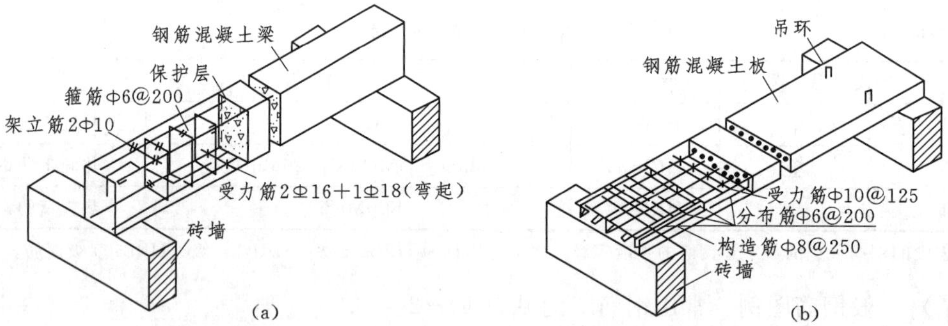

图 10－3　钢筋混凝土构件的配筋构造示意图

（a）钢筋混凝土梁；（b）钢筋混凝土板

受力筋：又称为构件中的纵向钢筋或主筋，是构件中的主要受力钢筋，承受拉力（如梁、板底部的受力筋）或承受压力（如柱子中的受力筋）。如果纵向钢筋的一部分弯起，则称为弯起钢筋，弯起段可以承受剪力。

架立筋：一般只在梁中使用，配置在截面上部的两角，为钢筋骨架的一部分。

箍筋：在受力筋和架立筋的外侧，垂直于纵向钢筋，固定其位置，并将它们组成骨架。在构件中可以承受剪力或扭矩。

分布筋：多设置在板类构件中，与受力筋垂直绑扎，起固定受力筋的位置和均匀分布荷载的作用。

构造筋：因构件的构造要求或施工安装需要配置的钢筋。如图 10－3（b）中的吊环即是为安装需要设置的构造筋。

（4）钢筋保护层和弯钩。为了保护钢筋免受锈蚀，提高钢筋与混凝土的粘结力，在钢筋外面应有一定厚度的混凝土保护层，自钢筋外缘到构件表面的距离称为钢筋保护层的厚度。各种构件的保护层厚度参考表 10－3。

表 10－3　　纵向受力钢筋的混凝土保护层最小厚度

环境类型		板、墙、壳			梁			柱		
		≤C20	C25～45	≥C50	≤C20	C25～45	≥C50	≤C20	C25～45	≥C50
一		20	15	15	30	25	25	30	30	30
二	a	—	20	20	—	30	30	—	30	30
	b	—	25	20	—	35	30	—	35	30
三		—	30	25	—	40	35	—	40	35

注　1. 基础中纵向受力钢筋的混凝土保护层不应小于 40mm；无垫层时不应小于 70mm。
2. 板、墙、壳中分布钢筋保护层可按基本保护层数值减少 10mm，但在任何情况下不应小于 10mm。梁、柱中的箍筋、构造筋的保护层不应小于 15mm。
3. 环境类型一：指室内正常环境 遵循《混凝土结构设计规范》（GB 50010—2002）。
环境类型二 a：指室内潮湿环境、露天环境及无侵蚀性水或土壤环境；b：指严寒和寒冷地区的露天环境及与无侵蚀性水或土壤直接接触的环境。
环境类型三：指严寒和寒冷地区冬季水位变动环境、滨海室外环境。

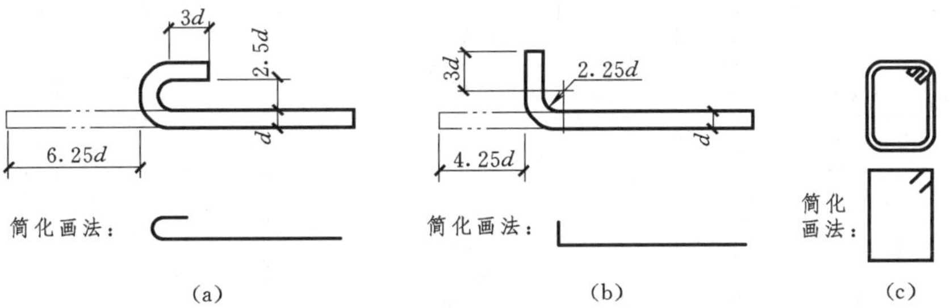

图 10－4　钢筋弯钩的常见形式和画法
（a）钢筋的半圆弯钩；（b）钢筋的直角弯钩；（c）箍筋的弯钩

为了加强钢筋与混凝土的粘结力，构件中若采用Ⅰ级钢筋（表面光圆钢筋），则钢筋的两端都要做成弯钩，如梁内上部架立筋端部的半圆弯钩、箍筋端部的 135°斜弯钩和板内上部分布筋的直角弯钩等，如图 10－4 所示。若采用Ⅱ级或Ⅱ级以上的钢筋（表面带突纹的钢筋），则钢筋的两端不必做弯钩。

（5）钢筋的编号及标注。为便于识图和施工，应对构件中的各种钢筋进行编号，将种类、形状、直径、尺寸完全相同的钢筋编成一个号。编号采用阿拉伯数字，写在直径为 6mm 的细实线圆中，如图 10－5 所示为梁断面的钢筋编号。

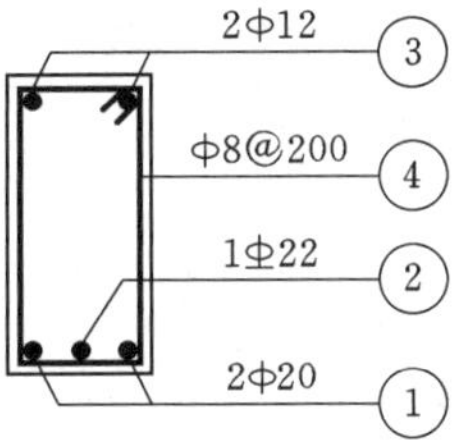

图 10－5　钢筋的编号方式

钢筋的直径、根数及相邻钢筋中心距在图样上一般采用引出线方式标注，其标注形式有下面两种：

① 标注钢筋的根数和直径，如：

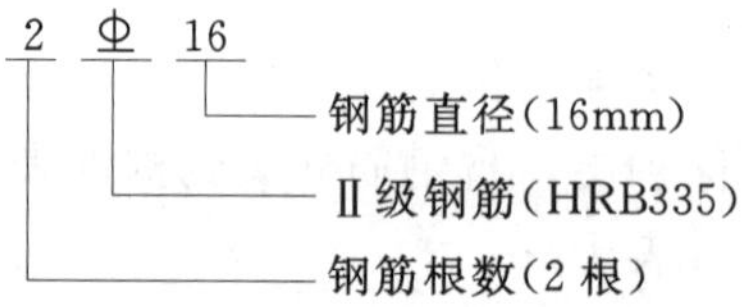

② 标注钢筋的直径和相邻钢筋中心距（如梁内箍筋φ 8@150）。

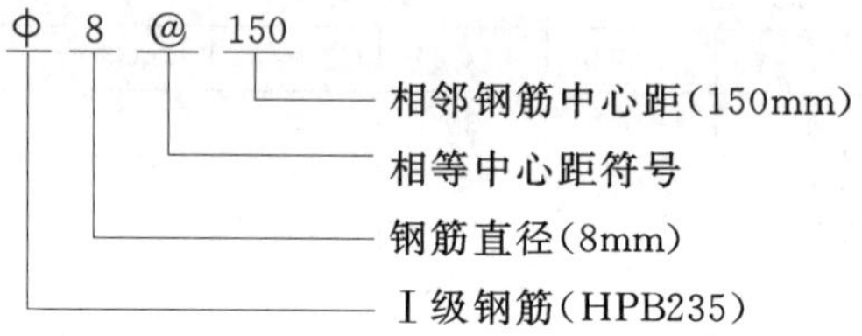

三、常用结构构件代号

结构图中的构件名称宜用代号表示，常用构件代号见表 10－4。采用标准图集的预制构件时，其代号或型号应按相应图集规定注写。

表 10－4　　常 用 构 件 代 号

序号	名称	代号	序号	名称	代号	序号	名称	代号
1	板	B	16	圈梁	QL	31	设备基础	SJ
2	屋面板	WB	17	过梁	GL	32	桩	ZH
3	槽型板	CB	18	联系梁	LL	33	挡土墙	DQ
4	空心板	KB	19	基础梁	JL	34	柱间支撑	ZC
5	折板	ZB	20	楼梯梁	TL	35	垂直支撑	CC
6	密肋板	MB	21	框架梁	KL	36	水平支撑	SC
7	楼梯板	TB	22	檩条	LT	37	梯	T
8	盖板或沟盖板	GB	23	屋架	WJ	38	雨篷	YP
9	挡雨板或檐口板	YB	24	框架	KJ	39	阳台	YT
10	吊车安全走道板	DB	25	刚架	GJ	40	梁垫	LD
11	墙板	QB	26	支架	ZJ	41	预埋件	M
12	天沟板	TGB	27	柱	Z	42	钢筋网	W
13	梁	L	28	框架柱	KZ	43	钢筋骨架	G
14	屋面梁	WL	29	构造柱	GZ	44	基础	J
15	吊车梁	DL	30	承台	CT	45	暗柱	AZ

注　预应力混凝土构件代号，应在代号前加注“Y－”。如预应力空心板的代号是 Y－KB。

四、结构施工图的一般规定

结构施工图的绘制，除应遵守《房屋建筑制图统一标准》(GB/T 50001—2001)，《总图制图标准》(GB/T 50103—2001)，《建筑制图标准》(GB/T 50104—2001)，还应符合《建筑结构制图标准》(GB/T 50105—2001) 中的有关规定。

1. 图线

(1) 结构图图线的线宽 b，应按《房屋建筑制图统一标准》(GB/T 50001—2001) 中的规定（见第 1 章）选用。

(2) 结构图中采用的各种线型应符合表 10-5 的规定。

2. 比例

结构施工图的常用比例及特殊情况下的可用比例，见表 10-6。

表 10-5　　结构施工图中的常用线型

名称		线型	线宽	一般用途
实线	粗		b	螺栓、主钢筋线、结构平面图中的单线结构构件、钢木支撑及系杆线，图名下横线、剖切线
	中		$0.5b$	结构平面图及详图中剖到或可见的墙身轮廓线、基础轮廓线、钢、木结构轮廓线、箍筋线、板钢筋线
	细		$0.25b$	可见的钢筋混凝土构件的轮廓线、尺寸线，标注引出线、索引符号
虚线	粗		b	不可见的钢筋、螺栓线，结构平面图中的不可见的单线结构构件线及钢、木支撑线
	中		$0.5b$	结构平面图中的不可见构件、墙身轮廓线及钢、木构件轮廓线
	细		$0.25b$	基础平面图中的管沟轮廓线、不可见的钢筋混凝土构件轮廓线
单点长画线	粗		b	柱间支撑、垂直支撑、设备基础轴线图中的中心线
	细		$0.25b$	定位轴线、对称线、中心线
双点长画线	粗		b	预应力钢筋线
	细		$0.25b$	原有结构轮廓线
折断线			$0.25b$	断开界限
波浪线			$0.25b$	断开界限

表 10-6　　结构施工图中的比例

图名	常用比例	可用比例
结构平面图、基础平面图	1∶50、1∶100、1∶150、1∶200	1∶30、1∶60
圈梁平面图、总图中沟管、地下设施等	1∶200、1∶500	1∶300
配件及构件详图	1∶10、1∶20	1∶5、1∶25、1∶40

10.2　基　础　图

一、基础

基础是位于墙或柱下面的承重构件，承受房屋全部荷载，并将荷载传递给基础下面的地基。地基可以是天然土壤，也可以是经过加固的土壤。

基础根据上部结构的形式和地基承载力的不同，可采用条形基础、独立基础、片筏基础、箱形基础等。图 10－6 所示为最常见的条形基础和独立基础。条形基础一般用作砖墙的基础，独立基础一般用作柱的基础。

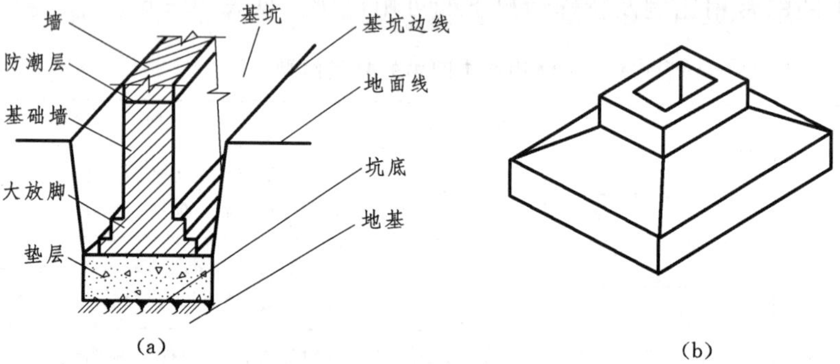

图 10－6　基础的形式
(a) 条形基础及其组成；(b) 独立基础

基础底下天然的岩土层称为地基。基坑是为基础施工而开挖的凹坑，坑底就是基础底面，基坑边线就是放线的灰线。基础的埋置深度是指室外地坪至基础底面的深度。埋入地下的墙称为基础墙，基础墙与垫层之间做成阶梯形的砌体称为大放脚，防潮层是防止地下水沿墙体向上渗透的一层防潮材料，如图 10－6 (a) 所示。

二、基础图

基础图主要是表达建筑物在相对标高±0.000 以下部分承重结构的施工图，它包括基础平面图和基础详图。基础图是施工放线、开挖基槽、砌筑基础、计算工程量的依据。

(一) 基础平面图

1. 基础平面图的形成

基础平面图是假想用一个水平面沿房屋底层室内地面以下将整幢建筑物剖开后，移去上层的房屋和基础周围的泥土向下投影所得到的水平剖面图。

2. 基础平面图的图示内容

(1) 图名、比例。

(2) 表明纵、横定位轴线、编号及轴线尺寸。基础平面图中的轴线编号、轴线尺寸均应与建筑平面图一致。基础平面图的尺寸标注分内部尺寸和外部尺寸两部分。外部尺寸只标注定位轴线的间距和总尺寸。内部尺寸应标注各道墙的厚度、柱的断面尺寸和基础底面的宽度等。

(3) 基础平面布置。只需画出基础墙、柱及基础底面的轮廓线，基础的细部轮廓（如大放脚）省略不画（其线型参见表 10-5）。

(4) 标注基础梁、独立基础等构件的位置、代号。

(5) 凡基础宽度、墙厚、大放脚、基底标高、管沟做法不同时，均以不同的断面图表示，所以在基础平面图中还应注出各断面图的剖切符号及编号，以便对照查阅。

(6) 标注由于其他专业的需要而设置的穿墙孔洞、管沟等的布置及尺寸、标高等。

(二) 基础详图

1. 基础详图的形成

基础详图是反映基础各部分的形状、大小、材料、构造及埋置深度的图样。条形基础详图一般用断面图来表示。钢筋混凝土柱下的独立基础，则用平面图和剖面图表示。

2. 基础详图的图示内容

(1) 图名、比例。

(2) 标注与基础平面图相对应的定位轴线。

(3) 表明基础的详细构造：垫层、断面形状、材料、配筋和防潮层的位置及做法等。

(三) 施工说明

主要说明基础所用的各种材料、规格及基础施工中的一些技术措施、规定等。这些说明可写在结构设计说明中，也可写在相应的基础平面图和基础详图中。

三、基础图的阅读

如图 10-7 所示为第 9 章中所讲述的某售楼部的独立基础平面图。

从图 10-7 中可以看出该建筑的基础是柱下独立基础，且基础与基础之间设置了基础梁，基础梁的主要作用是承受围护墙体的重量，调整不均匀沉降，增加建筑物的整体性。框架柱（KZ）下的独立柱基础共有 4 种形式，编号为 J—1～J—4。楼梯柱（TZ）下楼梯独立基础代号为 TJ。

在图 10-8 中的 J—1 的基础详图由平面图和断面图组成。由图可知，独立柱基础下面有垫层，四棱柱形状的基础与上面的柱连为一体。垫层是厚度为 100 的 C15 细石混凝土，平面尺寸为 2000mm×2000mm，基础高度为 400mm。基础底部配有直径为 12mm，间距为 200mm 的 HRB335 级钢筋双向钢筋网。柱的端面尺寸是 400mm×400mm，由基础内向外伸出 8 根直径为 18mm 的 HRB335 级钢筋（将与柱的钢筋连接），基础内的箍筋直径为 8mm 的 HPB235 级箍筋三道。由于篇幅有限，J—2～J—4 的基础详图略去。

基础梁的 1—1，2—2 断面见图 10-8 中的 1—1，2—2 断面图。1—1，2—2 的断面形式及基础梁的配筋是一样的，纵筋均为 6 Φ 16，箍筋为φ 8@200，不同之处为 2—2 断面中基础梁宽 500mm，1—1 断面中基础梁宽为 250mm。

TJ 详图由平面图和断面图组成，其阅读方法同 J—1，读者可自行阅读。

四、绘制基础平面图的一般方法

绘制基础平面图的步骤如下：

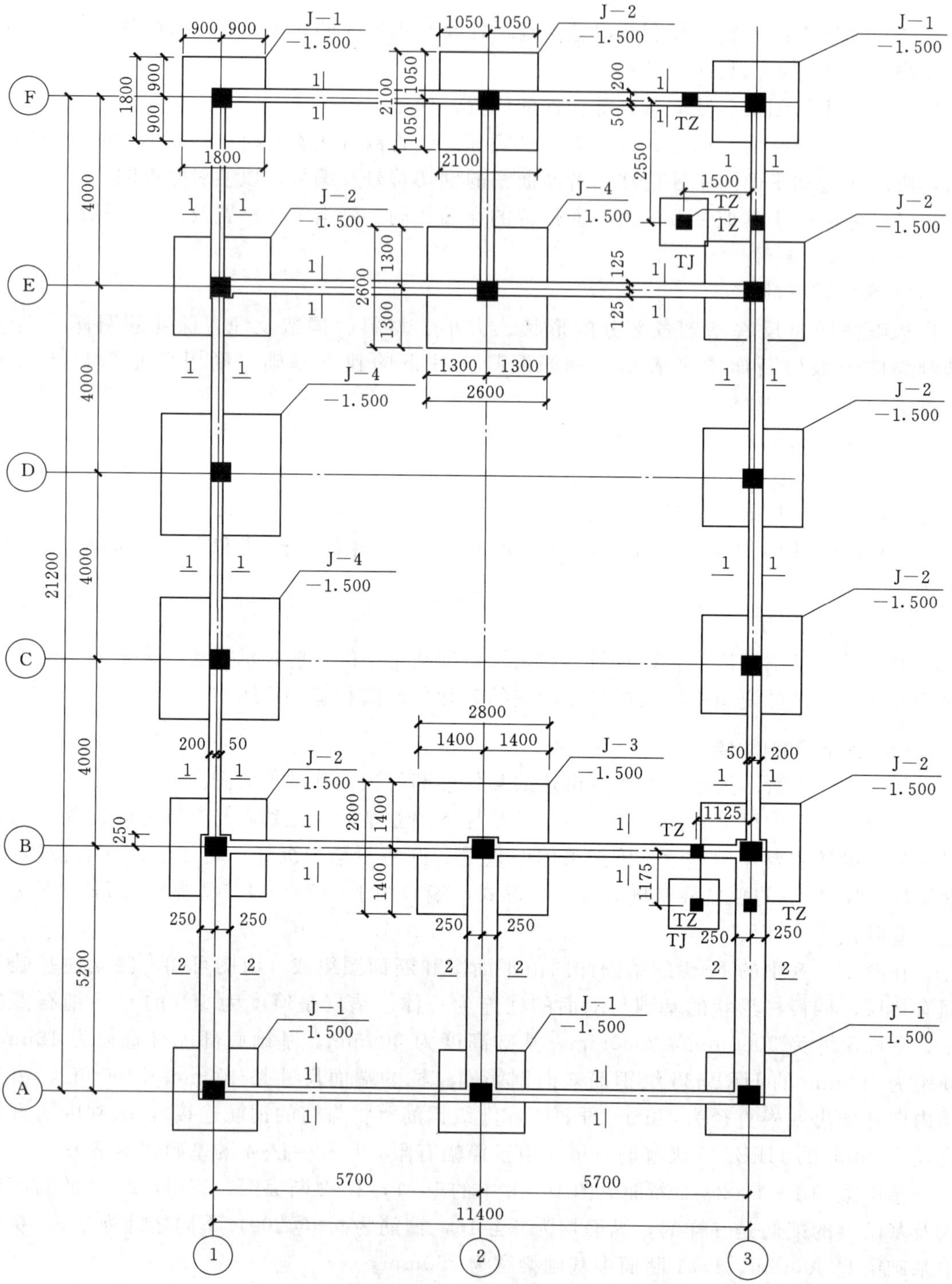

基础平面布置图 1:100

图 10-7　基础平面布置图

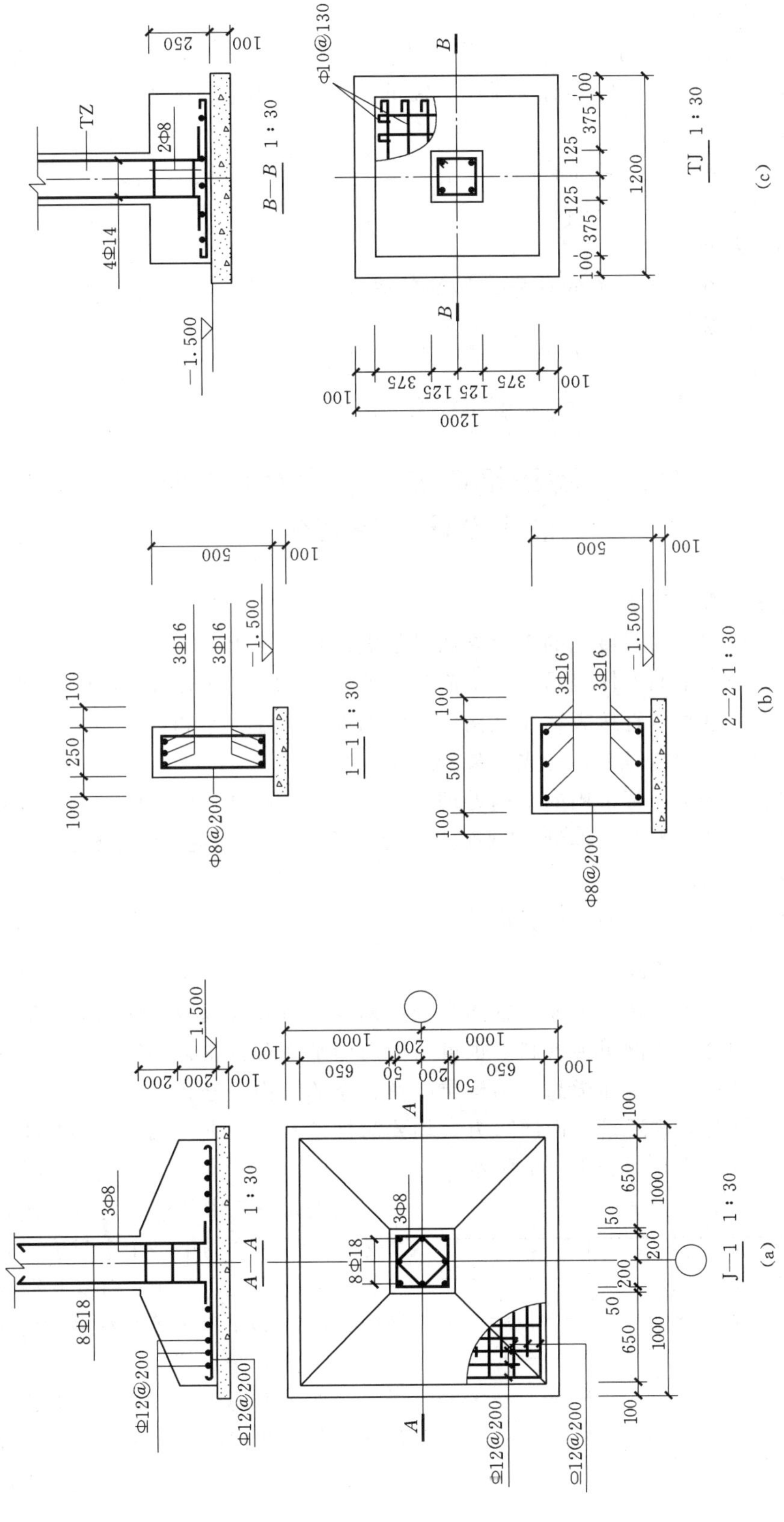
TZ
2Φ8
4Φ14
−1.500
B—B 1∶30
Φ10@130
B
TJ 1∶30
(c)
3Φ16
Φ8@200
1—1 1∶30
2—2 1∶30
(b)
3Φ8
8Φ18
Φ12@200
A—A 1∶30
A
J—1 1∶30
(a)

图 10-8　基础详图

1. 选定比例和图幅

基础平面图的绘制比例，应与建筑平面图绘图比例一致。根据基础平面的大小及选定的比例，估算注写尺寸、符号和有关说明所需的位置，选用合适图幅。

2. 绘制图形

（1）绘制定位轴线，均匀布置图面。

（2）绘制基础墙、基础轮廓线。

（3）绘制柱断面轮廓线。

（4）标注尺寸并绘制有关的符号，如基础梁编号、柱编号、剖切符号、详图索引符号、定位轴线编号等。

（5）注写文字。

（6）检查图形，校核无误后，按规定线型加深图线。

10.3　现浇钢筋混凝土构件的平面整体设计方法简介

一、平面整体表示方法的意义

在结构平面确定之后，传统的表示方法是根据结构平面上梁、柱的编号，绘制梁和柱的施工详图。当采用平面整体表示方法（简称“平法”）绘制施工图时，可以把结构构件的尺寸和配筋等信息整体直接表达在该构件（钢筋混凝土柱、梁和剪力墙）的结构平面布置图上，再配合标准构造详图，构成完整的结构施工图。

平面整体表示方法，将常用的结构处理方法，作为模块制成标准图。使得详图表示规范化，同时大大降低了绘图工作量。“平法”制图主要用于钢筋混凝土结构的梁、柱、板、剪力墙等构件的施工图。

本书仅介绍柱、梁的平面整体表示方法。

二、柱“平法”施工图

柱“平法”施工图是在柱平面布置图上采用列表注写方式或截面注写方式表达。柱平面布置图，可采用适当比例单独绘制，也可与剪力墙平面布置图合并绘制。在柱平法施工图中，应注明各结构层的楼面标高、结构层高及相应的结构层号。

无论是列表注写方式还是截面注写方式均要对柱按其类型进行编号，编号由类型代号和序号组成，编号的含义如表 10－7 所示。

表 10－7　　柱　编　号

柱类型	代　号	序　号
框架柱	KZ	××
框支柱	KZZ	××
芯　柱	XZ	××
梁上柱	LZ	××
剪力墙上柱	QZ	××

从表 10－7 中的代号可以看出，其代号都是以汉语拼音的第一个字母表示，其序号一般用阿拉伯数字表示。如：KZ1 表示第 1 种框架柱，QZ1 表示第 1 种剪力墙上柱。

1. 列表注写方式

柱平法列表注写方式需要画出柱的平面布置图及柱结构层楼面标高，并根据柱的类别按表 10－7 的规则编号。在柱平面布置图上，分别在同一编号的柱中选择一个（有时需要选择几个）截面标注几何参数；在柱表中注写柱号、柱段起止标高、几何尺寸（含柱截面对轴线的偏心情况）与配筋的具体数值，并配以各种截面形状及其箍筋类型图，构成柱平法施工图，如图 10－9 所示。

屋面	7.300	
2	3.650	3.65
1	±0.000	3.65
层号	标高(m)	层高(m)

结构层楼面标高
结构层高

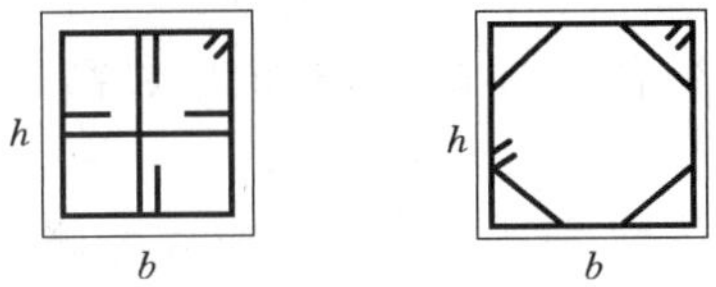

箍筋类形1($m\times n$)　　箍筋类形2

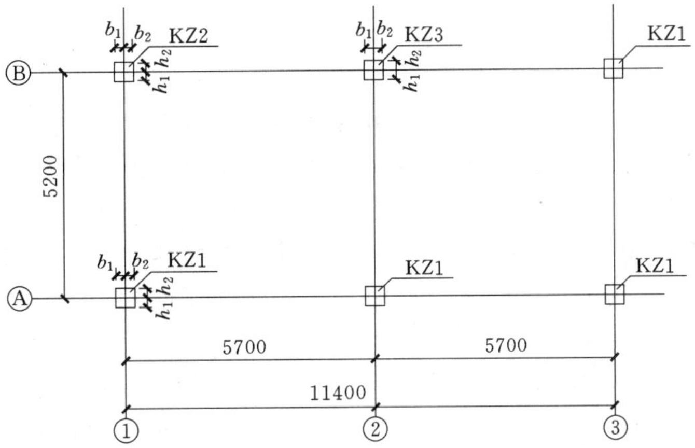

柱　表

柱号	标高(m)	$b\times h$	b_1	b_2	h_1	h_2	全部纵筋	角筋	b边一侧中部筋	h边一侧中部筋	箍筋类型号	箍筋
KZ1	0.000－7.300	400×400	200	200	200	200		4Φ18	1Φ16	1Φ16	1(3×3)	φ8@100/200
KZ2	0.000－7.300	400×400	200	200	200	200	8Φ16				1(3×3)	φ8@100/200
KZ3	0.000－7.300	400×400	200	200	200	200		4Φ20	1Φ18	1Φ18	1(3×3)	φ10@100/200

图 10－9　0.000～7.300m 柱平法施工图列表注写方式示例

图 10－9 是某建筑框架柱从轴线Ⓐ～Ⓑ及轴线①～③范围，柱的平法施工图。在图名中，注明该施工图的适用范围，如本图适用标高为 0.000～7.300m 的柱。结构层楼面标高、结构层高列表，表达了该建筑各层的结构层楼（地）面标高及相应的结构层号。可以看出，该建筑是一幢地上 2 层的建筑，屋顶高度 7.3m，楼层的层高分别为 3.6m 和 3.7m。

该结构在此范围内的柱共有三种，即编号为 KZ1、KZ2、KZ3 的框架柱。在柱表中，“柱号”栏内注写柱的编号，“标高”栏内注明了柱在建筑高度上的布置，如 KZ1 的截面尺寸从 0.000～7.300m 为等截面 400mm×400mm。

此外，柱子相对于定位轴线的关系，在柱的截面宽度方向用 b_1 和 b_2 表示，$b_1+b_2=b$，截面高度方向用 h_1 和 h_2 表示，$h_1+h_2=h$，表中明确各个柱的 b_1，b_2，h_1，h_2 数值，将表中的数字和图中标注的位置对应，就可以知道每根柱的布置方式。对于圆截面，截面尺寸用直径 d 表示，和定位轴线的关系也用 b_1，b_2，h_1，h_2 表示，并且 $b_1+b_2=h_1+h_2=d$。

当柱纵筋直径相同，各边根数也相同时（包括矩形柱、圆柱和芯柱），将纵筋注写在“全部纵筋”一栏中；否则，柱纵筋应分为角筋、截面 b 边中部筋、h 边中部筋三项分别注写。

箍筋应标注箍筋的级别、直径和间距。当为抗震设计时，用斜线“/”区分柱端加密区与柱身非加密区长度范围内箍筋的不同间距。表中φ 8@100/200 表示箍筋Ⅰ级钢筋，直径8mm，加密区间距为100mm，非加密区间距为200mm。当箍筋沿柱全高为一种间距时，则不使用“/”线。

在图10-9中，分别绘出了箍筋类型1、箍筋类型2的箍筋形式。箍筋类型1（$m\times n$）中的$m\times n$说明了箍筋的肢数，m对应b方向的肢数，n对应h方向的肢数。本示例图中的箍筋肢数为3×3。

2. *截面注写方式*

截面注写方式，是在各标准层绘制的柱平面布置图的柱截面上，分别在同一编号的柱中选择一个截面，以直接注写截面尺寸和配筋具体数值的方式来表达柱平法施工图。

对除芯柱之外的所有柱截面，从相同编号的柱中选择一个截面，按另一种比例原位放大绘制柱截面配筋图，并在各配筋图上继其编号后再注写截面尺寸$b\times h$、角筋或全部纵筋（当纵筋采用一种直径且能够图示清楚时）、箍筋的具体数值、柱截面与轴线关系b_1，b_2，h_1，h_2的具体数值。

当纵筋采用两种直径时，需再注写截面各边中部筋的具体数值（对于采用对称配筋的矩形截面柱，可仅在一侧注写中部筋，对称边省略不注）。

当在某些框架柱的一定高度范围内，在其内部的中心位置设置芯柱时，首先对其进行编号，继其编号后注写芯柱的起止标高、全部纵筋及箍筋的具体数值（箍筋的注写方式同列表法），芯柱的截面尺寸按构造确定，并按标准构造详图施工，设计不注；当设计者采用与本构造详图不同的做法时，应另行注明。芯柱定位与框架柱一致，不需要注写其与轴线的几何关系。

在截面注写方式中，对每根柱相对于定位轴线放置的位置，都要予以明确，相同编号的柱如果只有一种放置方式，就可只标注一个。

下面将图10-9所示的柱平面图中的列表方式改用截面注写方式表示，见图10-10。该图表达的是该建筑首层柱平面布置图和配筋图。在结构楼层表中，该段楼层用粗实线注明。从图中可以看出，KZ1的截面尺寸为400mm×400mm，钢筋的配置情况为角筋4Φ18，截面b方向中部筋为1Φ16，h方向中部筋为1Φ16。各种标注的含义见图10-10（c）。KZ2、KZ3的标注读者可参照KZ1进行阅读。

三、梁“平法”施工图

梁平法施工图是在梁平面布置图上采用平面注写方式或截面注写方式来表达梁的截面尺寸、配筋等情况。

采用传统方法表示梁的详图，需要画出梁的立面图，再根据配筋的变化需要画出若干断面图，还要表示梁的标高、钢筋的断点，画出钢筋详图及钢筋表等，如图10-11所示。图10-12是采用平面整体表示方法，与图10-11表示同一根框架梁的施工图，可以直接在平面图上进行标注，不需绘制梁的立面图和剖面图。

下面分别介绍梁平法的平面注写方式和截面注写方式。

（一）平面注写方式

平面注写方式，是在梁平面布置图上，分别在不同编号的梁中各选一根梁，在其上注写截面尺寸和配筋等。

平面注写包括集中标注和原位标注。

屋面	7.300	
2	3.650	3.65
1	±0.000	3.65
层号	标高(m)	层高(m)

结构层楼面标高
结构层高

(a)

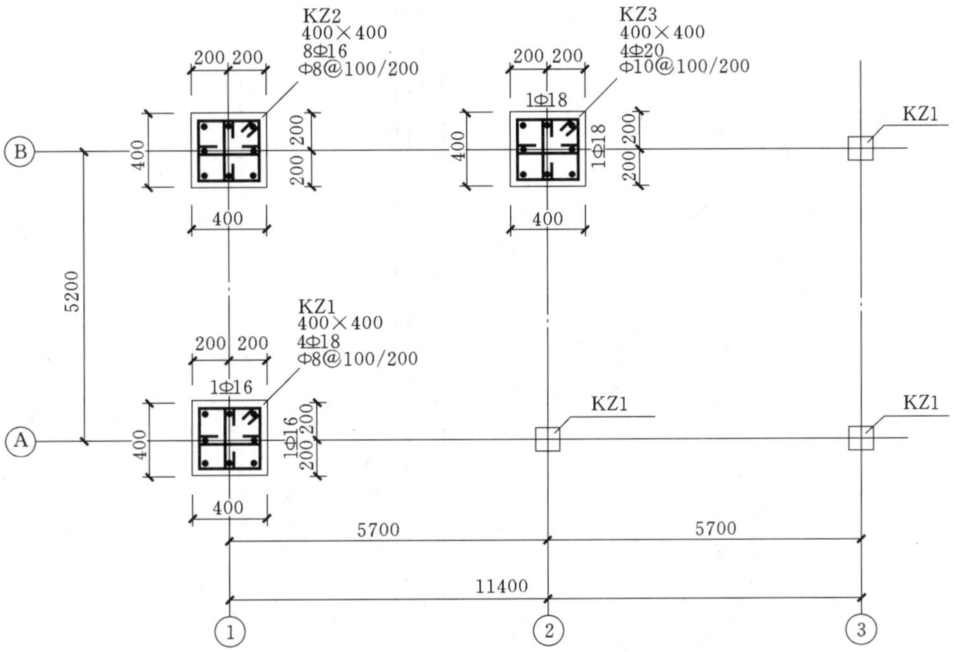

(b)

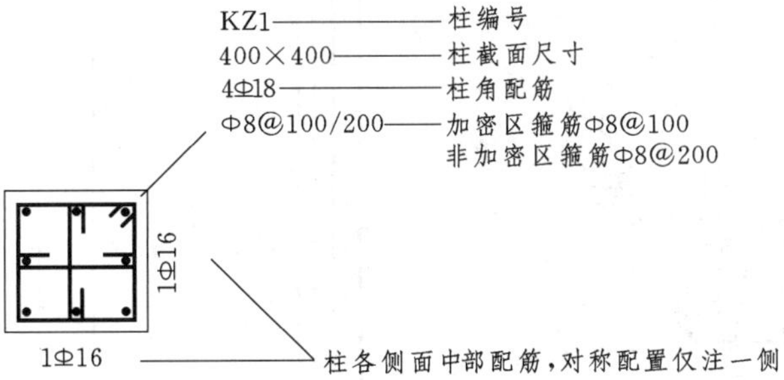

(c)

图 10-10　柱平面施工图截面注写方式示例

(a) 结构层楼面标高结构层高；(b) 首层柱平面图；(c) 截面法标注各项含义

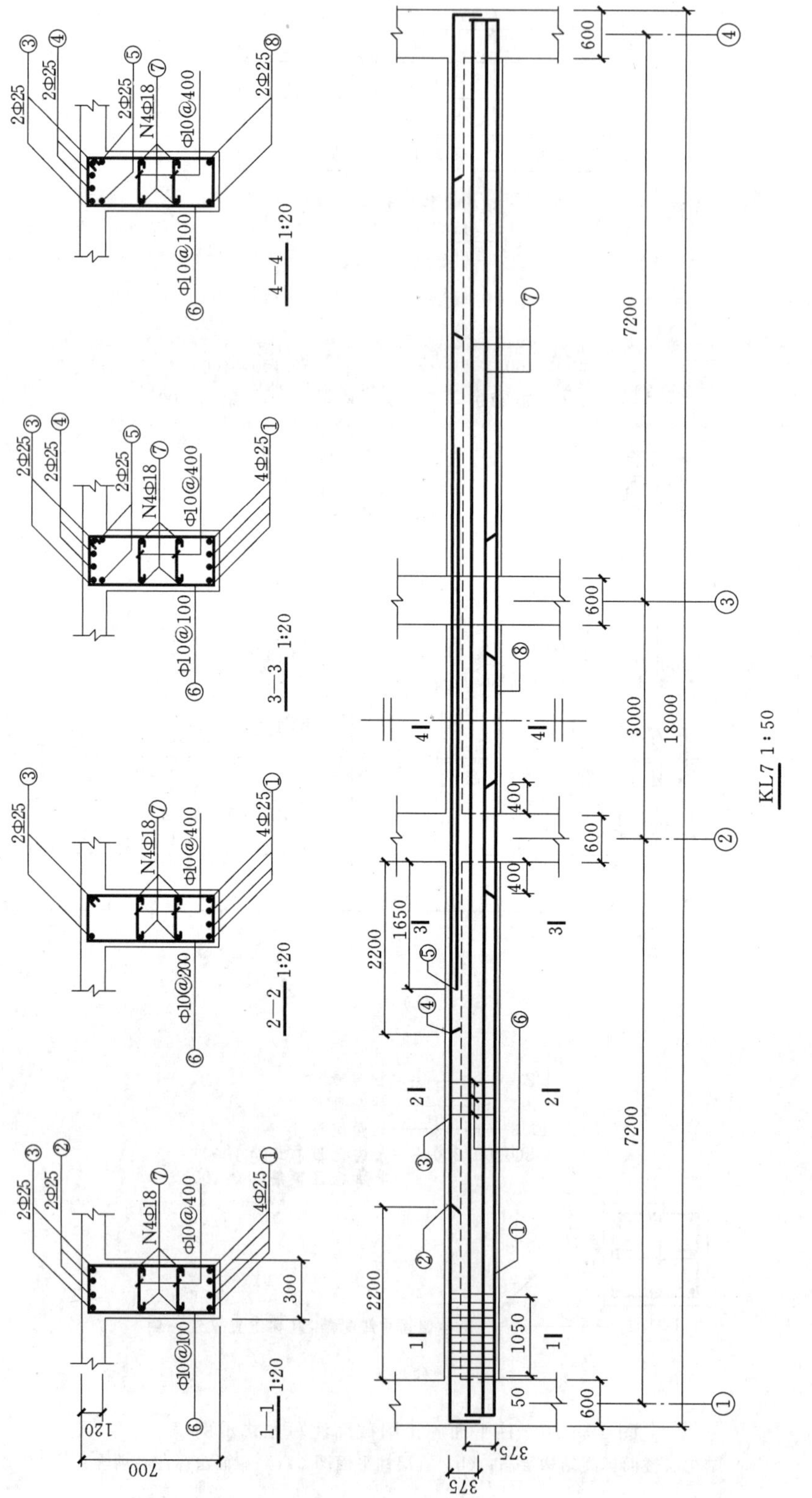

图 10-11　KL7 配筋图（传统表示法）

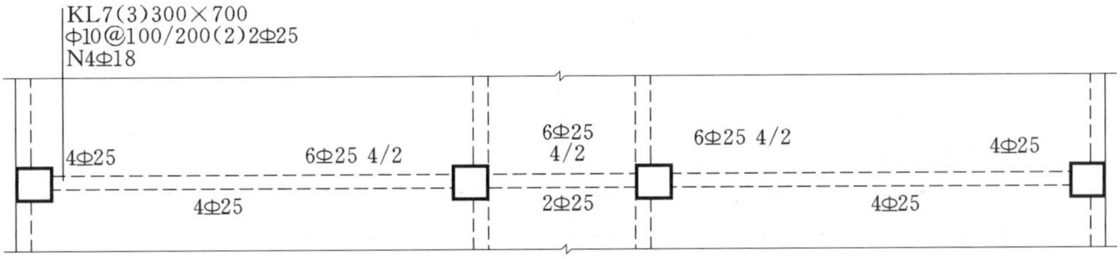

图 10-12 KL7 配筋图（平法）

集中标注——表达梁的通用数值。

原位标注——表达梁的特殊数值。

当集中标注中的某项数值不适用于梁的某部位时，则将该项数值原位标注，施工时，原位标注取值优先。

1. 集中标注

梁集中标注的内容，有五项必注值及一项选注值，规定如下：

第一项：梁编号（跨数及悬挑情况）

第二项：梁截面尺寸 $b\times h$（宽×高）

第三项：梁箍筋，包括钢筋级别、直径、加密区与非加密区间距及肢数

第四项：梁上部通长筋或架立筋

第五项：梁侧面纵向构造钢筋或受扭钢筋

第六项：梁顶面标高高差（该项为选注值）

集中标注形式如下：

KL1（3）300×600——梁编号（跨数）截面尺寸（宽×高）

Φ8@100/200（2）——箍筋直径、加密区间距/非加密区间距（箍筋肢数）。

2Φ25——通长筋根数、直径

G2Φ12——构造钢筋根数、直径

（−0.05）——梁顶标高与结构层标高的差值，负号表示低于结构层标高。

下面对集中标注的内容分别加以介绍：

（1）梁编号规则。梁编号由梁类型代号、序号、跨数及有无悬挑代号几项组成，应符合表 10-8 的规定。

表 10-8　　梁　编　号

梁类型	代　号	序　号	跨数及是否带有悬挑	备　注
楼层框架梁	KL	XX	(XX)、(XXA) 或 (XXB)	(XXA) 为一端有悬挑 (XXB) 为两端有悬挑 悬挑不计入跨数 例，KL5 (4A) 表示第 5 号框架梁，4 跨，一端有悬挑
屋面框架梁	WKL	XX	(XX)、(XXA) 或 (XXB)	
框 支 梁	KZL	XX	(XX)、(XXA) 或 (XXB)	
非框架梁	L	XX	(XX)、(XXA) 或 (XXB)	
悬挑梁	XL	XX		
井字梁	JZL	XX	(XX)、(XXA) 或 (XXB)	

（2）梁截面标注规则。当为等截面梁时，用 $b\times h$ 表示；当为加腋梁时，用 $b\times h$ Y$c_1\times c_2$ 表示，其中 c_1 为腋长，c_2 为腋高；当有悬挑梁且根部和端部的高度不同时，用斜线分隔根部与端部的高度值，即为 $b\times h_1/h_2$，如图 10－13 所示。

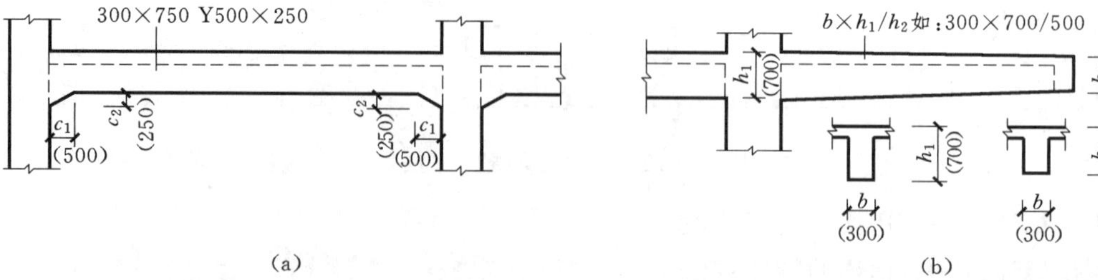

图 10－13　加腋梁及悬挑梁不等高截面尺寸注写示意
（a）加腋梁截面尺寸注写；（b）悬挑梁不等高截面尺寸注写

（3）箍筋标注规则。包括钢筋级别、直径、加密区与非加密区间距及肢数。箍筋加密区与非加密区的不同间距及肢数需用斜线“/”分隔；当梁箍筋为同一种间距及肢数时，则不需用斜线；当加密区与非加密区的箍筋肢数相同时，则将肢数注写一次；箍筋肢数应写在括号内。

例如，ϕ8@100/200（4），表示箍筋为Ⅰ级钢筋，直径 8；加密区间距为 100，非加密区间距为 200，均为四肢箍。

ϕ8@100（4）/150（2），表示箍筋为Ⅰ级钢筋，直径 8；加密区间距为 100，四肢箍；非加密区间距为 150，两肢箍。

当抗震结构中的非框架梁、悬挑梁、井字梁，及非抗震结构中的各类梁采用不同的箍筋间距及肢数时，也用斜线“/”将其分隔开来。注写时，先写梁支座端部的箍筋（包括箍筋的箍数、钢筋级别、直径、间距与肢数），在斜线后注写梁跨中部分的箍筋间距及肢数。

例如，13 ϕ8@150/200（4），表示箍筋为Ⅰ级钢筋，直径 8；梁的两端各有 13 个四肢箍，间距为 150；梁跨中部分间距为 200，为四肢箍。

18 ϕ8@150（4）/200（2），表示箍筋为Ⅰ级钢筋，直径 8；梁的两端各有 18 个四肢箍，间距为 150；梁跨中部分间距为 200，双肢箍。

（4）梁上部通长筋或架立筋标注规则。在梁上部既有通长钢筋又有架立筋时，用“＋”号相连标柱，并将通长筋写在“＋”号前面，架立筋写在“＋”号后面并加括号。例如，当梁配置四肢箍时，用 2 Φ22＋（2 ϕ12）表示，其中 2 Φ22 为通长筋，（2 ϕ12）为架立钢筋。

若梁上部仅有架立筋而无通长钢筋，则全部写入括号内。当梁的上部纵向钢筋和下部纵向钢筋均为通长筋，且多数跨配筋相同时，可加注下部纵筋，并用分号“；”隔开；当少数跨配筋不同时，则进行原位标注。

例如：3 Φ22；2 Φ25。表示梁上部配置 3 Φ22 的通长筋，梁下部配置 2 Φ25 的通长筋。

（5）梁侧面钢筋的标注规则。梁侧面钢筋分为构造筋或受扭纵筋。当梁腹板高度 h_w

≥450mm 时，须配置纵向构造钢筋，构造钢筋以大写字母 G 打头，接着标注梁两个侧面的总配筋量，且对称配置。例如，G4 ϕ12，表示梁的两个侧面共配置 4 ϕ12 的纵向构造钢筋，每侧各配置 2 ϕ12。

当梁侧面需配置受扭纵向钢筋时，此项注写值以大写字母 N 打头，接着注写配置在梁两个侧面的总配筋值，且对称配置。例如，N6 Φ22，表示梁的两个侧面共配置 6 Φ22 的受扭纵向钢筋，每侧各配置 3 Φ22。

（6）梁顶高差标注规则。梁顶高差是指梁顶与相应的结构层的高度差值，当梁顶面高于所在结构层的楼面标高时，其标高高差为正值，反之为负值，无高差时可不注。例如：（－0.050）表示该梁顶面比楼面标高低 0.05m，如果是（0.050），则表示该梁顶面比楼面标高高 0.05m。

2. 原位标注

梁原位标注的主要内容规定如下：

（1）梁支座上部纵筋的数量、规格、级别，包括上部通长筋，写在梁的上方，并且靠近支座。

当梁上部纵筋多于一排时，用斜线“/”将各排纵筋自上而下分开。例如，梁支座上部纵筋注写为 6 Φ25　4/2 表示上一排纵筋为 4 Φ25，下一排纵筋为 2 Φ25。

当梁同排纵筋有两种直径时，用加号“＋”将两种直径的纵筋相连，放在角部的纵筋写在前面。例如，梁支座上部有四根纵筋，2 Φ25 放在角部，2 Φ22 放在中部，在梁支座上部应注写 2 Φ25＋2 Φ22。

当梁中间支座两边的上部纵筋不同时，须在支座两边分别标注；当梁中间支座两边的上部纵筋相同时，可仅在支座的一边标注配筋值，另一边省去不注。

（2）梁的下部纵筋的数量、规格和级别，不包括下部通长筋，写在梁的下方，并且靠近跨中。

当下部纵筋多于一排时，用斜线“/”将各排纵筋自上而下分开。例如，梁下部纵筋注写为 6 Φ25　2/4，则表示上一排纵筋为 2 Φ25，下一排纵筋为 4 Φ25，全部伸入支座。如果是 2 Φ22/4 Φ25，则表示上一排纵筋是 2 Φ22，下一排纵筋是 4 Φ25。

当同排纵筋有两种直径时，用加号“＋”将两种直径的纵筋相连，注写时角筋写在前面。

当梁下部纵筋不全部伸入支座时，将梁支座下部纵筋减少的数量写在括号内。例如，梁下部纵筋注写为 6 Φ25　2（－2）/4，则表示梁下部为双排钢筋，其中上排 2 Φ25 不伸入支座；下排 4 Φ25，全部伸入支座。

当梁的集中标注中已分别注写了梁上部和下部均为通长的纵筋值时，则不需要在梁下部重复做原位标注。

（3）附加箍筋和吊筋的标注。主、次梁相接的地方，还有附加箍筋或吊筋。附加箍筋和吊筋可直接画在平面图中的主梁上，用线引注总配筋值（见图 10－14）。当多数附加箍筋或吊筋相同时，可在梁平法施工图上统一注明，少数与统一注明值不同时，再进行原位引注。

（4）当在梁上集中标注的内容不适用于某跨时，则采用原位标注的方法标注此跨内

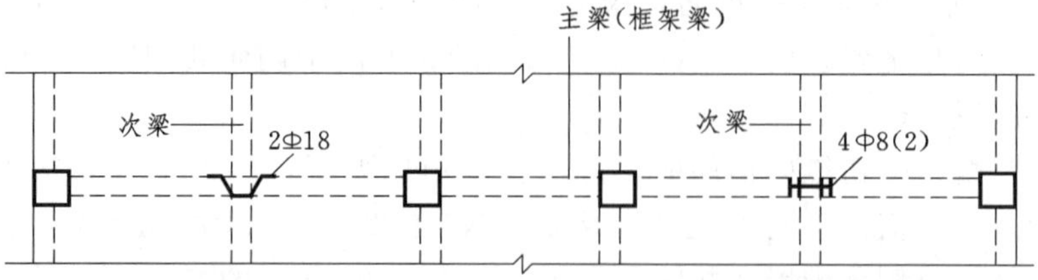

图 10-14　附加箍筋和吊筋的画法示例

容，施工时原位标注优先采用。

（二）截面注写方式

梁的截面注写方式是在按楼层绘制的梁平面布置图上，分别在不同编号的梁中各选择一根梁用剖面号引出配筋图，并在剖面上注写截面尺寸和配筋的具体数值，如图 10-15 所示。采用这种表达方式，适用于表达异形截面梁的尺寸与配筋，或平面图上梁距较密的情况。

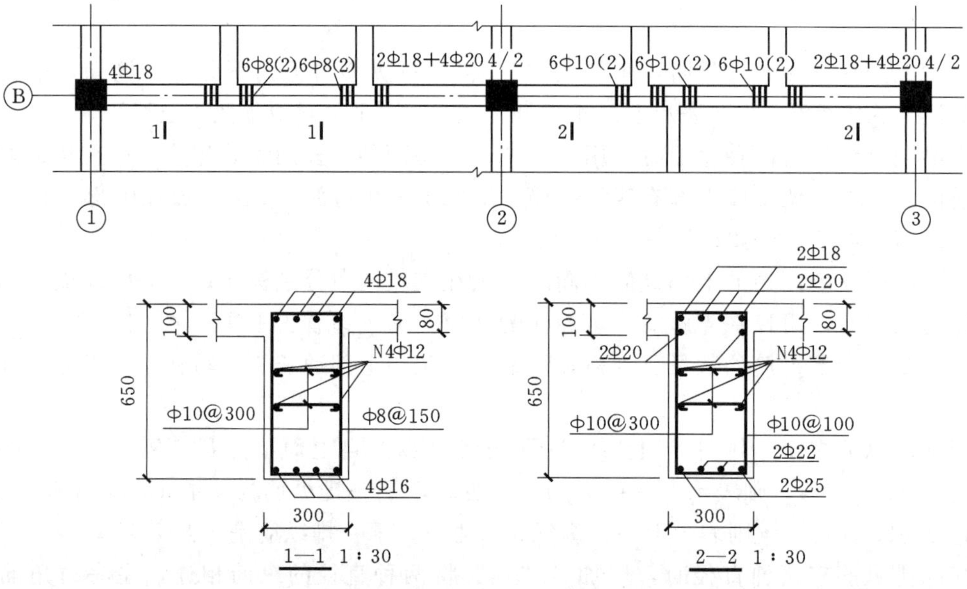

图 10-15　梁的截面注写方式

截面注写方式可以单独使用，也可以与平面注写方式结合使用，当梁距较密时也可以将较密的部分按比例放大采用平面注写方式。

10.4　梁、板、柱构件详图

由中国建筑标准设计研究所出版的《混凝土结构施工图　平面整体表示方法制图规则和构造详图》（03G101—1）中详细介绍了梁、板、柱等的标准构造图，因此，对于梁、板、柱等构件的施工详图，可采用平面整体表示方法。对于其他构件，例如雨篷、楼梯等构件则需要按照制图标准，绘出其构件详图。本节仅介绍梁、板、柱等构件详图，楼梯构件详图将在 10.6 节中予以介绍。

一、钢筋混凝土构件详图的图示内容

钢筋混凝土构件详图一般包括模板图、配筋图、预埋件详图及钢筋表（或材料用量表）。其中配筋图又包括立面图、断面图和钢筋详图。

1. 模板图

模板图也称外形图，是表达构件外形和预埋件位置的图样。在模板图中，应标出构件的外形尺寸和预埋件型号及其定位尺寸。模板图是制作构件模板和安放预埋件的依据，主要由构件的立面图（对于板结构一般采用平面图）和断面图组成。一般对于较复杂的构件才绘制模板图。

2. 配筋图

配筋图中的立面图，是假想构件为一透明体而画出的一个纵向正投影图。它主要表明钢筋的立面形状及其上下排列的情况。在结构图中，钢筋的长度方向用粗实线表示，而构件的轮廓线（包括断面轮廓线）处于次要地位，用细实线绘制。

配筋图中的断面图，是构件的横向剖切投影图。它能表示出钢筋的上下、前后排列情况、箍筋的形状及与其他钢筋的连接关系，钢筋断面用黑圆点表示。

立面图和断面图中都应注出钢筋编号。

3. 钢筋表

为便于编制预算，统计钢筋用料，对配筋较复杂的钢筋混凝土构件应列出钢筋表，以计算钢筋用量。

二、钢筋混凝土梁结构详图

1. 图示方法

形状比较简单的梁，通常不单独画模板图，只画配筋图（因配筋图的外形尺寸已表示出模板图的内容）。配筋图通常用配筋立面图和配筋断面图来表示。为便于下料和统计用料，可画出钢筋大样图，并列出钢筋表。

2. 阅读

读图时应先看图名，再看立面图和断面图，最后看钢筋详图和钢筋表。图 10-16 所示梁的名称为 L1，断面尺寸宽 150mm，高 300mm。从立面图和断面图对照阅读，梁两端支承在砖墙上。梁长 3840mm，梁下方配置了三根受力筋，其中的②号筋为弯起筋，其直径为 22mm，Ⅰ级钢筋。①号筋虽然与②号筋直径、类别相同，但因形状不同，故编号不同。由 1—1 断面，可知梁上方有两根架立筋③，其直径为 12mm，Ⅰ级钢筋；同时，可知④号箍筋为矩形，两端带有 135°弯钩，为直径 8mm 的Ⅰ级钢筋，每隔 200mm 布置一个。

通过阅读钢筋详图，可知每种钢筋的编号、根数、直径、各段设计长度和总尺寸（下料长度 l 以及弯起角度，从而方便下料、加工。对于弯起筋，规定梁高小于 800mm 时，弯起角度为 45°；大于 800mm 时采用 60°。由图 10-16 可以看出在配筋立面图的下方画出了各号钢筋的大样图。如①号钢筋，不仅表示出钢筋的形状，还注出了各段长度和下料长度 l，由于①号钢筋两端带有 180°弯钩，所以 $l=6.25\times16+3790+6.25\times16=3990$。

此外，为了便于编制施工预算，统计用料，还需列出钢筋表，表内说明构件的名称、数量、钢筋规格、钢筋简图、直径、长度、数量、总数量、总长等，如表 10-9 所示。

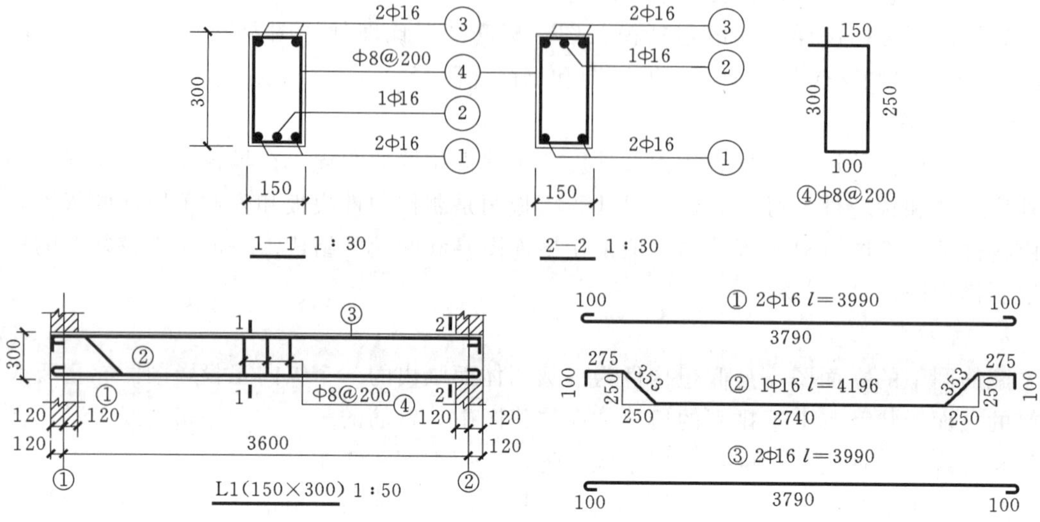

图 10-16　梁的结构详图

表 10-9　　**钢　筋　表**

构件名称	构件数	钢筋编号	钢筋规格	钢筋简图	长度（mm）	每件根数	总长度（m）	备注
L1	3	①	Φ16		3990	2	23.94	
		②	Φ16		4196	1	12.588	
		③	Φ16		3990	2	23.94	
		④	Φ8		800	20	48.000	

三、钢筋混凝土板结构详图

1. 图示方法

板的结构详图由平面模板图和平面配筋图表示。当板的断面变化较大或板内配筋较复杂时，常采用板的结构剖面图表示。对于外形简单及预埋件、预留孔少的板，通常将模板图和配筋图合二为一绘制，也可简称为配筋图。当板的形状或支承情况比较复杂，如雨篷板、挑檐等，则应画出板的断面配筋图及支座断面详图。在平面配筋图中，每种规格的钢筋可只画一根；与受力筋垂直放置的分布筋，可不在图中画出，但需注写在说明中。

2. 阅读

图 10-17 是钢筋混凝土板结构详图，由图名可知该板编号为②（前述售楼部一楼楼面的一块板）的模板配筋图。该板详图是由一个配筋平面图和四个重合断面组成。结合重合断面可知，该板支承在 KL1、KL2、KL8 和 KL7 上，板顶标高为 3.650m，板厚 110mm。板内钢筋由平面图全部表示出来，共有 7 种钢筋。①号钢筋为受力筋，布置在板的底部，为直径 10mm 的Ⅰ级钢筋，放置间距为 180mm；②号钢筋为布置在板顶部的构造筋，为直径 12mm 的Ⅰ级钢筋，放置间距为 130mm；③、④、⑤、⑥号钢筋为支座处的构造筋，其规格见图示；⑦号钢筋受力筋，直径为 8mm，Ⅰ级钢筋，每隔 130mm 布

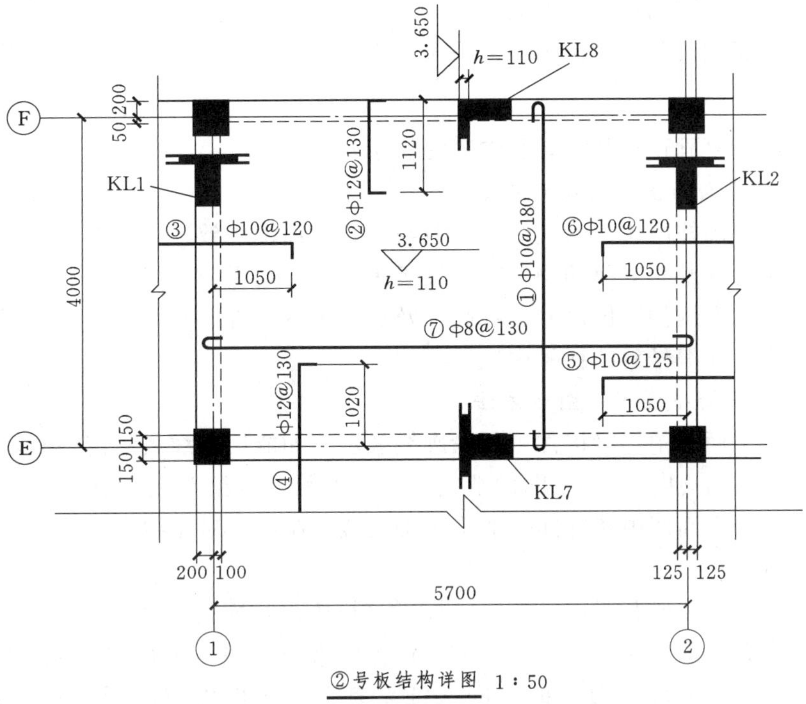

图 10－17　现浇钢筋混凝土板结构详图

置一根，与①号钢筋垂直分布。

四、钢筋混凝土柱结构详图

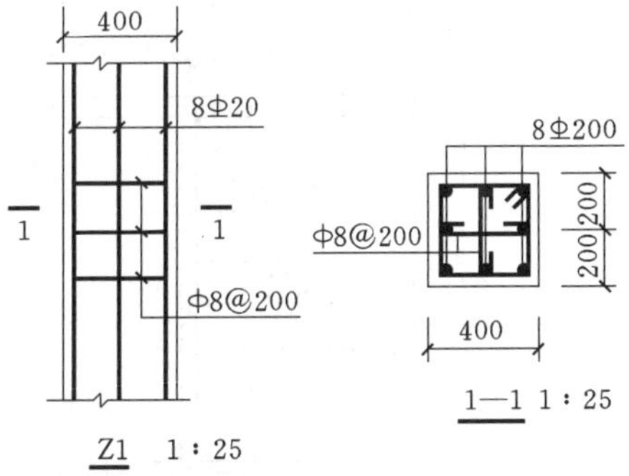

图 10－18　现浇钢筋混凝土柱结构详图

钢筋混凝土柱构件详图与钢筋混凝土梁基本相同，对于比较复杂的钢筋混凝土柱，除画出构件的立面图和断面图外，还需画出模板图。

图 10－18 所示为编号为 Z1 的现浇钢筋混凝土柱的立面图和断面图。柱的横断面为 400mm×400mm，主要受力筋为 8 根直径 20mm 的Ⅱ级钢筋；箍筋为直径为 8mm 的Ⅰ级钢筋，间距为 200mm；柱中间的附加腰筋，呈十字形布置，其直径为 8mm，间距为 200mm，Ⅰ级钢筋。附加腰筋起增加柱的强度、提高柱的抗剪切能力的作用。

10.5　楼层结构平面布置图

楼层结构平面布置图是表示建筑物室外地面以上各层承重构件布置的图样。主要表示各楼层梁、板、柱的位置，预埋件、预留洞的位置，如果采用现浇板，则应表明钢筋的配置情况。为了表示清楚构件的详细内容，除选用标准图以外，都要增加必要的剖面来表示节点和配筋以及具体的尺寸。

结构平面布置图包括楼层结构平面布置图、屋顶结构平面布置图。

一、楼层结构平面布置图的形成

楼层结构布置图是假定沿楼板顶面将房屋水平剖开，移去上面部分，向下作水平投影而得到的水平剖面图。

二、楼层结构平面布置图的图示内容和图示方法

1. 楼层结构平面布置图的图示内容

（1）表达楼层的柱网布置及其编号（应与建筑平面图一致）。

（2）表达楼面板及其下面的墙、梁、柱等承重构件的平面布置。

（3）轴线尺寸和构件定位尺寸、标高，及有关承重构件的平面尺寸，如现浇板，楼面梁（其宽、高常写在编号后的括号内）。

2. 楼层结构平面布置图的图示方法

（1）在结构平面图中，梁构件可用轮廓线表示，如能用单线表示清楚时，也可用单线表示（见表10－5的规定）。为了图面清楚，常把圈梁、过梁单独画成圈梁、过梁平面布置图。在楼层结构平面图中楼梯间一般采用细实线绘制两条对角线表示其范围，并注明其详图所在的图纸号。

（2）对于预制楼板的布置不必按实际投影分块画出，而简化为一条对角线（细实线）来表示楼板的布置范围，在对角线的上方（或上、下方）注写出预制楼板的块数和型号，如图10－19（a）表示编号为①的房间共铺设有7块预应力空心板，其中4块板宽为1000mm，3块板宽为600mm，空心板与A轴线平行。预制板的标注随选用的标准图集不同，而有不同的标注含义，本例中各选项的含义如图10－19（b）所示。

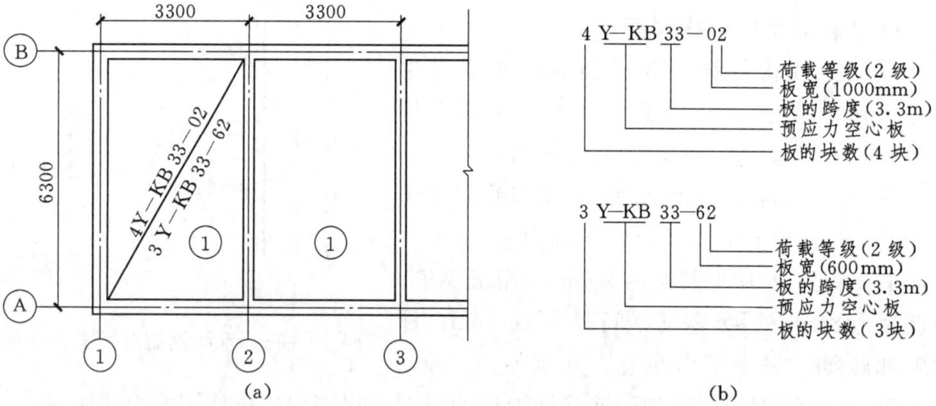

图10－19　预制楼板布置及标注含义示例

（a）预制楼板布置示例图；（b）预制板的代号各选项的含义

（3）在钢筋混凝土板结构平面图中，能表示出轴线网，承重墙或承重梁的布置情况，表示出板内配筋情况。现浇板配筋图的表达方法同图10－3中板的配筋。当平面图的比例较小（＜1∶100）或配筋比较复杂时，可以像预制板一样为现浇板编号，同时注出板厚、板顶标高，将配筋图另画较大比例的详图。

三、屋顶结构平面图

屋顶结构平面图是表示屋面承重构件平面布置的图样，其内容和图示要求与楼面结构

平面图基本相同。由于屋面排水需要，屋面承重构件可根据需要按一定的坡度布置，并设置天沟板。此外，屋顶结构平面图中常附有屋顶水箱以及上人孔等。

四、结构平面布置图的阅读

1. 柱平面布置图

图 10－20 和图 10－21 分别为售楼部首层柱平面布置图和二层柱平面布置图。

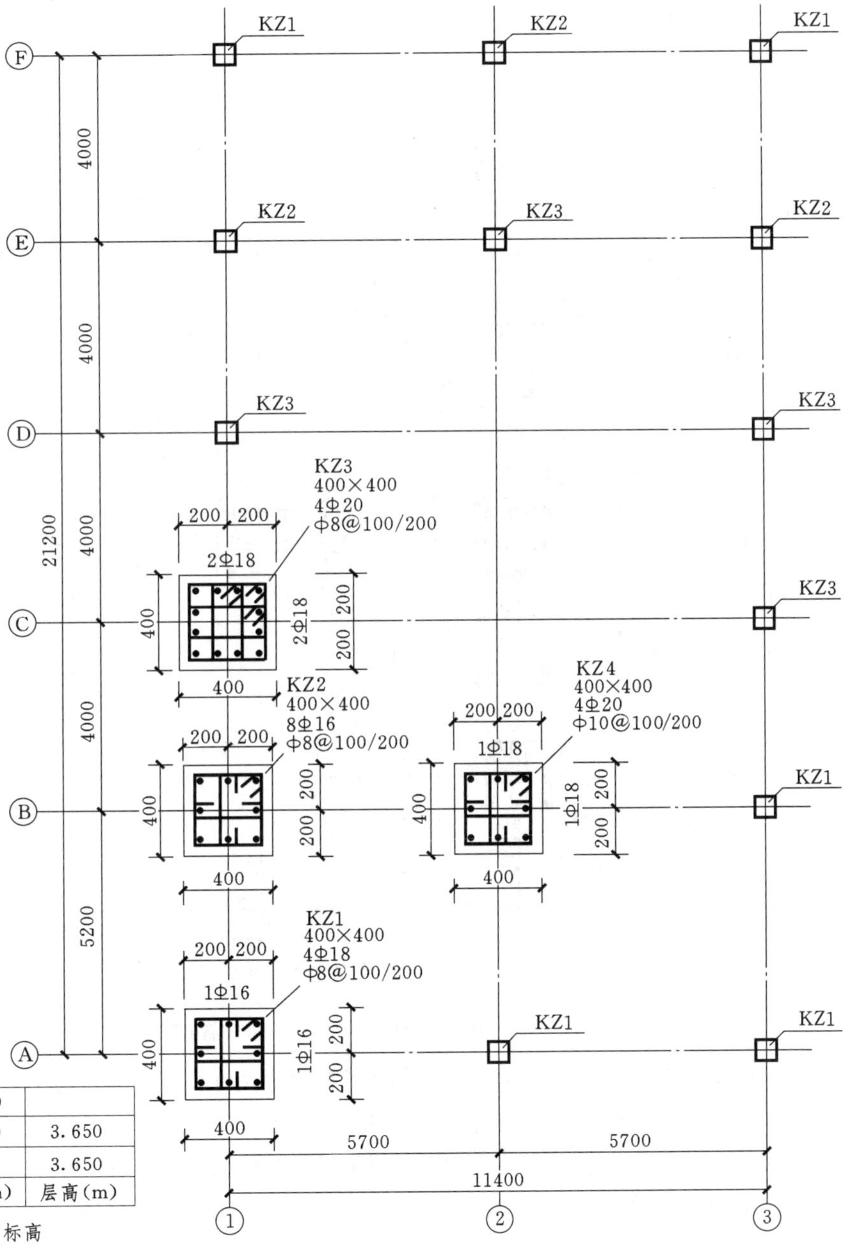

屋面	7.300	
2	3.650	3.650
1	0.000	3.650
层号	标高(m)	层高(m)

结构层楼面标高
结构层高

图 10－20　首层柱平面布置图

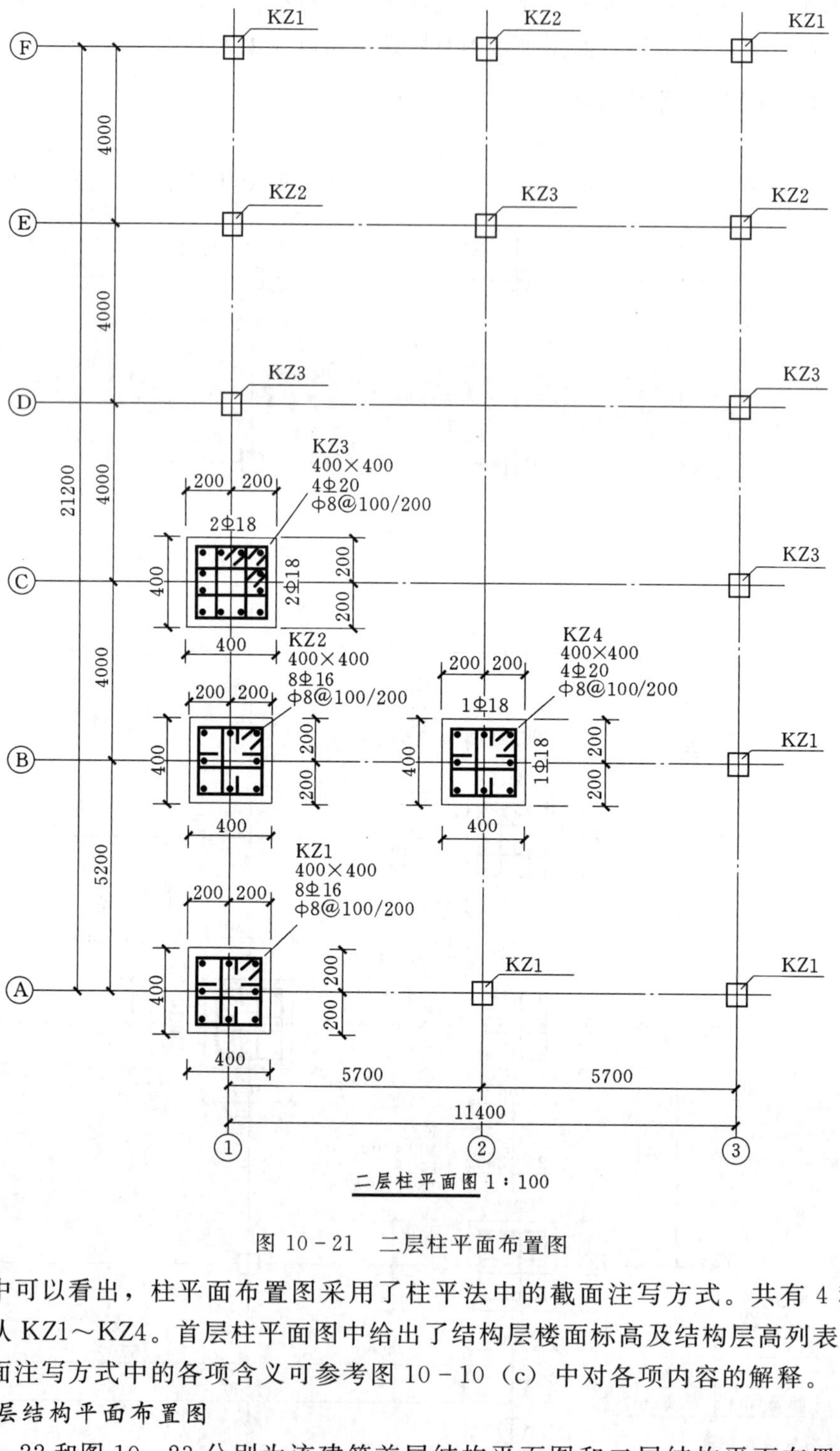

图 10-21 二层柱平面布置图

从图中可以看出，柱平面布置图采用了柱平法中的截面注写方式。共有 4 种编号的柱，编号从 KZ1～KZ4。首层柱平面图中给出了结构层楼面标高及结构层高列表。

柱截面注写方式中的各项含义可参考图 10-10（c）中对各项内容的解释。

2. 楼层结构平面布置图

图 10-22 和图 10-23 分别为该建筑首层结构平面图和二层结构平面布置图。楼面板、屋面板均为整体现浇。

从图中可以看出，首层及二层结构平面图现浇板的编号为①～⑭号，并分别绘制每种

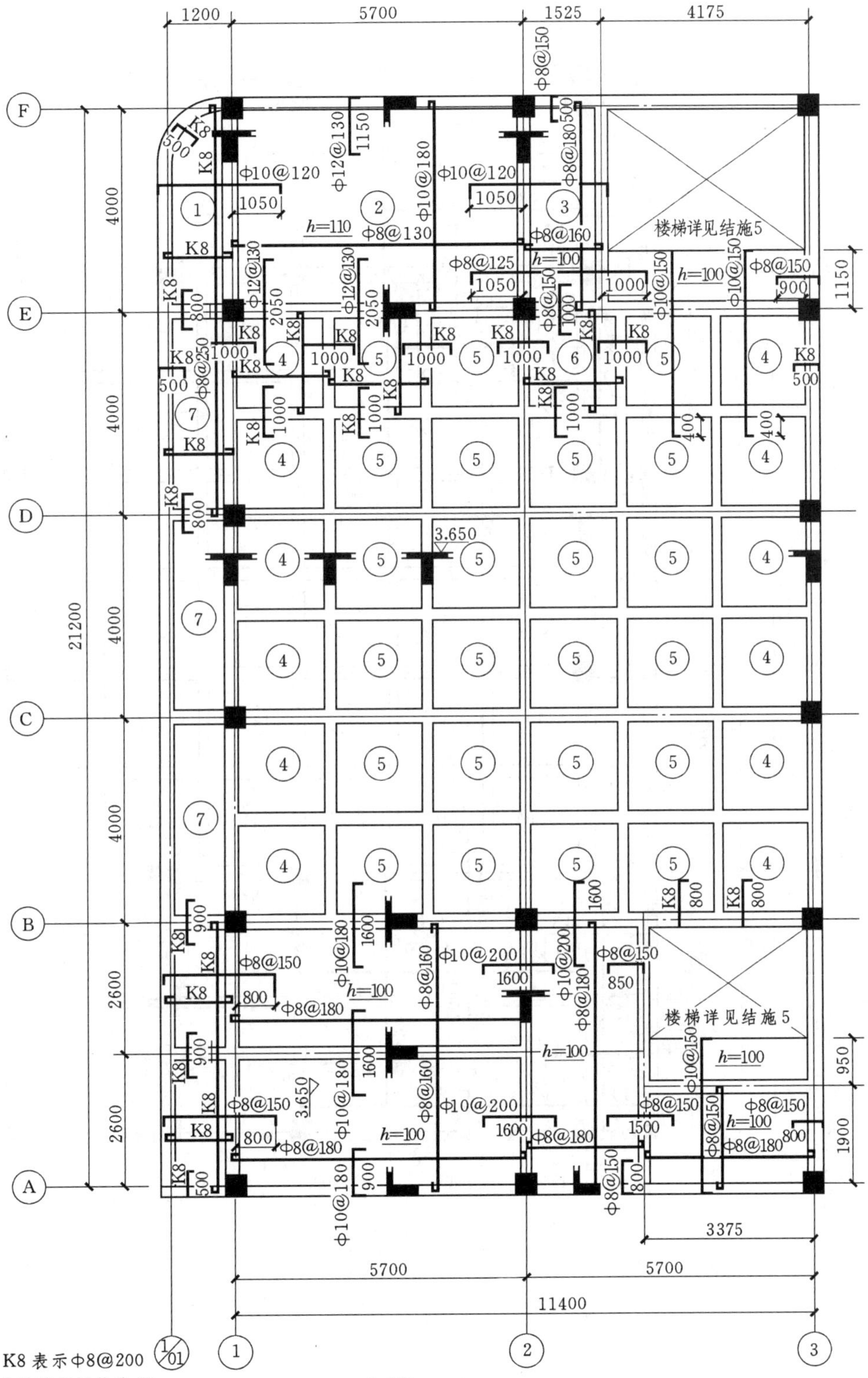

说明：
1. 图中 K8 表示Φ8@200
2. 图中未注明板厚均为 80
3. 图中未注明分布筋均为Φ6@200

3.650　首层结构平面图　1∶100

图 10-22　首层结构平面图

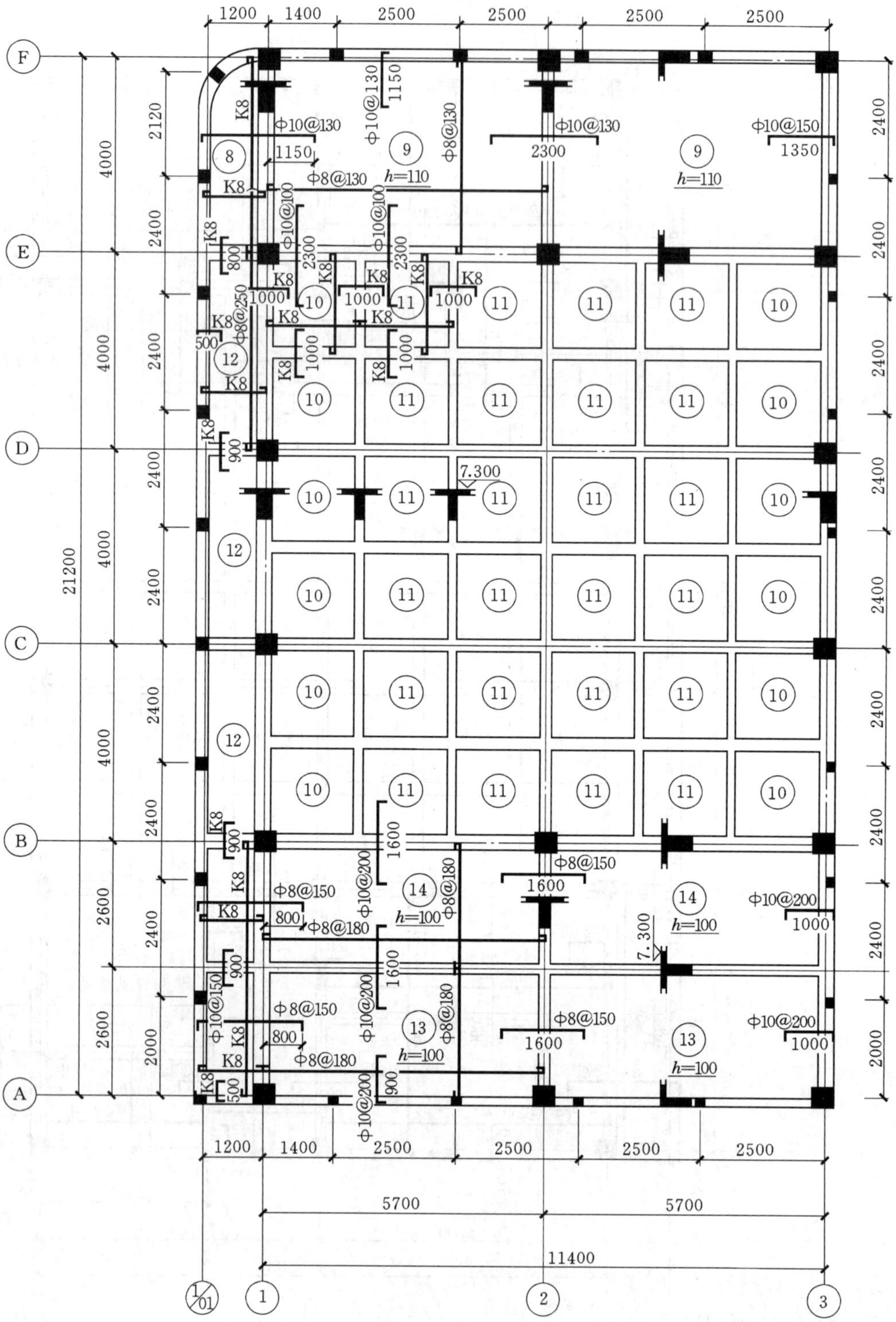

图 10-23 二层结构平面图

编号的现浇板配筋图，①～③以及Ⓐ～Ⓑ轴线间的现浇板没有进行编号而是直接绘出了配筋情况。

现浇板的厚度有三种，图中标出的有 $h=100$，$h=110$，其余未标出的板厚均为 80。

在二层结构平面图中，外墙中均匀的布置了一圈构造柱，根据结构设计说明可知，构造柱的结构设计可直接参照标准图集，此处不再介绍。

现浇板配筋情况的阅读参照图 10－17（②号板详图）。

3. 梁的平面布置图

图 10－24 和图 10－25 分别给出了首层梁配筋图及二层梁配筋图。梁的标注采用的平面注写方式。本结构中的梁有框架梁（KL）和非框架梁（L），分别对其进行编号，并进行标注。标注中各选项的含义可参考本章有关梁的平面标注的内容。

现对 KL5（图 10－26）标注的各项内容加以解释。

（1）集中标注中各项含义如下：

KL5(2A) 300×650——框架梁 5，2 跨，一端悬挑，截面尺寸 300×650

ф8@100/150(2) ——箍筋直径 8，一级，加密区间距 100，非加密区间距 150，2 肢箍

2 Φ18——上部通长筋 2 根，二级，直径 18

N4 ф12——梁侧抗扭钢筋，共 4 根，一级，直径 12

（2）原位标注（悬挑部分）如下：

300×400——悬挑梁尺寸

4 Φ16——梁下部配筋

悬挑部分的配筋在结构设计总说明中另有详图，此处略去。

（3）跨中部分。用断面图的形式将跨中各部分的配筋情况加以说明，见图 10－27 所示的 1—1、2—2 断面图。

（4）其余标注的含义见图 10－26。

可参照以上对 KL5 的解释阅读其他各梁。

五、绘制楼层结构平面布置图的一般方法

绘制楼层结构平面图的步骤如下。

1. 选定比例和图幅

楼层结构平面图的绘制比例，应与建筑平面图绘图比例一致。根据楼层平面的大小及选定的比例，估算注写尺寸、符号和有关说明所需的位置，选用合适图幅。

2. 绘制图形

（1）绘制定位轴线，均匀布置图面。

（2）绘制墙、梁、柱、板等构件。

（3）绘制预制板的跨度方向、数量、型号或编号和预留洞；对于整体现浇板应绘制其配筋情况。

（4）标注尺寸并绘制有关的符号，如板编号、房间编号、详图索引符号、定位轴线编号等。

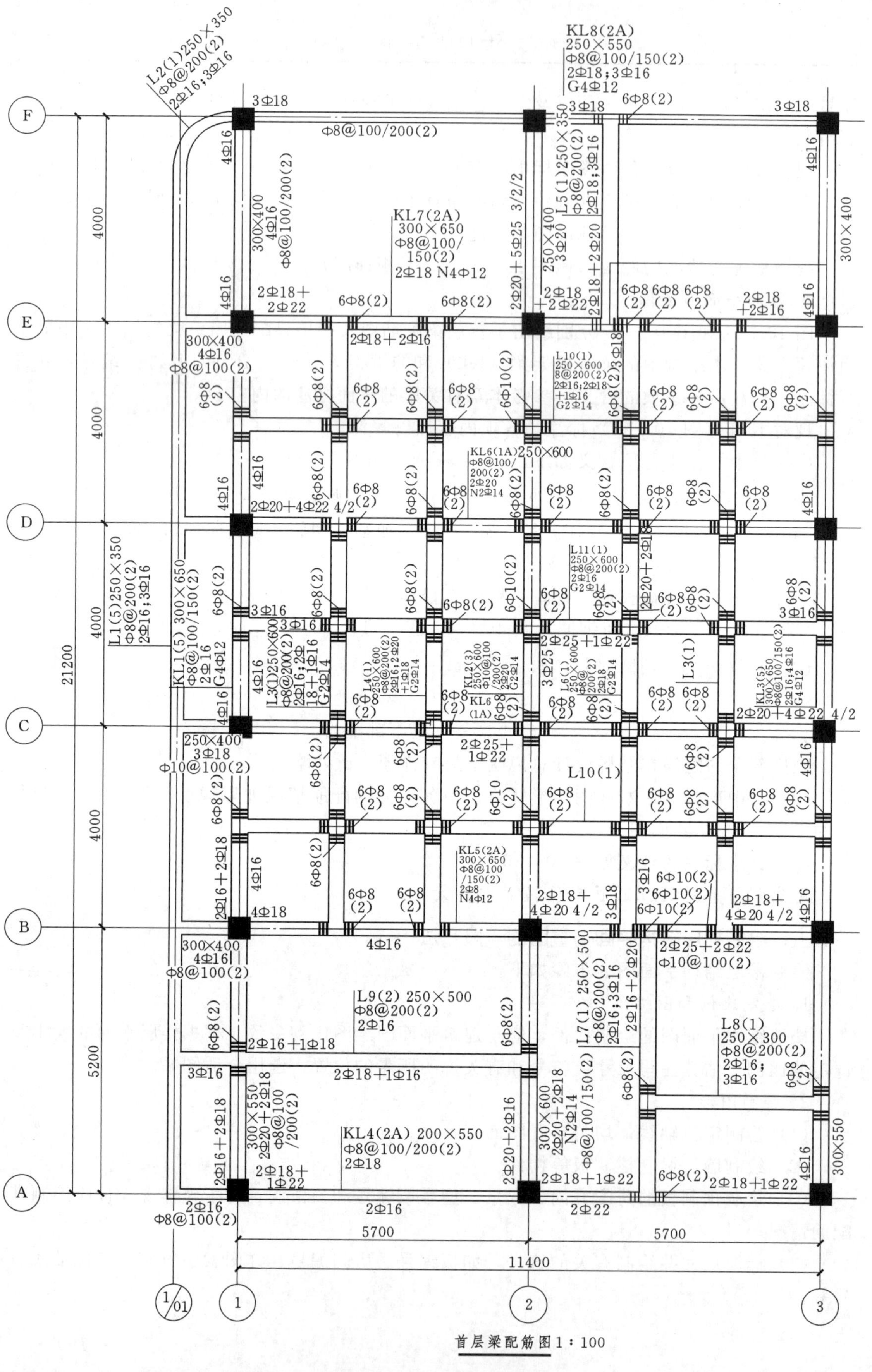

首层梁配筋图1：100

图 10-24　首层梁配筋图

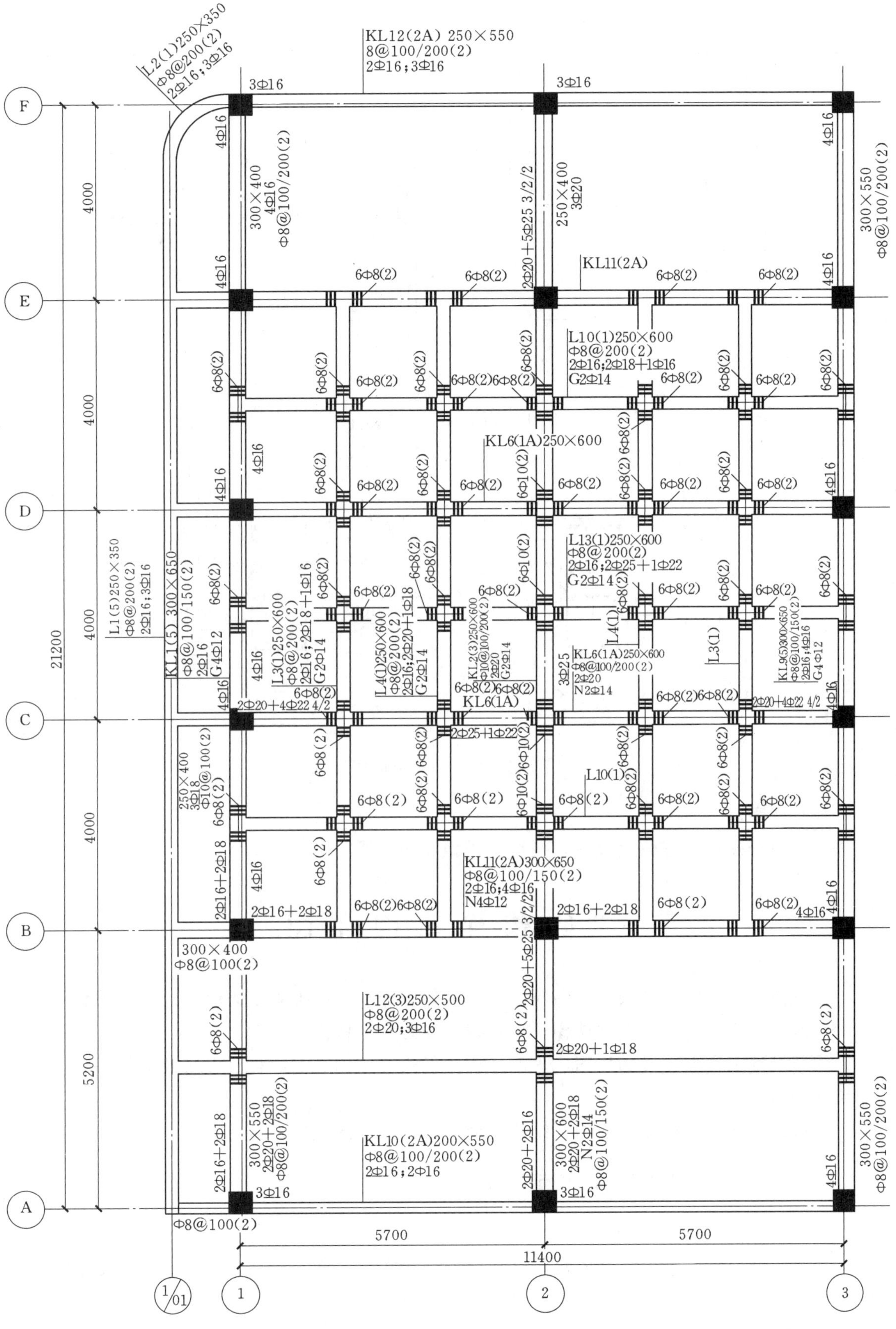

二层梁配筋图1：100

图 10-25 二层梁配筋图

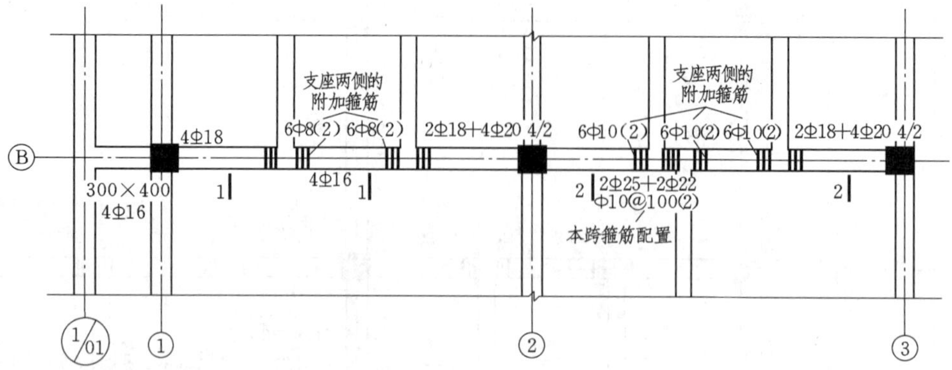

图 10-26　KL5 平面标注

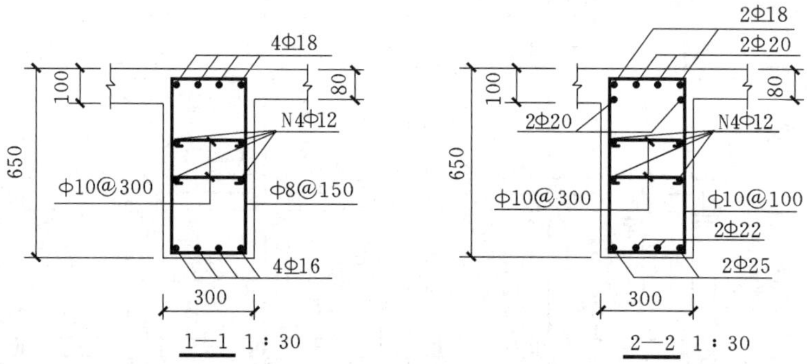

图 10-27　KL5 断面图

(5) 注写文字。

(6) 检查图形，校核无误后，按规定线型加深图线。

10.6　楼梯结构详图

楼梯构造一般比较复杂，需用较大比例（如 1∶50）分别画出楼梯的建筑详图和结构详图。但对于比较简单的小型楼梯，可将建筑详图和结构详图合并。

为满足施工要求，楼梯详图应表明楼梯的形式、结构类型、楼梯及楼梯间的平面、剖面尺寸和构造做法等。

楼梯结构详图由结构平面图、结构剖面图和构件详图组成。

一、楼梯结构详图的形成和图示内容

1. 楼梯结构平面图

在楼层结构平面图中，并不表示楼梯间的结构布置，而是另用详图表示。楼梯结构平面图与楼层结构平面图一样，也是水平剖面图。对于两层房屋应分别画出一层结构平面图和二层结构平面图。三层以上的建筑还应画出中间层结构平面图。

楼梯结构平面图的主要内容包括：

（1）楼梯间平面布置的详细情况，如楼梯间的定位轴线及编号，楼梯间墙身的厚度。

（2）楼梯段和平台的位置，楼梯段的长度和宽度。

（3）踏面数和踏面宽度。

（4）标注地面、平台顶面的结构标高（不含抹面层），以便结构施工时作为定位依据。

（5）表明楼梯结构剖面图的剖切符号。

2. 楼梯结构剖面图

楼梯结构剖面图是用假想的竖直剖切平面沿楼梯段方向剖切后得到的剖面图。它反映了楼梯结构沿竖向的布置和构造关系，主要内容包括：

（1）与剖切位置及投影方向相对应的定位轴线及编号。

（2）休息平台与楼梯段的相对位置，楼梯段的长度、踏步级数和踢面高度。

（3）楼梯段和平台的结构形式、结构厚度和材料，若为现浇钢筋混凝土楼梯还应表明配筋情况；对于装配式楼梯要注明各构件的结构代号。

（4）标注各部分标高，若为现浇楼梯应注明结构标高；对于装配式楼梯应标注结构顶面标高，如平台板顶面。

（5）如有详图应标明详图索引符号。

3. 构件详图

现浇钢筋混凝土楼梯的配筋图都是直接画在结构平面图和结构剖面图上；对于装配式楼梯如果所有构件均为通用构件，只需注明构件结构代号和所用的通用图集名称；若为非通用图集还应画出构件的配筋图，以便施工时现场制作。

二、楼梯结构详图的阅读

阅读楼梯结构详图应以楼梯结构平面图和楼梯结构剖面图为重点，首先弄清楚这两种图之间的投影关系，明确剖切位置、投影方向。先看结构平面图，再看结构剖面图，并互相对照阅读。此外，还要注意各部分的详细尺寸和材料，并根据各构件的构件代号，查明构件与墙体以及构件之间的搭接情况。

现以售楼部B楼梯的结构详图为例，即②～③轴线与Ⓐ～Ⓑ轴线之间的楼梯的部分图样说明楼梯结构详图的图示特点。

1. 阅读楼梯结构平面图

图10-28中有一层和二层两个平面图。一层平面图的剖切位置设在休息平台下方，剖到第一个楼梯段，为看图方便，按标准规定该梯段用折断线表示。

二层结构平面图的剖切位置设在楼面上方的适当位置，从上向下投影，表明了楼梯间楼面板、梯段踏面板、平台板的平面位置。

该楼梯共有两个梯段，一个休息平台。各踏面宽度都是250mm，踏步高度为各梯段高度均分所得，可从楼梯板配筋图中阅读。其他各部分尺寸，如第一楼梯段的起步位置，楼梯段和平台的长、宽尺寸、地面、平台面、楼面的标高等见图中所注。

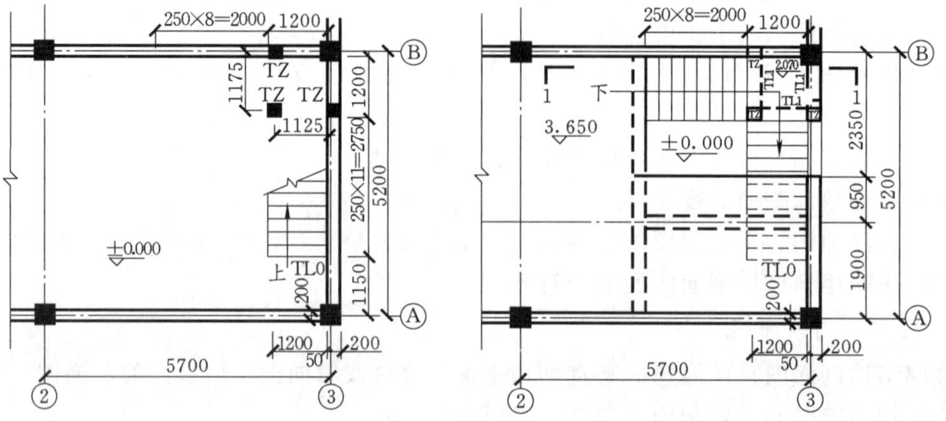

B 楼梯首层结构平面图 1∶50　　　　B 楼梯二层结构平面图 1∶50

图 10－28　楼梯结构平面图

2. 阅读楼梯结构剖面图

阅读楼梯结构剖面图，应先从结构平面图上了解它的剖切位置和投影方向，再根据剖面图中的材料图例了解各部分的构造情况，应重点看清每个楼梯段的结构形式、踏面和踢面的构造做法、构件的搭接关系等。至于图中的其他投影可见线，应在阅读“建施”图纸的基础上，对照楼梯结构平面图去理解。

在图 10－29 所示的 1—1 剖面图中，表示了剖切到的与踏步浇筑在一起的楼梯板、楼梯梁和未剖切到的可见的、与踏步浇筑在一起的楼梯板的形状和联系情况，也表示了剖切到的楼梯平台的现浇板、现浇楼板。楼梯平台和二楼楼层的结构标高分别为 2.070m 和 3.650m。

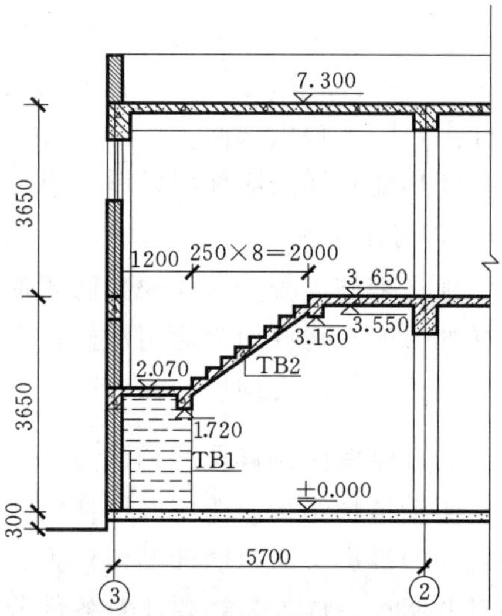

1—1 剖面图 1∶50

图 10－29　楼梯结构剖面图

3. 构件详图

在楼梯结构剖面图中，不能详细表示楼梯板和楼梯梁的配筋时，应另外用较大的比例画出其详图。图 10－30 是楼梯板配筋详图，图 10－31 是楼梯梁配筋详图。

从图 10－30 中的 TB1 配筋图中可见：楼梯板厚 120mm，楼梯板下层的受力筋采用 φ10@110，分布筋采用 φ8@200。在楼梯板的端部上层配置构造筋 φ10@200，分布筋 φ8@200。TB2 的配筋图读者自行阅读。

从图 10－31 中的 TL1 配筋图中可以看出：梁内下面配有受力筋 3 Φ14，上面配有受力筋 3 Φ14，梁箍筋为 φ8@200。同时在配筋图外面给出了纵筋大样图（即钢筋详图）。图中也表明了梁的长度和断面尺寸。TL0 的配筋图读者自行阅读。

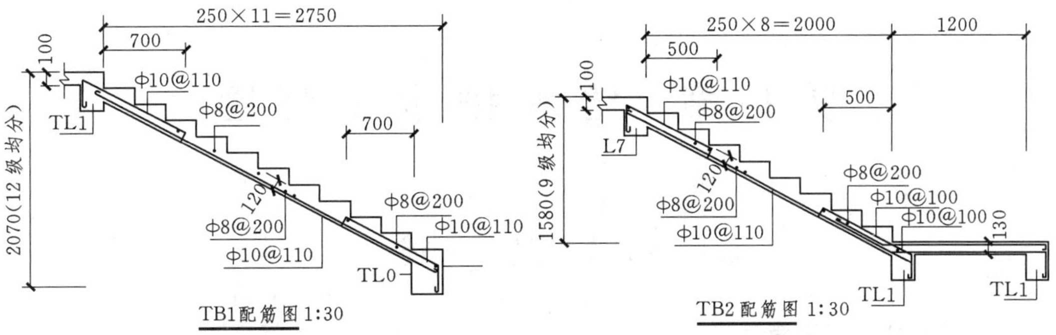

(a) (b)

图 10-30 楼梯板配筋图

(a) TB1 配筋图；(b) TB2 配筋图

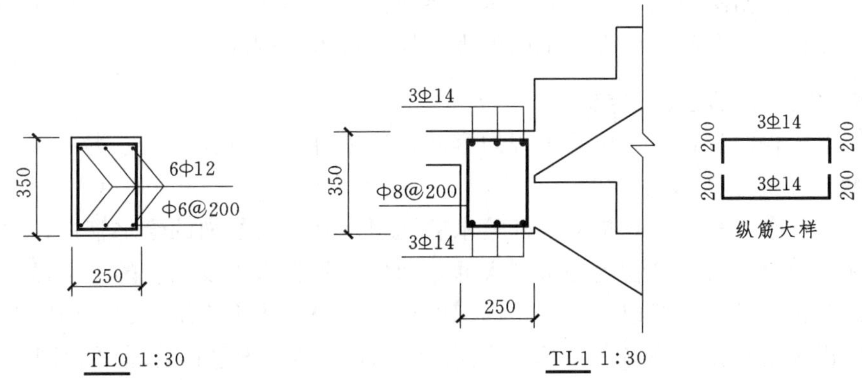

图 10-31 楼梯梁配筋图

第11章　给水排水工程图

11.1　概　　述

一、给水排水工程简介

给水排水工程包括给水工程、排水工程和室内给水排水工程三个方面。给水工程是指水源取水、水质净化、净水输送、配水使用等工程；排水工程是指污（废）水（包括粪便、生产等污水及生活废水等）排除、污水处理、处理后的污水排入江河湖泊等工程；室内给水排水工程是指室内给水、室内排水、热水供应、消防用水及屋面排水等工程。给水排水工程由各种管道及其构配件和水的处理、储存设备等构成。

二、给水排水工程图的分类

给水排水工程的设计图，按其工程内容的性质来分，可分为下面三类图样。

1. 室内给水排水工程图

室内给水排水工程通常是指从室外给水管网引水到建筑物内的给水管道；建筑物内部的给水及排水管道；自建筑物内排水到窨井之间的排水管道以及相应的卫生器具和管道附件。室内给水排水系统一般包括：建筑内部的给水系统、排水系统、建筑消防系统、热水供应系统、建筑雨水排水系统等。室内给水排水设计图一般包括管道平面图、管道系统图、卫生设备或用水设备等安装详图。

2. 室外给水排水工程图

室外给水排水工程图主要显示敷设在室外地下的各种管道的平面及高程布置，一般有城镇街坊区内的街道干管平面图、工矿企业内的厂区管道平面图，以及相应的管道纵剖面图和横剖面图；此外还包括管道上附属设备如消火栓、闸门井、窨井、排放口等施工图。

3. 水处理工程图

水处理工程图主要包括水处理工程总图、水处理构筑物工艺图及其详图。水处理构筑物工艺图是指自来水厂和污水处理厂的设计图。如水厂内各个处理构筑物和连接管道的总平面布置图；反映高程布置的流程图；还有取水构筑物、投药间、泵房等单项工程平面、剖面等设计图；以及给水及污水的各种处理构筑物（如过滤池、沉淀池、曝气池等）的工艺设计图等。

三、绘制给水排水施工图的一般规定

1. 图线

(1) 在给水排水施工图中一般新建给水管道采用粗实线，排水管道采用粗虚线，雨水管道采用粗点画线。

(2) 给排水设备、原有给水排水管线采用中实线（可见）、中虚线（不可见）。

（3）建筑物、构筑物的轮廓线，被剖切的建筑构造轮廓线采用细实线（可见）、细虚线（不可见）。

（4）尺寸、图例、标高、设计地面线等采用细实线。

（5）细点划线、折断线、波浪线的使用与建筑图相同。

2. 比例

给水排水工程图的比例可根据管道和卫生器具布置的复杂程度和绘图需要进行选择。常用的比例见表 11-1。

表 11-1　　给水排水施工图常用的比例

名　　称	比　　例
厂区（小区）总平面图	1∶2000、1∶1000、1∶500、1∶200
管道纵剖面图	横向　1∶1000、1∶500；纵向 1∶200、1∶100、1∶50
室内管道平、剖面图	1∶300、1∶200、1∶100、1∶50
管道系统轴测图	1∶200、1∶100、1∶50 或不按比例
流程图或原理图	无比例
设备加工图	1∶100、1∶50、1∶40、1∶30、1∶20、1∶10、1∶2、1∶1
详图	1∶50、1∶40、1∶30、1∶20、1∶10、1∶5、1∶3、1∶2、1∶1、2∶1

3. 标高

（1）单位：m。一般标注至小数点后第三位。在总图中可标注至小数点后两位。

（2）标注位置：应在管道的起讫点、转角点、连接点、变坡点、交叉点等处标注标高。压力管道宜标注管中心标高，室内外重力管道宜标注管内底标高；必要时，室内架空重力管道可标注管中心标高，例如室内排水管道可标注管中心标高，但图中应加以说明。

（3）标高种类：室内管道应标注相对标高；室外管道宜标注绝对标高，无资料时可标注相对标高，但应与总建筑图一致。

（4）标注方法：平面图、剖面图、系统图分别按图 11-1 所示方式标注。

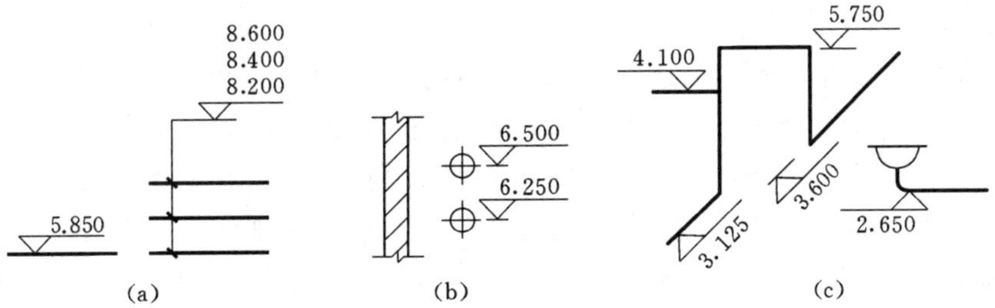

图 11-1　标注方法的一般规定

(a) 平面图；(b) 剖面图；(c) 系统图

4. 管道

管道一般由管子、管件及附属设备等组成。在给水排水专业图中，管道有三种图示方法，即单线管道图、双线管道图和三线管道图。其中最常使用的是单线管道图。本书中无论管径大小，一律采用单粗线表示。

5. 管径

(1) 单位：mm。

(2) 表示方法：

1) 水煤气输送钢管（镀锌、非镀锌）、铸铁管等管材，管径宜以公称直径 DN 表示（如 DN15、DN50 等）。耐陶瓷管、混凝土管、钢筋混凝土管、陶土管等，管径应以内径 d 表示（如 $d230$、$d380$ 等）。

2) 焊接钢管、无缝钢管等，管径应以外径×壁厚表示（如 $D108\times4$、$D159\times4.5$ 等）。

(3) 标注位置：在图纸上管径一般标注在下述位置处。

1) 管径变径处。

2) 水平管道标注在管道的上方，斜管道标注在管道的斜上方，立管道标注在管道的左侧，如图 11-2 所示。当管径无法按上述位置标注时，可另找适当位置标注。多根管线的管径可用引出线进行标注，如图 11-3 所示。

6. 管道坡度及坡向的表示方法

管道的坡度及坡向表示管道的倾斜程度和坡度方向。标注坡度时，在坡度数字下，应加注坡度的符号。坡度符号的箭头一般指向下坡方向，如图 11-4 所示。

图 11-2　管径标注位置

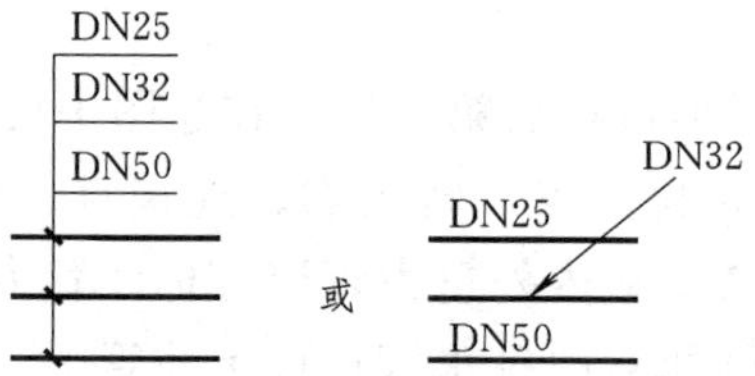

图 11-3　多根管线管径标注位置

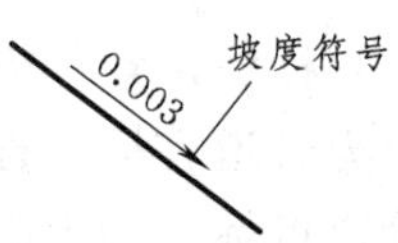

图 11-4　坡度及坡向表示方法

7. 管道编号

(1) 一般给水管道用字母“J”表示；污水管、排水管分别用字母“W”、“P”表示；雨水管道用字母“Y”表示。

(2) 在底层给水排水平面图中，当建筑物的给水引入管和污水排出管的数目多于一个时，应对每一个给水引入管和污水排出管进行编号。系统的划分，一般给水系统以每一个引入管为一个给水系统，排水系统以每一个排出管为一个排水系统。给水系统和排水系统的编号见图 11-5，在直径为 12mm 的细实线圆圈内，画一条水平直径线（细实线）；线上面标注管道种类，如“J”、“P”等；线下面标注编号，采用阿拉伯数字。

(3) 建筑物内垂直楼层的立管，其数量多于一个时，也采用字母和阿拉伯数字为管道进出口编号，如图 11-6 所示。“WL-1”为 1 号污水立管。

(4) 给水排水附属构筑物（阀门井、检查井、水表井、化粪池等）多于一个时应进行编号。给水阀门井的编号顺序应从水源到用户，具体表现为从干管到支管再到用户。排水检查井的编号顺序应从上游到下游，先支管后干管。

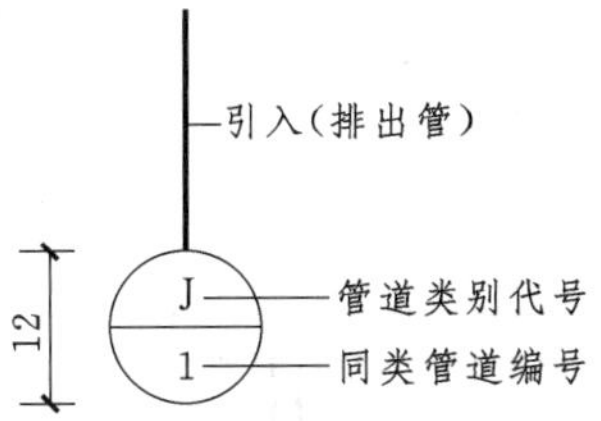

图 11-5 给水引入管(排水排出管)编号表示法

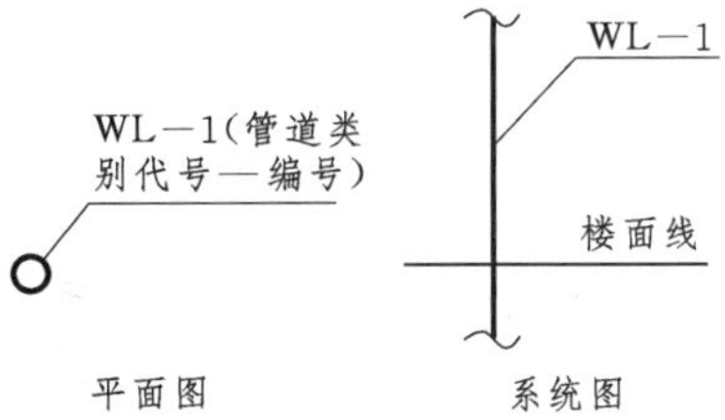

图 11-6 立管编号表示法

8. 管道连接方式

常用的管道连接方式有法兰连接、承插连接、螺纹连接和焊接等方式，其连接符号见表 11-2。

表 11-2　　管道连接符号

序号	名称	图例	说明
1	法兰连接		管道画成连线，接头处不断开，画两条平行细实线
2	承插连接		管道画成连线，接头处用细实线画半圆弧
3	螺纹连接	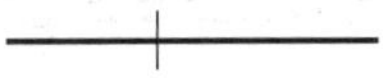	接头处画一条细实线
4	焊接		接头处画一个点

11.2 室内给水工程图

一、室内给水系统的组成

室内给水系统根据供水对象的不同，可分为生产、生活和消防三种给水系统。在一幢建筑物内并不一定单独设置三个独立的给水系统，往往设置生产与生活、生产与消防、生活与消防或三者并用的给水系统。

室内给水系统一般由下列几部分组成，如图 11-7 所示。

(1) 引入管。自室外（厂区、校区、住宅区等）给水管网引入到建筑物内部的一段水平管。引入管应有不小于 0.003 的坡度，斜向室外给水管网。每条引入管都应安装阀门，必要时还要装设泄水装置，便于管网检修时放水。

(2) 水表节点。水表节点是指引入管上装设的水表及其前后装设的阀门、泄水装置等总称。水表用以记录用水量；阀门可以关闭管网，以便修理和拆换水表；泄水装置用于检修时放空管网、检测水表精度及测定进户点压力值。

(3) 给水管道。包括干管、立管、支管。

(4) 给水附件及设备。包括给水管道上的闸阀、单向阀、各种配水龙头及分户水表等。

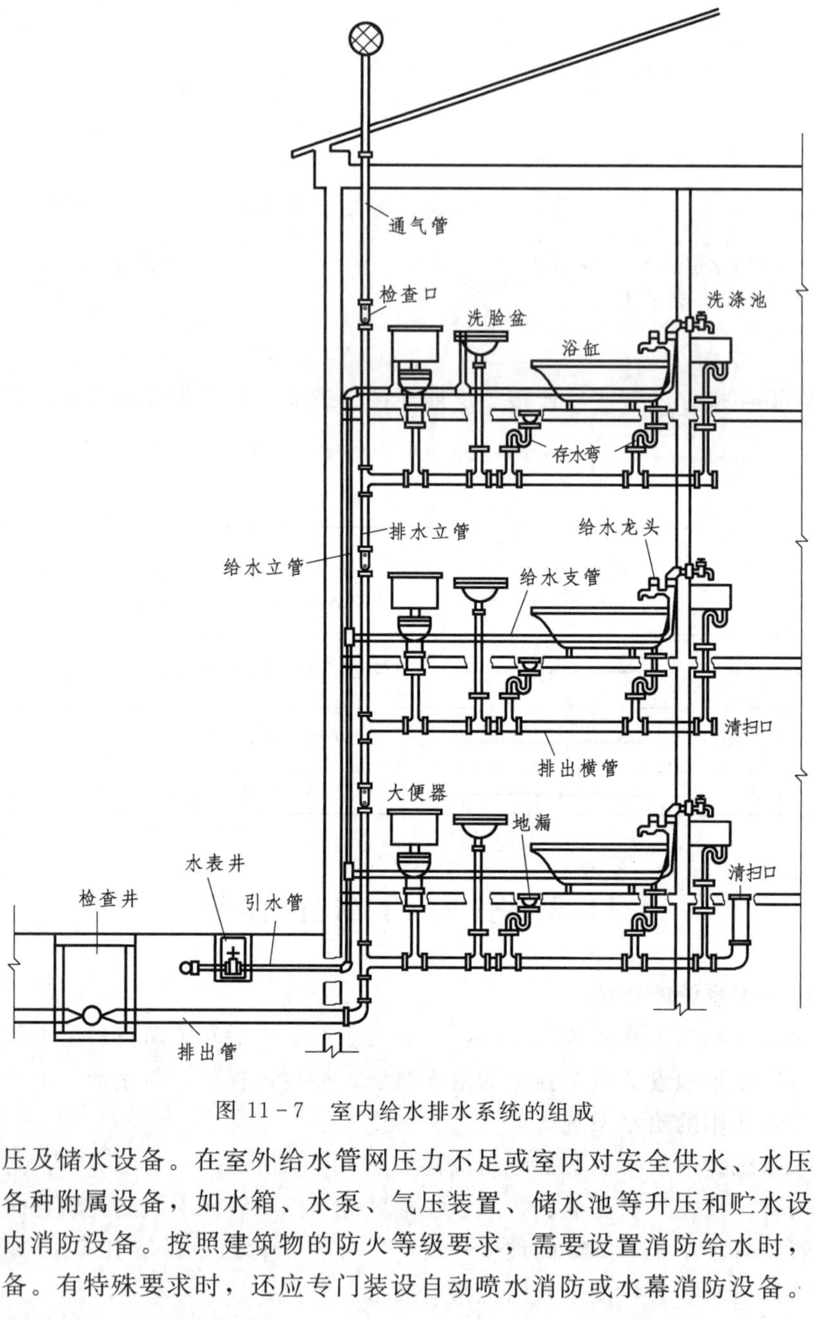

图 11－7　室内给水排水系统的组成

（5）升压及储水设备。在室外给水管网压力不足或室内对安全供水、水压稳定有要求时，需设置各种附属设备，如水箱、水泵、气压装置、储水池等升压和贮水设备。

（6）室内消防设备。按照建筑物的防火等级要求，需要设置消防给水时，一般应设消火栓消防设备。有特殊要求时，还应专门装设自动喷水消防或水幕消防设备。

二、室内给水系统管道的布置方式

室内给水系统管道与室外给水管网的水压和水量关系密切，室外水压及流量大，则室内无需加压，因此，按照有无加压和流量调节设备来分，有直接供水方式［图 11－8（a)］；有设水泵、水箱供水方式［图 11－8（b)］；有气压给水装置供水方式［图 11－8（c)］等。有时还采用建筑物的下面几层由室外给水管网直接供水，上面几层设水箱（有时设若干水箱或水泵分别供给相应楼层）供水的方式，习惯上称这样的供水方式为“分区

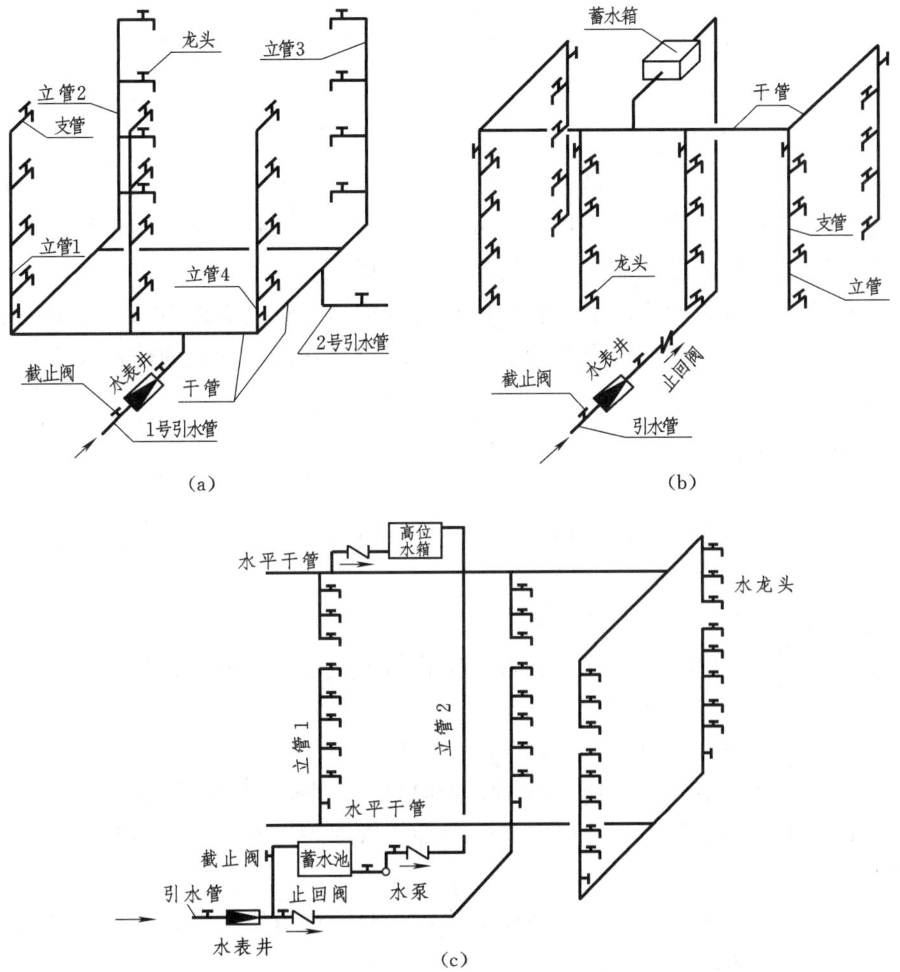

图 11-8 室内给水管网的组成及布置图

(a) 水平环形下行上给式布置；(b) 树枝形上行下给式布置；(c) 分区供水的树枝形管道布置

供水”［图 11-8 (c)］。

按照水平配水干管敷设位置不同，可分为下行上给式和上行下给式两种。下行上给式的干管敷设在地下室或第一层地面下，一般用于住宅、公共建筑以及水压能满足要求无需加压的建筑物。上行下给式的干管敷设在顶层的顶棚上或阁楼中，由于室外管网给水压力不足，建筑物上需设置蓄水箱或高压水箱和水泵，一般用于多层及以上民用建筑、公共建筑（澡堂、洗衣房）或生产流程不允许在底层地面下敷设管道，以及地下水位高，敷设管道有困难的地方。

按照配水干管或配水立管是否互相连接成环来区分，又分成环形和树枝形。前者配水干管或立管互相连接成环，组成水平干管或立管环状；后者的干管或立管则互相不连接成环，造价较低，但可能间断供水。

由此可见，不同的供水方式和各种配水管网布置形式可以组合成多种室内给水管道布置方式。图11-8(a)为直接供水的水平环形下行上给式给水系统布置方式，图11-8(b)为设水箱供水的树枝形上行下给式给水系统布置方式，图11-8(c)是设水箱、水泵分区供水的树枝形式给水系统布置方式。

三、室内管道的布置原则

(1) 管道布置时应力求长度最短，尽可能呈直线走向，并与墙、梁、柱平行敷设。

(2) 给水立管应尽量靠近用水量最大设备处或不允许间断供水的用水处，以保证供水可靠，并减少管道转输流量，使大口径管道长度最短。

(3) 一幢单独建筑物的给水引入管，应从建筑物用水量最大处引入。当室内卫生器具布置比较均匀时，应从建筑物中央部分引入，以缩短管网向不利点的输水长度，减少管网的水头损失。

四、室内给水平面图

1. 图示内容

室内给水平面图主要表明建筑物内部给水管道及用水设备的平面布置情况，主要包括以下几方面：

(1) 室内用水设备的类型、数量及平面位置。

(2) 室内给水系统中各个干管、立管、支管的平面位置、走向、立管编号和管道的安装方式(明装或暗装)。

(3) 管道器材设备如阀门、消火栓等的平面位置。

(4) 给水引入管、水表节点的平面位置、走向及与室外给水管网的连接(底层平面图)。

(5) 管道及设备安装预留洞的位置、预埋件、管沟等方面对土建的要求。

2. 图示方法

(1) 给水平面图的比例。给水平面图的比例一般采用与建筑平面图相同的比例，常用1∶100，必要时也可采用1∶50、1∶200、1∶150等。

(2) 给水平面图的数量。多层建筑物的给水平面图，原则上应分层绘制。对于管道系统和用水设备布置相同的楼层平面可以绘制一个平面图，但必须注明适用的楼层，如标准层给水平面图；底层给水平面图必须单独画出。当屋顶设有水箱及管道时，可单独画出屋顶给水平面图；如果管道布置不复杂，可在最高层给水平面图中用双点划线画出水箱的位置。

底层给水平面图中一般应画出整幢房屋的建筑平面图，其余各层可仅画出布置有用水设备及管道的局部平面图。

(3) 给水平面图中的建筑平面图。在给水平面图中所画的建筑平面图，仅作为管道系统及用水设备平面布置和定位的基准，因此表示房屋的墙、柱、门窗、楼梯等均用细实线绘制。

(4) 给水系统平面图中的用水设备、卫生器具。

1) 用水设备中的洗脸盆、坐便器等都是定型工业产品，不必详细表示，可按规定图例绘制；而现场砌筑的污水池等用水设备，其详图由建筑设计人员提供，在给水平面图中可仅画出其主要轮廓。

2) 用水设备、卫生器具的图线采用中实线或细实线绘制。

常用的室内给水排水图例见表11-3。

表 11－3　　室内给水排水常用图例

名称	图例	说明
管道		用于一张图上，只有一种管道
	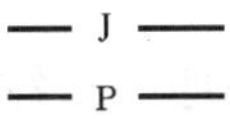	用汉语拼音字头表示管道类别
	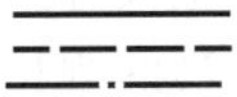	用线型区分管道类别
交叉管	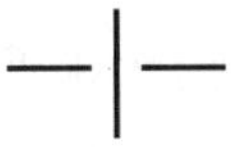	管道交叉不连接，在下方和后方的管道应断开
管道连接	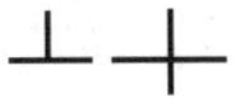	左为三通 右为四通
管道立管	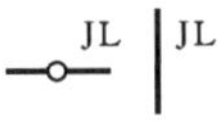	J：管道类别 L：立管
管道固定支架		
多孔管		
存水弯		
检查口		
清扫口		左为平面 右为系统
通气帽		右为成品 右为铅丝球
圆形地漏		左为平面 右为系统
截止阀		左为 DN≥50 右为 DN<50
闸阀		
止回阀		
放水龙头	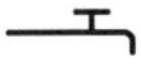	
室内单出口消防栓	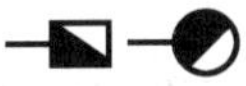	左为平面 右为系统
室内双出口消防栓		左为平面 右为系统
自动喷淋头	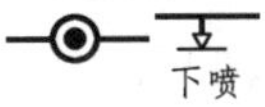	左为平面 右为系统
淋浴喷头		
水表		
立式洗脸盆		
浴盆	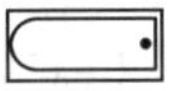	
污水池		
盥洗槽	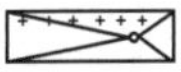	
小便槽		
小便器		
大便器		左为蹲式 右为坐式
延时自闭阀		
柔性防水套管	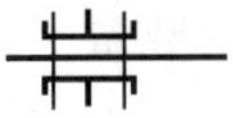	
阀门井 检查井	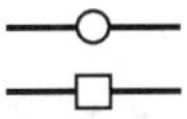	
水表井		

（5）给水平面图中的管道。

1）给水平面图是水平剖切房屋后的水平投影。各种管道不论在楼面（地面）之上或之下，都不考虑其可见性，即每层平面图中的管道均以连接该层用水设备的管路为准，而不是以楼层地面为分界。如属于本层使用、但安装在下层空间的排水管道，应绘于本层平面图上。

2）一般将给水、排水绘制在同一平面图上，称为给水排水平面图，这对于设计、施工以及识读都比较方便。

3）由于管道连接一般均采用连接配件，应另有安装详图，平面图中的管道连接采用简略表示法。

（6）尺寸标注。

1）在给水排水平面图中，应标注墙或柱的轴线尺寸，室内、外地面和各层楼面的标高。

2）卫生器具和管道一般都是沿墙或靠柱设置的，不必标注定位尺寸（一般在施工说明中注写），必要时，可以以墙面或柱面为基准标注尺寸。卫生器具的规格可注在引出线上，或在施工说明中注写。

3）管道的管径、坡度和标高均标注在给水排水系统图中，在给水排水平面图中不必标出。

4）管道长度尺寸用比例尺从图中量出近似尺寸，在安装时则以实测尺寸为准，所以在给水排水平面图中也不标注管道的长度尺寸。

五、室内给水系统图的图示内容和图示方法

1. 图示内容

室内给水系统图，又称室内给水管道系统图或室内给水系统轴测图，是给水排水工程施工图中的重要图纸，主要表示给水管道系统在室内的具体走向，干管的敷设形式。各管段的管径及变化情况，引入管、干管、各支管的标高，以及各种附件在管道上的位置。

2. 图示方法

（1）轴向选择。给水系统图采用正面斜等轴测图绘制。一般使 OX 轴处于水平方向，OY 轴与水平线呈 45°（也可以呈 30°或 60°），OZ 轴处于竖直方向；三个方向的轴向伸缩系数均为 1。

（2）绘图比例。

1）给水系统图的绘图比例一般采用与给水平面图相同的比例，当给水管道比较复杂时也可以放大比例。

2）当采用与平面图相同的比例时，OX、OY 轴向尺寸可直接从平面图中量取，OZ 轴向的尺寸可依层高和设备安装高度量取。

（3）给水系统图的数量。给水系统图的数量是按给水引入管（排水系统图应考虑污水排出管）的数量而定。给水系统图中所涉及的每一编号都应与给水平面图中的编号相一致。

（4）给水系统图中的管道。

1）管道的画法与给水平面图相同，给水管道用粗实线表示，给水管道上的附件（如闸阀、水龙头等）用图例表示，用水设备可不画出。

2）当空间交叉管道在图中相交时，应在相交处将被挡在后面或下面的管线断开。

3）当各层管道布置相同时，不必逐层重复绘制，只需在管道省略折断处标注“同某层”即可。

4）当管道过于集中，无法表达清楚时，可将某些管段断开，移至其它位置绘制，但应在断开处作出明确标记。

(5) 系统图中墙和楼板、地面的画法。

在系统图中还应画出被管道穿过的墙、柱、地面、楼面和屋面等，一般用细实线绘制。穿过楼面的表示方法如图 11-6 所示。

(6) 尺寸标注。

1) 管径：系统图中所有管段均需标注管径，当连续几段管段的管径相同时，可仅标注两端管段的管径，中间管段管径可省略不用标注。

2) 标高：在给水系统图中应标注管道中心标高，一般要注出横管、阀门、水龙头和水箱各部位的标高。此外，还要标注室内地面、室外地面、各层楼面和屋面的标高。

3) 凡有坡度的横管都要标注出其坡度。一般室内给水横管不设坡度，室内排水横管设有坡度。

(7) 图例。给水平面图和给水系统图中的图例大小要一致，按标准绘制的图例可不列出，但自行设计的图例应统一列出。

11.3 室内排水工程图

一、室内排水系统的组成与分类

室内排水系统，根据排水性质的不同可分为生活污水系统、工业废水系统和雨水管道系统。室内排水体制分为分流制和合流制，分流制是分别单独设置生活污水、工业废水和雨水管道系统；合流制是将其中任意两种或三种管道系统组合在一起。

室内排水系统一般由以下几个基本部分组成：

(1) 污（废）水收集器：各种卫生器具、排放生产废水的设备、雨水斗及地漏等。

(2) 器具排水管：卫生器具和排水横管之间的短管，除坐式大便器外，一般都有 P 式或 S 式存水弯。

(3) 排水横支管：连接器具排水管和立管之间的水平管段。排水横支管应有一定的坡度，坡向排水立管。

(4) 排水立管：接受各横支管排放的污水，然后送往排出管。排水立管通常在墙角处明装，一般靠近杂质最多、最脏及排水量最大的排水点处。有特殊要求时，也可以在管槽或管井中暗装。

(5) 排出管：是室内排水立管与室外检查井之间的连接管段。通常为埋地敷设，有一定的坡度，坡向室外检查井。

(6) 通气管：是排水立管上端延伸出屋面的一段立管。对于排水横管上连接的卫生设备较多、卫生条件要求较高的建筑及高层建筑应设辅助通气管。

(7) 清扫设备：为疏通排水管道而设置的检查口和清扫口。检查口在立管上应每隔两层进行设置，每个检查口设置高度应距地面 1m；清扫口设置在具有两个及两个以上大便器或三个及三个以上卫生器具的排水横管上。

二、室内排水平面图的图示内容和图示方法

1. 图示内容

室内排水平面图主要表明建筑物内排水管道及卫生器具的平面布置情况。主要包括以

下几方面：

(1) 室内卫生设备的类型、数量及平面位置。

(2) 室内排水系统中各个干管、立管、支管的平面位置、走向、立管编号和管道的安装方式（明装或暗装)。

(3) 管道器材设备如地漏、清扫口等的平面位置。

(4) 污水排出管平面位置和走向及与室外排水管网的连接（底层平面图)。

(5) 管道及设备安装预留洞的位置、预埋件、管沟等方面对土建的要求等。

2. 图示方法

排水平面图的图示方法与给水平面图图示方法相同，这里不再详述。但应注意排水管道用粗虚线绘制。

三、室内排水系统图的图示内容和图示方法

1. 图示内容

室内排水系统图表示排水管道系统在室内的具体走向，管路的分支情况、管径尺寸、横管坡度、管道各部分标高、存水弯形式、清通设备的设置情况等。

2. 图示方法

排水系统图的图示方法与给水系统图的图示方法相同，这里不再详述。但是在标注标高时，排水系统图中，横管的标高一般由卫生器具的安装高度和管件尺寸所决定，不必标注。必要时，室内架空排水管道可标注管中心标高，但图中应加以说明。对于检查口和排出管起点（管内底）的标高，均须标出。

四、室内给水排水详图

在前面介绍的室内给水排水平面图、给水排水系统图中，都只是显示了管道系统的布置情况，对于卫生器具的安装、管道连接等，需要绘制能提供施工依据的安装详图。

详图要求详尽、具体、明确、视图完整、尺寸齐全、材料规格注写清楚，并附以必要的说明。

一般常用的卫生器具及设备安装详图，可直接套用给水排水国家标准图集或有关详图图集，无需自行绘制。选用标准图时只需在图例或说明中注明所采用图集编号即可。

11.4　识读与绘制室内给水排水施工图

一、识读室内给水排水施工图的一般方法

(1) 熟悉图纸目录，了解设计说明，在此基础上将平面图与系统图联系起来对照阅读。

(2) 应按给水系统和排水系统分别识读；在同系统中应按编号依次识读。

1) 给水系统。识读室内给水系统时根据给水管道系统的编号，从给水引入管开始按照水的流向，顺序进行。即从给水引入管经水表节点、水平干管、立管、横支管直至用水设备。

2) 排水系统。识读室内排水系统是根据排水管道系统的编号，从卫生器具开始按照

水的流向，顺序进行。即从卫生器具开始经存水弯、水平横支管、立管、排出管直至检查井。

（3）在施工图中，对于某些常见的管道器材、设备等细部的位置、尺寸和构造要求，往往是不加说明的，而是遵循专业设计规范、施工操作规程等标准进行施工，读图时欲了解其详细做法，需参照有关标准图和安装详图。

二、室内给水排水施工图识读举例

室内给水排水施工图中的管道平面图和管道系统图相辅相依，互相补充，共同表达室内各种卫生器具和各种管道以及管道上各种附件的空间位置。在读图时要按照给水和排水的各个系统把这两种图纸联系起来互相对照，反复阅读，才能看懂图纸所表达的内容。

图 11－9 和图 11－10 分别是某住宅底层给水排水平面图和楼层给水排水平面图，图 11－11 是给水系统图，图 11－12 是排水系统图。下面结合实例介绍识读室内给水排水施工图的一般方法。

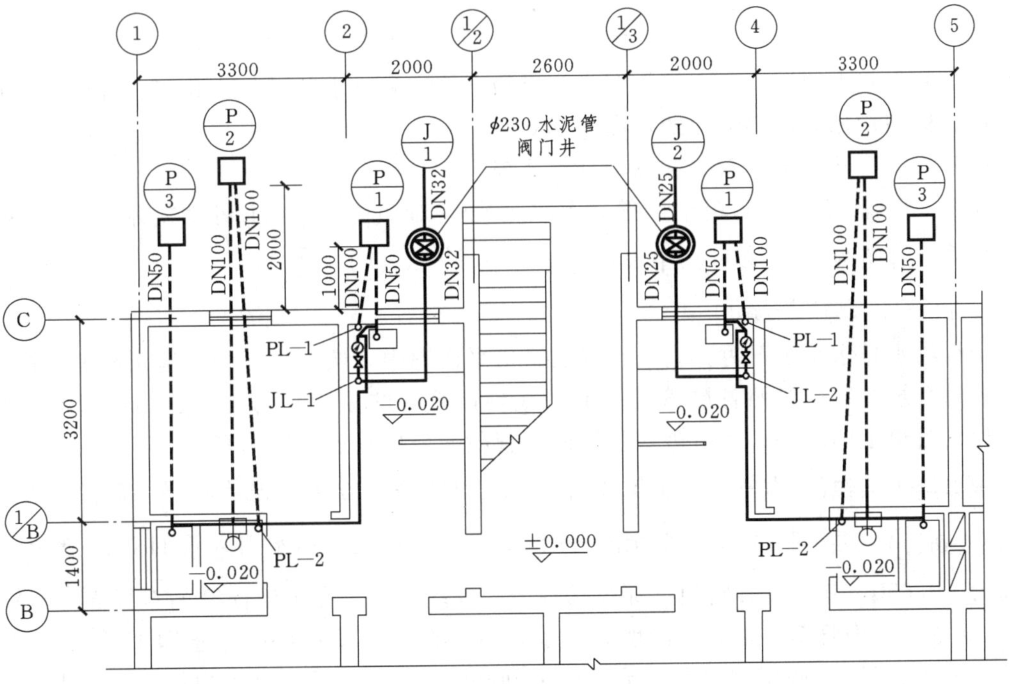

图 11－9　底层给水排水平面图

1. 识读给水排水平面图

（1）搞清各层平面图中哪些房间布置有卫生器具，布置的具体位置，地面和各层楼面的标高等。各种卫生设备通常是用图例画出来的，它只能说明设备的类型，而不能具体表示各部分尺寸及构造。因此识读时必须结合详图或技术资料，搞清楚这些设备的构造接管方式和尺寸。

例如在图 11－9 底层给水排水平面图中，各户厨房内在墙的转角处设有水池，厕所内

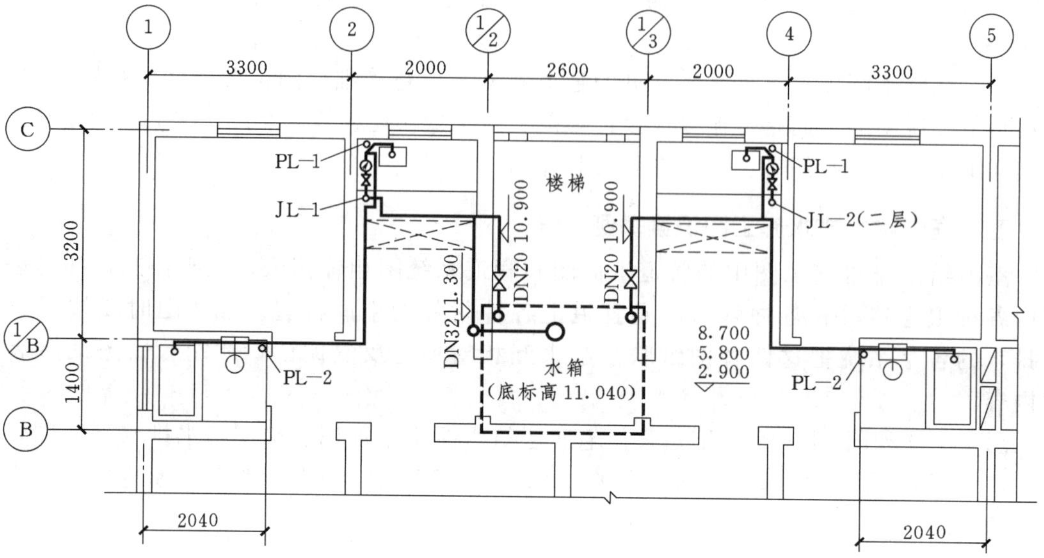

图 11－10　楼层给水排水平面图

设有浴缸和坐式大便器。所有卫生器具均有给水管道和排水管道与之相连。各层厨房和厕所地面的标高均比同楼层地面的标高低 0.020m。

（2）弄清有几个给水系统和几个排水系统。

从图 11－9 底层平面图中的管道系统编号，对照图 11－11 可知给水系统有两个：$\frac{J}{1}$、$\frac{J}{2}$；对照图 11－12 可知排水系统有三个：$\frac{P}{1}$、$\frac{P}{2}$、$\frac{P}{3}$。

2. 识读给水排水系统图

识读给水排水系统图时，首先在底层管道平面图中，按所标注的管道系统编号找到相应的管道系统图；再对照各层管道平面图找到该系统的立管和与之相连的横管和卫生器具，以及管道上的附件；然后进一步识读各管段的公称直径和标高等。

现以给水系统$\frac{J}{1}$为例，介绍识读给水系统图的一般方法。先从底层平面图（图 11－9）中找到$\frac{J}{1}$，再对照$\frac{J}{1}$给水系统图（图 11－11），可见，给水引入管 DN32，管中心的标高为－0.650，其上装有阀门，穿过Ⓒ轴墙进入室内后，在水池前升高至标高－0.300m 处用 90°弯头接横管至②轴墙，沿墙穿出地面向上直通屋顶水箱的立管即 JL—1，其管径为 DN32；另外，在底层和二层距地面以上 900mm 处用三通接出进户横支管，上面安装阀门和水表，用 DN15 的横支管连接厨房水池的放水龙头以及厕所浴缸的放水龙头和坐式大便器的水箱。楼梯间两侧三、四层用户均由屋顶水箱供水，各户的室内供水情况与一、二层相同。楼梯间右侧一、二层用户由$\frac{J}{2}$给水系统供水，读者可以参照以上方法自行识读。

对于排水系统，以$\frac{P}{2}$为例，先从底层平面图中找出$\frac{P}{2}$及$\frac{P}{2}$的排水系统图（图 11－12），对照可见$\frac{P}{2}$为住宅各层厕所的排水系统。各层厕所均设有浴缸和坐式大便器，其排

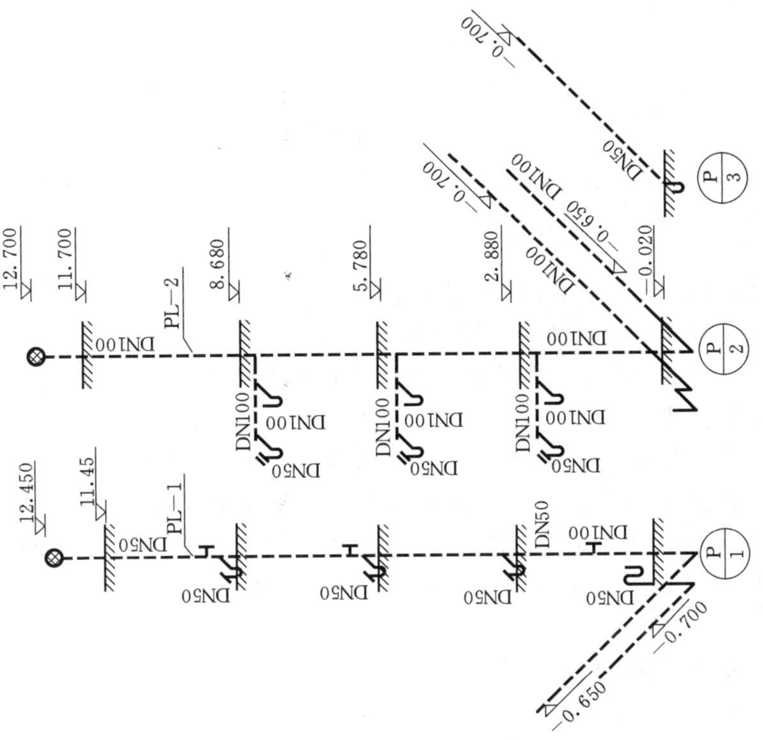

图 11-12 排水系统图

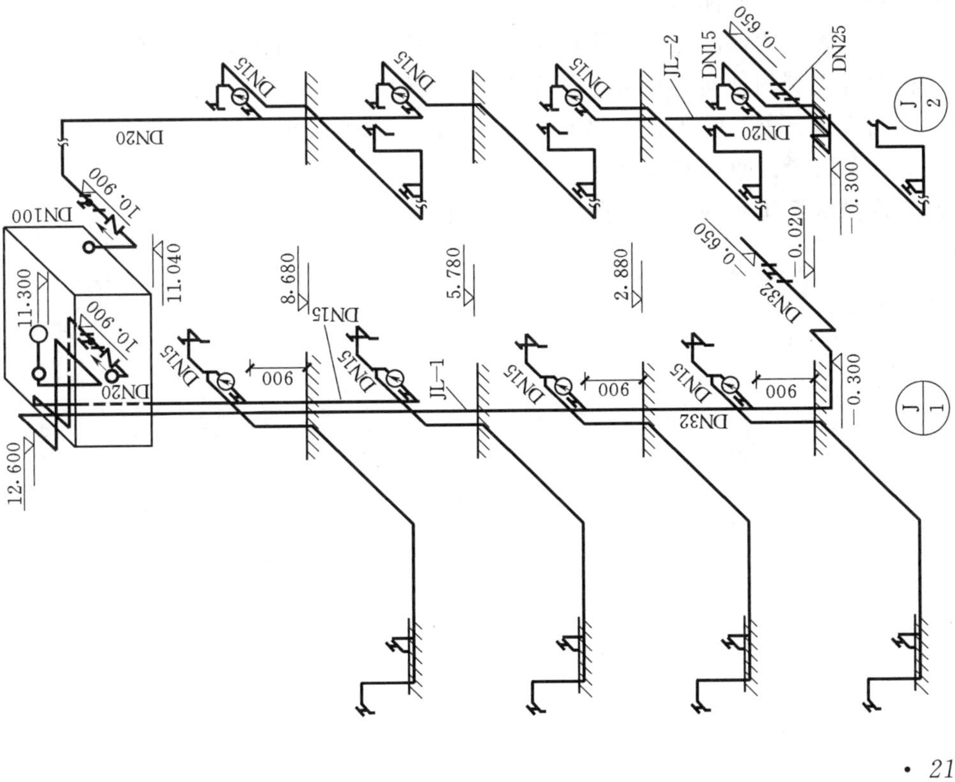

图 11-11 给水系统图

水管道均在各层的楼层地面以下。大便器的排水管管径为 DN100，浴缸的排水管管径为 DN50。二、三、四层浴缸大便器下面均用相应的 P 型存水弯与 DN100 的横支管连接，各层的横支管与 DN100 的立管 PL—2 连接，在标高－0.650 处与 DN100 的排出管连接后排入$\left(\frac{P}{2}\right)$检查井。在底层大便器单独设 DN100 的排出管排入检查井。在底层、三层和四层的立管 PL—1 上均装有检查口，立管 PL—1 和 PL—2 伸出屋面后，在其顶部装有通气帽。底层浴缸单设$\left(\frac{P}{3}\right)$排出管排入检查井。

三、绘制室内给水排水施工图的一般步骤

1. 绘制室内给水排水平面图的一般步骤

（1）采用 1∶50 的绘图比例，按照绘制建筑平面图的方法，放大画出用水房间的平面图，图线可采用细实线。

（2）绘制卫生设备的平面图布置图。由于大便器、小便斗是定型产品，小便槽、盥洗台、洗脸盆均另有详图，因此，平面图以中实线按比例用图例画出卫生设备的位置。

（3）绘制管道的平面布置图。管道是建筑管网平面布置图的主要内容，通常以中粗实线表示。首层平面布置图应画出引入管、给水方式的水平干管、立管、支管和配水龙头。

（4）绘制必要的图例；标注尺寸、标高、文字等。

2. 绘制室内给水系统图的一般步骤

（1）确定轴测轴。

（2）从引水管开始，画引水管和靠近引水管的立管。

（3）根据水平干管的标高，画出水平干管。

（4）根据立管上的标高，画出并标注立管上楼层、地面和各支管的高度。

（5）根据各支管的轴向，画出与立管相连接处的各支管。

（6）画出水表、淋浴喷头、大便器、高水位箱、水龙头等图例。

（7）标注各管道的直径和标高。

绘制室内排水系统图的方法参照给水系统图。